U0179709

《软件开发·名师讲坛》

Java编程
从入门到实践

微课
视频版

沐言科技　李兴华　著

中国水利水电出版社
www.waterpub.com.cn

·北京·

内 容 提 要

《Java 编程从入门到实践（微课视频版）》从初学者角度出发，以实用为目的，通过简洁的语言、丰富的实例，详细介绍了使用 Java 语言进行程序开发需要掌握的知识和技术。全书分 3 篇共 16 章，其中第 1 篇为 Java 编程基础，介绍了 Java 的发展历史、语言特点、开发环境、程序基础概念、程序逻辑控制和方法等内容；第 2 篇为 Java 面向对象编程，介绍了类与对象、数组、String 类、继承、抽象类与接口、类结构扩展、异常的捕获与处理、内部类；第 3 篇为 Java 应用编程，介绍了多线程编程、常用类库、类集框架、数据库编程。本书在知识点的介绍过程中辅以大量的图示，并配有大量的范例代码及详细的注释分析；另外本书还将 Java 教学与实战经验融入"提示""注意""问答"等模块中，让读者在学习过程中少走弯路，并快速掌握 Java 技术的精髓，提高 Java 程序的开发能力。

《Java 编程从入门到实践（微课视频版）》还是一本视频教程，全书共配备了 218 集 2250 分钟的同步教学视频，读者可以跟着视频高效学习。另外，本书赠送 PPT 课件和拓展项目实战资源，并提供 QQ、微博等在线交流与答疑服务，方便教师教学与读者自学。

《Java 编程从入门到实践（微课视频版）》适合 Java 从入门到精通各层次的读者参考学习，所有 Java 初学者、Java 编程爱好者、Java 语言工程师等均可选择本书作为软件开发的实战指南和参考工具书，应用型高校计算机相关专业、培训机构也可选择本书作为 Java 算法、Java 程序设计和面向对象编程的教材或参考书。

图书在版编目（CIP）数据

Java编程从入门到实践 ：微课视频版 / 李兴华著.
-- 北京 ：中国水利水电出版社，2021.2 （2021.11重印）
 ISBN 978-7-5170-9389-3

 Ⅰ．①J… Ⅱ．①李… Ⅲ．①JAVA语言－程序设计
Ⅳ．①TP312.8

 中国版本图书馆 CIP 数据核字(2021)第 010507 号

书　　名	Java 编程从入门到实践（微课视频版） Java BIANCHENG CONG RUMEN DAO SHIJIAN
作　　者	沐言科技　李兴华　著
出版发行	中国水利水电出版社 （北京市海淀区玉渊潭南路 1 号 D 座　100038） 网址：www.waterpub.com.cn E-mail：zhiboshangshu@163.com 电话：（010）62572966-2205/2266/2201（营销中心）
经　　售	北京科水图书销售中心（零售） 电话：（010）88383994、63202643、68545874 全国各地新华书店和相关出版物销售网点
排　　版	北京智博尚书文化传媒有限公司
印　　刷	北京富博印刷有限公司
规　　格	148mm×210mm　32 开本　12.75 印张　499 千字
版　　次	2021 年 2 月第 1 版　2021 年 11 月第 2 次印刷
印　　数	8001—11000 册
定　　价	79.80 元

凡购买我社图书，如有缺页、倒页、脱页的，本社营销中心负责调换

版权所有·侵权必究

写在前面的话

我们在用心做事，做最好的教育，写最好的图书。

沐言科技教学部 —— 李兴华

从 2008 年编写第一本书开始至今，我的写作生涯已经持续了十余年，在这期间我始终都在坚持"原创图书"的创作理念，用心设计并尽力编写好每一本书，目的就是希望每一位读者都能够通过我的图书学习到有用的技术知识，通过学习来使自己不断进步，获取更大的人生成就。

到现在为止，Java 这门技术已经发展了快 30 年了，有幸的是我从它发展的第 5 年进入这一开发阵营，并一直坚持到今天，在这期间我见证了 Java 技术从最初的默默无闻，到成为后来的行业主流，现在更是被广大互联网公司竞相使用。由于技术的不断进步，Java 语言也发生了许多翻天覆地的变化，如何将这些新的设计理念传播给所有的技术爱好者？我相信只有那些具有灵魂与开发思想的原创图书才可以做到。但是所有技术的学习过程、讲解过程都很晦涩，只依靠简单的图形与文字未必能解释详细，所以我在设计图书时为图书配备了详细的视频资料，并且有效地利用了微信小程序与沐言优拓在线学习平台（www.yootk.com）的技术优势为读者提供了移动学习环境，这一切的目的只有一个：写一本能让所有技术爱好者真正学会的图书，把 Java 这门技术讲清楚、讲透彻。

经常有读者向我提问，现在这么多流行的编程语言，他应该选择哪一种？实质上这个问题与开发者的行业背景息息相关，如果要实现高性能的并发访问程序，那么 Java 语言最适合；如果要实现大数据分析，那么 Python 语言会更加合适；如果只是进行普通的 Web 开发，那么 Node.JS 语言会成为首选……每一种编程语言都有其擅长或不擅长的领域，Java 语言的优势就在于其处理性能极高，但是劣势也十分明显：学习时间长，复杂度较高，初学者入门不易等。然而一旦开启了 Java 语言的编程生涯，就会发现其他的编程语言都可以轻松学会，因为 Java 语言的重点是整体设计的设计思想与软件架构，一旦掌握了如此复杂的技术，其他的技术学习也就相对容易了许多。为了使读者对 Java 语言的整体学习有一个完善的了解，我绘制了图 0-1 所示的 Java 学习路线图，在未来很长一段时间内我会将这些内容以图书或在线课堂的形式分享给大家。

程序基础	Web开发	框架开发	架构设计
SQL数据库	JSP、Servlet	Spring	NoSQL数据库 / 分布式存储
Java核心技术	MVC设计框架	SpringMVC	分布式设计 / RPC框架
Java技术深入	Ajax、JSON、XML	MyBatis	OAuth、SSO / 大数据
HTML & CSS & JS	JS前端框架	JPA、SpringData	消息组件 / 微服务
Linux	版本控制	Shiro	Netty、通讯 / 云服务
……	……	……	搜索引擎

图 0-1　Java 开发体系结构

　　编程技术的学习非一朝一夕之功，这需要读者静下心来用心体会每一项技术的优缺点、每一个设计模式、每一个类设计的意义及底层实现机制，所以在本书中我不仅讲解了 Java 语言的各项技术特点，也对一些重点程序的实现进行了源代码的讲解和相关算法的分析。之所以采用这样的形式，除了帮助读者更好地理解 Java 语言的底层设计之外，也是为了帮助读者提高面试的成功率。从本人 17 年的培训经验来看，现在的软件企业在进行人员招聘时都会对 Java 语言的底层源代码在实现方面的相关内容提出大量问题，如果读者有入职软件开发行业的想法，本书将是你最得力的助手。

　　我喜欢研究技术，也喜欢分享技术，我用上一个十年创作了许多技术资料，这些技术资料有的经过加工进行了出版，有的未加工发布在了 www.yootk.com 平台。未来，我会编写更多的原创图书，也会不断地为技术爱好者分享更多的技术知识。但一个人的能力终究有限，对技术的理解也难免会存在偏差，如果读者在阅读、学习时存在疑问，或有好的意见或建议，欢迎随时来信指教。

　　最后，特别感谢我的家庭成员对我的爱与支持，感谢他们为我安排好了生活的一切，才使得我可以安心创作。衷心希望我的儿子可以健康、快乐地长大成人，希望以后的他也喜欢程序设计，喜欢读我写的书。

本书显著特色

立体化教学：同步视频+纸质教材+知识拓展

　　本书每个章节都录制了同步教学视频，即 218 集 2250 分钟的同步教学视频，本书另赠送 64 集 896 分钟的拓展教学视频。用手机微信扫一扫二维码，或者通过计算机下载视频后观看，学习上手快、效率高。

实战式学习：全程实例讲解+源码分析+开发工具+实战演练

　　本书为作者多年教学与软件开发经验的总结，编写模式采用"基础知识+实例讲解+技巧提示"的形式讲解，实例的讲解均配备了详细的代码分析，对关键知识点设置了技巧提示与问答栏目，帮助读者透彻领悟编程思想，快速掌握编程的核心知识和开发精髓。另外，每章均赠送电子版自测习题和答案，赠送全书实例源码，提供开发工具包，读者下载后可进行实战演练与对比学习，体验编程乐趣。

一站式服务：资源下载+在线交流+技术答疑

本书提供了除与本书配套的视频、源文件、课后练习资源外，还赠送了 Java 编程开发拓展学习的视频文件和实例源码，读者在学完本书内容后可在纵深方向拓展学习。

本书提供 QQ 群在线交流与技术答疑，让学习无后顾之忧。

本书还提供 PPT 教学课件，供高校教师授课使用。

读者关注"沐言优拓"的官方网站 http://www.yootk.com，可以获取更多的免费视频课程，也可付费进行更加深入的系统性学习。

本书资源获取及联系方式

（1）使用手机微信"扫一扫"功能扫描下面的二维码，或在微信公众号中搜索"人人都是程序猿"，关注后输入 JV86868 并发送到公众号后台，获取本书资源的下载链接。将该链接复制到计算机浏览器的地址栏中（一定要复制到计算机浏览器的地址栏，通过计算机下载，手机不能下载，也不能在线解压，没有解压密码），根据提示下载。

（2）加入 QQ 群 783508617（请注意加群时的提示，根据提示加入对应的群），与笔者及广大技术爱好者在线交流学习。

（3）如果你在阅读中发现问题，也欢迎来信指教，来信请发至 zhiboshangshu@163.com，我们看到后将尽快给你回复。

（4）读者也可以扫描下面的微博二维码、抖音二维码和 B 站二维站，关注作者的技术心得、教学总结和最新动态，在微博上与作者进行交流。

微博二维码　　　　　　抖音二维码　　　　　　B 站二维码

（5）读者还可以扫描下面的"沐言科技"微信小程序二维码，学习本书视频，或关注"沐言优拓"的官方网站 http://www.yootk.com，学习 Java、Oracle、

JavaScript、CentOS、Ubuntu 等更多的教学视频，也可付费学习更多前沿的编程与实战技术。

微信小程序二维码

致谢

本书能够顺利出版，是作者、编辑和所有审校人员共同努力的结果，在此表示深深的感谢。同时，祝福所有读者在职场一帆风顺。

编　者

目　　录

第 1 篇　Java 编程基础

第 2 篇　Java 面向对象编程

第 3 篇 Java 应用编程

第1篇

基 础 篇

第 1 章 走进 Java 的世界

通过本章的学习可以达到以下目标

➥ 了解 Java 的发展历史以及语言特点。
➥ 理解 Java 语言可移植性的实现原理。
➥ 掌握 JDK 的安装与配置，并且可以使用 JDK 运行第一个 Java 程序。
➥ 掌握 CLASSPATH 变量的作用以及与 JVM 的关系。

Java 是现在最为流行的编程语言，也是众多大型互联网公司首选的编程语言与开发技术。本章将为读者讲解 Java 语言的发展历史，并通过具体的实例讲解 Java 程序的开发与使用。

1.1 Java 的发展历史

Java 是 SUN 公司（Stanford University Network，1982 年成立，最初的 Logo 如图 1-1 所示）开发出来的一套编程语言，主设计者是 James Gosling（如图 1-2 所示）。其最早源于一个叫 Green 的嵌入式程序项目，目的是为家用电子消费产品开发一个分布式代码系统，这样就可以通过网络对家用电器进行控制。

在 Green 项目最开始的时候，SUN 的工程师原本打算使用 C++语言进行项目的开发，但是考虑到 C++语言的复杂性，于是他们基于 C++语言开发出了一套自己的独立平台 Oak（被称为 Java 语言的前身，是一种用于网络的精巧的安全语言）。SUN 公司曾以此投标一个交互式电视项目，但却被 SGI 打败，恰巧这时 Marc Andreessen 开发的 Mosaic 和 Netscape 项目启发了 Oak 项目组成员，于是他们开发出了 HotJava 浏览器，使 Java 正式进军互联网。后来由于互联网低潮带来的影响，SUN 公司并没有得到很好的发展，在 2009 年 4 月 20 日被甲骨文公司（Oracle，其 Logo 如图 1-3 所示）以 74 亿美元的交易价格收购。

图 1-1　SUN 公司的原始 Logo　　图 1-2　James Gosling　图 1-3　Oracle 收购 SUN 公司后的 Logo

提示：Oracle 与 SUN 公司的关系

熟悉 Oracle 公司历史的读者都清楚：Oracle 公司一直以 Microsoft 公司为对手，Oracle 公司最初的许多策略都与 Microsoft 公司有关，两家公司也都致力于企业办公平台的技术支持。整个企业级系统的开发核心有 4 个组成部分：操作系统、数据库、中间件、编程语言。Oracle 公司收购 SUN 公司得到 Java 技术后就拥有了庞大的开发群体，这一群体要比 Microsoft 公司的.NET 的更多；随后，Oracle 公司又收购了 BEA 公司，得到了用户群体众多的 Weblogic 中间件，使得 Oracle 公司具备了完善的企业平台支持的能力。

Java 是一门综合性的编程语言，在最初设计时就综合考虑了嵌入式系统及企业平台的开发支持，所以实际的 Java 开发主要有 3 种方向，分别为 Java SE（最早称为 J2SE）、Java EE（最早称为 J2EE）、Java ME（最早称为 J2ME）。Java 技术开发的基本关系如图 1-4 所示。

图 1-4　Java 技术开发的基本关系

（1）Java 标准开发（Java Platform Standard Edition，Java SE）：包含构成 Java 语言核心的类。例如，数据库连接、接口定义、输入/输出、网络编程等，当用户安装了 JDK（Java 开发工具包）之后就自动支持此类开发支持。

（2）Java 嵌入式开发（Java Platform Micro Edition，Java ME）：包含 Java SE 中的部分类，用于消费类电子产品的软件开发。例如，呼机、智能卡、手机、PDA、机顶盒等，目前此类开发已经被 Android 开发所代替。

（3）Java 企业开发（Java Platform Enterprise Edition，Java EE）：包含 Java SE 中的所有类及用于开发企业级应用的类。例如，EJB、Servlet、JSP、XML、事务控制等，也是目前大型系统和互联网项目开发的主要平台。

1.2　Java 语言的特点

Java 语言不仅拥有完善的编程体系，同时也受到众多软件厂商的追捧——围绕其开发出了大量的第三方应用，使得 Java 技术得以迅速发展壮大，并被广泛使用。在长期的技术发展中，Java 语言的特性也在不断提升，下面列举了 Java 语言的一些主要特性。

1．简洁有效

Java 语言是一种相当简洁的"面向对象"的程序设计语言。Java 语言克服了 C++语言中所有难以理解和容易混淆的缺点，如头文件、指针、结构、单元、运算符重载和虚拟基础类等。它更加严谨、简洁，因此也足够简单。

2．可移植性

Java 语言最大的特点在于"一次编写、处处运行"。Java 语言是基于 Java 虚拟机（Java Virtual Machine，JVM）运行的，其源代码经过编译之后将形成字节码文件。在不同的操作系统上只需植入与系统匹配的 JVM 就可以直接利用 JVM 的"指令集"运行程序，降低了程序开发的复杂度，提高了开发效率。

3．面向对象

"面向对象"是软件工程学的一次革命，大大提升了人类的软件开发能力，是一个伟大的进步，是软件发展的一个重大的里程碑。Java 是一门面向对象的编程语言，有着更加良好的程序结构定义。

4．垃圾回收

垃圾回收是指无用的内存回收。Java 语言提供了垃圾回收机制（Garbage Collection，GC），合理利用 GC 机制会使得开发者在编写程序时只需考虑程序自身的合理性，而不用去关注 GC 问题，极大地简化了开发难度。

5．引用传递

Java 避免使用复杂的指针，通过使用更加简单的引用来代替指针。指针虽然是一种高效的内存处理模式，但是其需要开发者拥有较强的逻辑分析能力。而 Java 在设计时就充分地考虑到了这一点，所以开发者直接利用引用就可以简化指针的处理。因此，引用也是在所有初学过程之中最难以理解的部分。

6．适合分布式计算

Java 设计的初衷是为了更好地解决网络通信问题，所以 Java 语言非常适合用于分布式计算程序的开发，它不仅提供了简洁的 Socket 开发支持、适用于公共网关接口（Common Gateway Interface，CGI）程序的开发支持，还提供了对 NIO、AIO 的支持，使得网络通信性能得到了极大的改善。

7．健壮性

Java 语言在编译时会进行严格的语法检查，可以说 Java 的编译器是"最严格"的编译器。除此之外，在程序运行中也可以通过合理的异常处理避免产生程序中断，从而保证 Java 程序的稳定运行。

8．多线程编程支持

线程是一种轻量级进程，是现代程序设计中必不可少的一种特性。多线程处理能力使程序具有更好的交互性和实时性。Java 语言在多线程处理方面性能超群，它还提供了 JUC 多线程开发框架，以便开发者实现多线程的复杂开发。

9．较高的安全性

Java 程序的执行依赖于 JVM 对字节码程序文件的解释，而 JVM 拥有较高的安全性，同时 Java 版本也在不断更新，对最新的安全隐患也可以及时进行修补。

10．函数式编程

除了支持面向对象编程技术之外，Java 语言也有良好的函数式编程支持（Lambda 表达式支持），利用函数式编程可以更简捷地编写程序代码。

11．模块化支持

Java 9 版本开始提供的最重要的功能，毫无疑问就是模块化（Module）。基于 Jigsaw 的项目，可以将庞大冗余的 Java 源码分解成多个模块，以便进行开发和部署。

除了以上特征之外，Java 语言最大的优点还在于其开源性，这使得 Java 语言在业界受到了广泛关注。同时，Java 语言还在不断地维护更新中，其自身的完善性也在不断加强。

1.3　Java 可移植性

计算机高级语言类型主要有编译型和解释型两种，而 Java 是这两种类型的结合。Java 的源代码需要经过编译后才可以执行，其运行机制如图 1-5 所示。

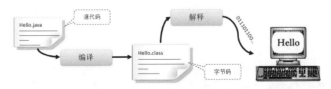

图 1-5　Java 程序的运行机制

Java 程序在执行时必须对源代码进行编译，而编译后将产生字节码文件（*.class 文件），这是一种"中间"文件类型，需要由特定的系统环境执行，即 JVM。在 JVM 中定义了一套完整的"指令集"，不同操作系统、不同版本的 JVM 拥有的"指令集"是相同的。程序员只需针对 JVM 的"指令集"进行开发，并由 JVM 去匹配不同的操作系统，这样就解决了程序的可移植性问题。JVM 的执行原理如图 1-6 所示。

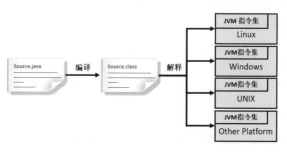

图 1-6　JVM 的执行原理

提示：关于 Java 可移植性的简单理解

Java 可移植性的过程类似以下情景：一个中国富商要同时跟美国、韩国、俄罗斯、日本、法国、德国等国家的客户洽谈生意，但是他不懂这些国家的语言，于是他针对不同国家请了不同的翻译官。这样他可以只对翻译官说话，再由不同的翻译官将其表述翻译给不同国家的客户，以此实现跟不同国家的客户合作。

1.4　搭建 Java 开发环境

Java 程序执行前需要经过源代码编译，而后才可以在 JVM 上解释字节码文件，这些操作都需要 JDK（Java Development Kit，Java 开发工具包）的支持才可以正常完成。

1.4.1　JDK 简介

JDK 是 Oracle 提供给开发者的一套 Java 开发工具包，利用 JDK 开发者不仅可以进行源代码的编译，也可以进行字节码的解释执行。开发者可以直接通过 Oracle 的官方网站（http://www.oracle.com）获取 JDK 工具。通过 Oracle 官方站点下载 JDK 的具体操作如图 1-7 所示。

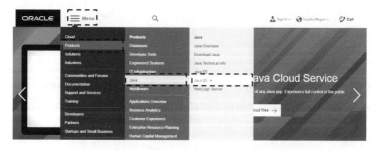

图 1-7　通过 Oracle 官方站点下载 JDK 的具体操作

在 Java SE 的下载页面选择要下载的类型，如图 1-8 所示。Java SE 的类型主要有以下几种。

- JDK（Java Development Kit）：主要提供 Java 程序的开发支持，同时也提供了 JRE（Java Runtime Environment）的支持，即安装完 JDK 计算机就同时具备了开发与运行 Java 程序的支持，也是本节将要搭建的环境。

- JRE（Java Runtime Environment）：提供了 Java 的运行环境，但是无法进行项目开发。此处 JRE 分为两类：一类是 Server JRE（服务器端 JRE）；另一类是 Client JRE（客户端 JRE）。

由于需要进行程序的编译与解释，所以需下载 JDK，打开相应的链接可以看到不同操作系统的 JDK 支持版本，如图 1-9 所示。由于笔者使用的计算机是 Windows 10 操作系统，所以选择 Windows 版本。

图 1-8　选择要下载的 Java SE 类型　　　图 1-9　不同操作系统的 JDK 支持版本

提示：JDK 的几个经典版本

JDK 最早的版本是在 1995 年发布的，每个版本都有一些新的特点，以下是几个具有代表性的版本。

- 【1995 年 5 月 23 日】JDK 1.0 版本的开发包发布，1996 年 JDK 正式提供下载，标志着 Java 的诞生。

- 【1998 年 12 月 4 日】JDK 1.2 版本推出，而后 Java 正式更名为 Java2（只是一个 Java 的升级版）。

- 【2005 年 5 月 23 日】在 Java 十周年大会上推出了 JDK 1.5 版本，带来了更多新特性。

- 【2014 年】Java 提供了 JDK 1.8 版本，可以支持 Lambda 表达式，可以使用函数式编程。

- 【2017 年】Java 提供了 JDK 1.9 版本，进一步提升了 JDK 1.8 版本的稳定性。

- 【2018 年】Java 提供了 JDK 1.10 版本，是 JDK 1.9 版本的稳定版。

另外，按照官方说法，平均每 6 个月就要进行一次 JDK 的版本更新，考虑到项目运行的稳定性，所以笔者并不建议开发者在项目中使用最新的 JDK 进行开发。对初学者而言，使用 JDK 1.9 以上的版本就可以了。在本书后续讲解中会为读者分析不同版本所带来的新特点。

1.4.2　JDK 的安装与配置

　　用户下载 JDK 后将获得一个 Windows 的程序安装包，双击运行即可安装。为了方便，笔者将 JDK 的工具安装在 D:\Java 目录中，如图 1-10 所示。在进行 JDK 安装时，会有 JRE 定制安装的设置信息，如图 1-11 所示。安装后会将本机系统的 JRE 版本更新为当前 JDK 的版本。

図 1-10　JDK 目录　　　　　　　　図 1-11　JRE 定制安装的设置信息

　　当 JDK 与 JRE 安装完成后可以直接打开 JDK 安装目录的 bin 目录（D:\Java\jdk-10\bin），在此目录中提供了两个核心应用程序：javac.exe 和 java.exe，如图 1-12 所示。

java.dll	应用程序扩展	147 KB
java.exe	应用程序	227 KB
javaaccessbridge.dll	应用程序扩展	142 KB
javac.exe	应用程序	18 KB
javacpl.exe	应用程序	86 KB

図 1-12　JDK 提供的核心应用程序

　　javac.exe 与 java.exe 这两个应用程序并不属于 Windows 系统，所以如果要在命令行里直接使用 javac 和 java 两个命令，就必须在 Windows 系统中进行可执行程序的路径配置。操作步骤：【计算机】→【属性】→【高级系统设置】，如图 1-13 所示。

図 1-13　计算机属性面板

　　单击"高级系统设置"选项进行环境配置。操作步骤：【高级】→【环境变量】→【系统变量】→【编辑 Path 环境属性】→【新建】→【添加 JDK 的目录（D:\Java\jdk-10 \bin）】，如图 1-14 所示。

环境变量配置完毕后，用户可以启动命令行工具，随后输入 javac 命令，如果可以看见图 1-15 所示的界面则表示 JDK 安装成功。

图 1-14　配置 JDK 路径

图 1-15　JDK 安装成功

提示：命令行执行

在 Windows 10 系统中如果要启用命令行，可以先打开"运行"对话框（使用 Windows 键 + R 键），输入命令 cmd 即可，如图 1-16 所示。

图 1-16　命令行启动

如果在配置环境变量前已经打开了命令行工具，此时将无法加载最新的环境变量配置属性，必须先重新启动命令行工具，再使用 javac 与 java 命令。

1.5　Java 编程起步

Java 是一门完善的编程语言，包含完整的语法和语义。Java 的源代码必须以.java 作为后缀，程序代码需要放在一个类中并且由主方法开始执行。为了帮助读者快速掌握 Java 程序的结构，下面来编写一个简单的程序，目的是在屏幕上进行信息的输出。

提示：注意程序中的大小写

Java 程序是严格区分大小写的，在编写程序时一定要注意。另外，为了读者能正确地运行代码，强烈建议读者在此处按照本书所提供的代码样式进行编写。

范例：编写第一个 Java 程序（保存路径：D:\yootk\Hello.java）

```java
public class Hello {                          // 程序所在类（后文会有详细讲解）
    public static void main(String[] args) {  // 程序主方法
        System.out.println("课程资源请访问：www.yootk.com"); // 屏幕输出信息
```

```
        }
    }
```

程序执行结果：

课程资源请访问：www.yootk.com

程序编写完成后可以按照以下的命令进行编译与解释。Java 程序的执行流程如图 1-17 所示。

➼ 【编译程序】在命令行方式下，进入程序所在的目录，执行 javac Hello.java 命令，对程序进行编译。编译完成后可以发现在目录中多了一个 Hello.class 文件，即最终要使用的字节码文件。

➼ 【解释程序】程序编译之后，执行 java Hello 命令即可在 JVM 上解释 Java 程序。

图 1-17　Java 程序的执行流程

 提示：认真编写第一个程序

如果暂时不理解上面的程序也没有关系，读者只要按部就班地输入代码并进行编译、执行，得到与本书相同的结果即可，而对于具体的语法可以通过后续的学习慢慢领会。这个程序是重要的起点，也是 Java 学习的开始。

另外，读者需要知道的是，Java 程序分为 Application 程序和 Applet 程序，其中使用 main 方法的程序主要是 Application 程序。本书主要讲解 Application 程序，Applet 程序主要应用于网页且已经不再使用，因此本书将不再做介绍。

虽然一个小小的信息输出程序并不麻烦，但需要清楚的是，任何语言都有自己的程序组成结构，下面将对 Hello.java 的程序组成结构进行分析。

1. 类

Java 中的程序以类为单位，所有的程序都必须在 class 定义范畴内，类的定义有以下两种形式。

class 类名称 {	public class 类名称 {
代码	代码
}	}

本程序使用的是第二种形式，而 public class Hello {}中的 Hello 就是类名称。

如果将代码修改为 public class HelloYootk{}，文件名称依然是 Hello.java，则编译将出现以下错误提示信息。

```
Hello.java:1: 错误: 类 HelloYootk 是公共的, 应在名为 HelloYootk.java 的
文件中声明
public class HelloYootk {
       ^
1 个错误
```

这是因为如果在类的定义中使用了 public class 声明，那么文件名称必须与类名称保持一致。如果没有使用 public class，而只使用了 class 声明，如 class HelloYootk {}，此时文件名称与类名称不相同，但是最终生成的*.class 文件的名称将为 HelloYootk.class，如图 1-18 所示。

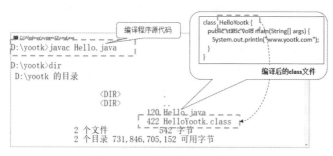

图 1-18 class 定义的类编译后的结果

也就是说，使用 class 定义的类，其文件名称可以与类名称不同，但是生成的*.class 文件的名称就是 class 定义的类的名称，执行的也是*.class 文件的名称，即执行 java HelloYook。

在一个*.java 文件中可以存在多个 class 定义，并且在编译后会自动将不同的 class 保存在不同的*.class 文件中。

范例：在一个*.java 文件中定义多个 class

```
public class HelloYootk {                    // 程序所在类（后期会有详细讲解）
    public static void main(String[] args) {    // 程序主方法
        System.out.println("课程资源请访问：www.yootk.com"); // 屏幕输出信息
    }
}
class A {}                                   // 一个源程序中定义多个类
class B {}                                   // 一个源程序中定义多个类
```

此时程序中共存在 3 个 class 声明，所以编译之后会形成 3 个 class 文件，包括 A.class、B.class 和 HelloYootk.class，如图 1-19 所示。

通过以上分析，可以得出以下结论。

➣ 用 public class 定义时文件名称与类名称要保持一致。也就是说，一个 *.java 文件中只允许有一个 public class 定义。

图 1-19　编译后产生多个 *.class 文件

➣ 用 class 定义时文件名称可以与类名称不一致，但是在编译后使用 class 声明的每个类都会生成一个 *.class 文件，也就是说，一个 *.java 文件可以产生多个 *.class 文件。

提示：实际的开发要求

从实际的开发来讲，一个 *.java 文件里面一般只会有一个 public class 定义的类，但是现阶段属于学习过程，所以会出现在一个 *.java 文件中定义多个类的情况，也就会出现用 public class 与 class 在一个文件中混合声明不同类结构的情况。

关于类名称定义的重要说明：类名称要求每个单词的首字母大写，如 HelloDemo、TestDemo，此为 Java 命名规范，开发者必须严格遵守。

2．主方法

主方法是一切程序的起点，所有的程序代码都从主方法开始执行，Java 中的主方法定义如下。

```
public static void main(String args[]) {
    执行的代码；
}
```

在以后的学习中为了方便，将把主方法所在的类称为主类，并且主类都使用 public class 声明。

3．系统输出

如果要在屏幕上显示信息，则可以使用以下方法。

➣ System.out.println()：输出之后追加一个换行。

➣ System.out.print()：输出之后不追加换行。

范例：观察输出

```
public class Hello {
```

```
public static void main(String args[]) {
    System.out.print("www.yootk.com");        // 输出数据不换行
    System.out.print("www.yootk.com");        // 输出数据不换行
    System.out.print("www.yootk.com");        // 输出数据不换行
}
}
```
程序执行结果:

www.yootk.comwww.yootk.comwww.yootk.com

本程序在输出时没有使用换行，所以输出结果都显示在同一行。

1.6 CLASSPATH 变量

Java 程序的执行依赖于 JVM，当用户使用 Java 命令去解释 class 字节码文件时实际上都会启动一个 JVM 进程，而在这个 JVM 进程中需要有一个明确的类加载路径，而这个路径就是通过 CLASSPATH 变量指派的。JVM 的执行流程如图 1-20 所示。

图 1-20 JVM 的执行流程

在 Java 中可以使用 SET CLASSPATH 命令指定 Java 类的执行路径，这样就可以在不同的路径下加载指定路径中的 class 文件进行执行。下面通过一个实验来了解 CLASSPATH 变量的作用，假设这里的 Hello.class 文件位于 D:\yootk 目录下。

在任意盘符的命令行窗口执行下面的命令。

SET CLASSPATH=D:\yootk

为了使读者更加清楚 CLASSPATH 变量的作用，先从 D 盘切入 E 盘，之后在 E 盘根目录下执行 java Hello 命令，如图 1-21 所示。

图 1-21 CLASSPATH 变量的设置

由上面的输出结果可以发现，虽然在 E 盘根目录中并没有 Hello.class 文件，但是也可以在 E 盘下用 java Hello 命令执行该文件。之所以会有这种结果，就是因为在操作中使用了 SET CLASSPATH 命令，将类的加载路径指向了 D:\yootk 目录，所以在运行时，会从 D:\yootk 目录中查找所需要的类。

提示：CLASSPATH 变量与 JVM 的关系

CLASSPATH 变量主要是指类的运行路径，实际上在读者执行 Java 命令时，对于本地的操作系统来说就意味着启动了一个 JVM，JVM 在运行的时候需要通过 CLASSPATH 变量加载所需要的类，而默认情况下 CLASSPATH 变量是指向当前目录（当前命令行窗口所在的目录）的，所以会从此目录下直接查找。

实际上这样随意设置加载路径的方式并不好用，最好的做法还是从当前所在路径中加载所需要的程序类。所以在设置 CLASSPATH 变量时，最好将 CLASSPATH 变量指向当前目录，即所有的 class 文件都从当前文件夹中开始查找，路径设置为 "."，格式如下。

```
SET CLASSPATH=.
```

但这样的操作都是单独设置每一个命令行窗口，如果要想让 CLASSPATH 变量针对全局都有作用，可以在环境变量中添加 CLASSPATH 系统变量并进行配置，如图 1-22 所示。

图 1-22　设置 CLASSPATH 变量

1.7　本章概要

1．Java 可移植性的实现依赖于 JVM，JVM 就是一台虚拟的计算机。只要在不同的操作系统中植入不同版本的 JVM，那么 Java 程序就可以在各个平台上移植，做到"一次编写，处处运行"。

2．Java 程序的执行步骤如下。

➥　使用 javac 命令将一个 *.java 文件编译成 *.class 文件。

➥　使用 java 命令可以执行一个 *.class 文件。

3．每次使用 java 命令执行一个 *.class 文件时，都会启动 JVM 进程，JVM 通过 CLASSPATH 变量给出的路径加载所需要的类文件，可以通过 SET CLASSPATH 命令设置类的加载路径。

4．Java 程序主要分为两种：Java Application 程序和 Java Applet 程序，Java Applet 主要是指嵌入网页的 Java 程序，基本上已经不再使用；而 Application 程序是指有 main 方法的程序，本书主要讲解 Application 程序。

第2章 程序的基础概念

通过本章的学习可以达到以下目标

- 掌握 Java 中标识符的定义。
- 掌握 Java 中注释的作用以及 3 种注释的区别。
- 掌握 Java 中数据类型的划分及基本数据类型的使用原则。
- 掌握字符串与字符的区别，可以使用 String 类定义字符串并进行字符串内容修改。
- 掌握 Java 中运算符的使用。

　　程序都有其独特的代码组织结构，所以对于代码的命名就需要通过使用标识符来完成。但程序的核心意义在于数据处理，所以掌握数据类型的定义及数值运算是最重要的基础知识。本章将讲解 Java 语言的注释、标识符、关键字、数据类型划分、运算符等核心基础知识。

2.1 程 序 注 释

　　考虑到程序的可维护性，在编写代码时要在代码相关位置增加若干说明文字，即注释。注释本身不需要被编译器编译。Java 语言的注释共有 3 种形式。

- //：单行注释。
- /* ... */：多行注释。
- /** ... */：文档注释。

 提示：关于几种注释的选择

　　一般而言，在开发中会使用一些开发工具，如果使用 **Eclipse 或 IDEA** 这样的开发工具，本书强烈建议读者使用单行注释，这样即使格式化多行代码时也不会造成代码的混乱。而对于文档注释，往往也会结合开发工具编写。为方便读者理解相关代码的含义，本书将对一些重点操作给出文档注释。考虑到篇幅问题，重复的注释将不再出现。

范例：定义单行注释

```java
public class JavaDemo {
    public static void main(String args[]) {
        // 【单行注释】下面程序语句的功能是在屏幕上打印一行输出信息
        System.out.println("www.yootk.com") ;
```

```
    }
}
```

本程序的功能是在屏幕上进行信息输出，通过阅读注释就可以明确代码的作用，使代码的可读性与维护性大大加强。

范例：定义多行注释

```
public class JavaDemo {
    public static void main(String args[]) {
        /* 【多行注释】下面程序语句的功能是在屏幕上打印一行输出信息
         * 利用多行注释可以针对代码的功能进行更加详细地说明
         * 在实际的项目开发中多行注释用于编写大段的说明文字
         */
        System.out.println("www.yootk.com") ;
    }
}
```

多行注释利用"/* ... */"进行定义，而后每行注释中使用"*"作为标记。

文档注释是以单斜杠加两个星形标记的形式（/**）开头，并以一个星形标记加单斜杠的形式（*/）结束。用这种方法注释的内容会被解释成程序的正式文档，并能包含如 javadoc 之类的工具生成的文档，用以说明该程序的层次结构及其方法。

范例：使用文档注释

```
/**
 * 该类的主要作用是在屏幕上输出信息
 * @author 李兴华
 */
public class JavaDemo {
    public static void main(String args[]) {
        System.out.println("www.yootk.com") ;
    }
}
```

在文档注释中提供了许多类似于 @author 这样的标记，如参数类型（@param）、返回值（@return）等。对于初学者而言，重点掌握单行注释和多行注释即可。

提示：文档注释在开发中使用较多

在软件开发过程中，技术文档是每一位开发人员都必须配备的重要工具之一，每一个操作的功能都会在文档中进行详细的描述，所以本书强烈建议读者在编写代码时要养成撰写文档注释的良好编程习惯。在以后开发工具的支持下，文档注释也可以方便地生成。

2.2 标识符与关键字

程序本质上就是一个逻辑结构的综合体，Java 语言有不同的逻辑结构，如类、方法、变量结构等。对于不同的逻辑结构一定要有不同的说明，这些说明在程序中被称为标识符，所以在进行标识符定义时一般都要求采用有意义的名称。

Java 语言中标识符定义的核心原则如下：由字母、数字、_或$组成，其中不能使用数字开头，不能使用 Java 中的保留字（又称为"关键字"）。

 提示：关于标识符的定义

随着编程经验的积累，读者对于标识符的选择一般都会有自己的原则（或者遵从所在公司的项目开发原则）。对于标识符的使用，本书有以下建议。

- ➥ 尽量不要使用数字，如 i1、i2。
- ➥ 命名尽量有意义，不要使用类似 a、b 的简单标识符，而要使用如 Student、Math 等有意义的单词。
- ➥ 标识符是区分大小写的，如 yootk、Yootk、YOOTK 表示 3 个不同的标识符。
- ➥ $符号有特殊意义，不要使用。

一些刚接触编程语言的读者可能会觉得记住上面的规则很麻烦，所以最简单的理解就是，标识符最好用字母开头，而且尽量不要包含其他符号。

为了帮助读者更好地理解标识符的定义，用下面两组对比来解释。

- ➥ 下面是合法的标识符：

yootk   yootk_java   lee_yootk

- ➥ 下面是非法的标识符：

class（关键字）67.9（数字开头和包含.） YOOTK LiXingHua（包含空格）

 提示：可以利用中文定义标识符

随着中国国际地位的稳步提升及中国软件市场的火爆发展，从 JDK 1.7 版本开始也增加了对中文的支持，即标识符可以使用中文定义。

范例：利用中文定义标识符

```
public class 沐言科技Yootk {                        // 类名称
    public static void main(String args[]) {
        int 年龄 = 20 ;                             // 整型变量名称
        System.out.println(年龄) ;                  // 输出内容
    }
}
程序执行结果：
20
```

此时类名称使用了中文，变量名称也使用了中文。尽管 Java 给予了中文很好的支持，但是本书强烈建议读者把这些特性当作一个小小的插曲，在实际开发中请按照习惯性的开发标准编写程序。

标识符的另外一个重要概念就是要避免使用关键字。所谓的关键字，是指具有特殊含义的单词，如 public、class、static 等，这些都属于关键字。关键字全部使用小写字母的形式表示，在 Java 中可以使用的关键字如表 2-1 所示。

表 2-1　Java 中可以使用的关键字

NO.	关键字	NO.	关键字	NO.	关键字	NO.	关键字
1	abstract	14	double	27	int	40	synchronized
2	assert	15	else	28	interface	41	super
3	boolean	16	extends	29	long	42	strictfp
4	break	17	enum	30	native	43	switch
5	byte	18	final	31	new	44	this
6	case	19	finally	32	null	45	throw
7	catch	20	float	33	package	46	throws
8	char	21	for	34	private	47	transient
9	class	22	goto	35	protected	48	try
10	continue	23	if	36	public	49	void
11	const	24	implements	37	return	50	volatile
12	default	25	import	38	short	51	var
13	do	26	instanceof	39	static	52	while

对于所有给出的关键字有几点需要注意。

➥ Java 语言有两个未使用到的关键字：goto（在其他语言中表示无条件跳转）、const（在其他语言中表示常量）。

➥ JDK 1.4 版本之后增加了 assert 关键字。

➥ JDK 1.5 版本之后增加了 enum 关键字。

➥ Java 语言有 3 个具有特殊含义的标记（严格来讲不算是关键字）：true、false、null。

➥ 在 JDK 1.10 版本之后追加了 var 关键字，用于实现动态变量的声明。

提示：不需要死记硬背 Java 语言中的关键字

对于初学者而言，要全部记住以上关键字是一件比较麻烦的事，然而随着知识的熟练运用，读者自然会慢慢记住学过的知识，所以不用死记硬背！回顾一下前面的内容，会发现已经见过了以下的关键字：public、class、void、static 等，因此对于一门编程语言，多加练习就是最好的学习方法。

对于表 2-1 所示的关键字，此处帮读者做了一些简单的分类，有兴趣的读者可以在本书学习完毕后回看此总结信息。

- 访问控制：public、protected、private。
- 类、方法、变量修饰符：abstract、class、extends、final、implements、interface、native、new、static、strictfp、synchronized、transient、volatile、void、enum。
- 程序控制：break、continue、return、do、while、if、else、for、instanceof、switch、case、default。
- 异常处理：try、catch、throw、throws、final、assert。
- 包定义与使用：import、package。
- 基本类型：boolean、byte、char、double、float、int、long、short、null、true、false。
- 变量引用：super、this。
- 未使用到的关键字：goto、const。

JDK 1.9 版本之后也提供了一些新的语法支持，如 module、requires 等不在受限范围内。

2.3　数据类型划分

严格来讲任何程序都属于数据的处理过程。对于数据的保存必须有严格的限制，具体体现在数据类型的划分上，即不同的数据类型可以保存不同的数据内容。Java 的数据类型可分为基本数据类型与引用数据类型两大类，其中基本数据类型包括最基本的 byte、short、int、long、float、double、char、boolean 等类型。另一种为引用数据类型（类似于 C、C++语言的指针），这类数据在操作时必须进行内存的开辟。Java 数据类型的划分如图 2-1 所示。

提示：Java 数据类型

首先，对于 Java 数据类型的划分，读者必须清楚地记住；其次，考虑到学习阶段的问题，本章主要以讲解各个基本数据类型为主，而引用数据类型将在面向对象部分进行详细的讲解；最后，需要再次说明的是，基本数据类型不涉及内存的开辟问题，引用数据类型才会涉及。引用数据类型是 Java 语言入门的第一大难点，本书将在面向对象部分为读者进行深入分析。

还需要提醒读者的是，数据类型的划分及数据类型的名称的关键字要求都记住。

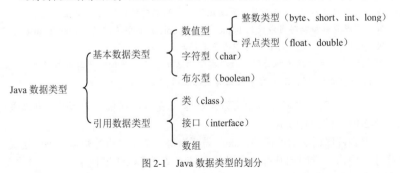

图 2-1　Java 数据类型的划分

基本数据类型不涉及内存分配问题，而引用数据类型需要由开发者为其分配内存空间，而后进行关系匹配。Java 基本数据类型主要是以数值的方式进行定义，这些基本数据类型的大小、可表示的数据范围及默认值如表 2-2 所示。

表 2-2　Java 基本数据类型的大小、可表示的数据范围及默认值

No.	数 据 类 型	大小/位	可表示的数据范围	默 认 值
1	byte（字节）	8	−128 ~ 127	0
2	short（短整型）	16	−32768~32767	0
3	int（整型）	32	−2147483648 ~ 2147483647	0
4	long（长整型）	64	−9223372036854775808 ~ 9223372036854775807	0
5	float（单精度型）	32	−3.4E38（−3.4×10^{38}）~ 3.4E38（3.4×10^{38}）	0.0
6	double（双精度型）	64	−1.7E308（−1.7×10^{308}）~ 1.7E308（1.7×10^{308}）	0.0
7	char（字符型）	16	0（'\u0000'）~ 65535（'\uffff'）	'\u0000'
8	boolean（布尔型）	—	true 或 false	false

通过表 2-2 可以发现，long 型保存的整数范围是最大的，double 型保存的浮点数范围是最大的，相比较起来，double 型可以保存更多的内容。

提示：关于基本数据类型的选择

在编程初期许多读者会犹豫选择哪种基本数据类型，也会思考是否要记住这些数据类型所表示的数据范围。考虑到各种因素，下面来与大家分享一些基本数据类型的选择经验。

 ↘ 表示整数就使用 int 型（例如，表示一个人的年龄），涉及小数就使用 double 型（例如，表示一个人的成绩或者工资）。
 ↘ 描述日期时间数字、文件、内存大小（程序是字节为单元统计大小的）使用 long 型，而较大的数据（长度超过了 int 型的可表示的数据范围，例如，数据库中的自动增长列）长度也使用 long 型。
 ↘ 实现内容传递（I/O 操作、网络编程）或编码转换时使用 byte 型。
 ↘ 实现逻辑控制时可以使用 boolean 型（boolean 类型的值只有 true 或 false）。
 ↘ 处理中文时使用 char 型可以避免乱码问题。

随着计算机硬件的不断升级，数据类型的选择也不像早期编程时那样受到严格的限制，因而如 short 型、float 型等数据类型已经很少使用了。

有了数据类型的划分后就可以进行定义变量与赋值处理操作，可以采用如图 2-2 所示的结构实现。

考虑到程序语法的严谨性，Java 需要为每一个变量进行数据类型的定义，这样才方便内存空间的开辟，在进行变量定义时可以通过使用赋值符号 "=" 为变量设置初始化内容。

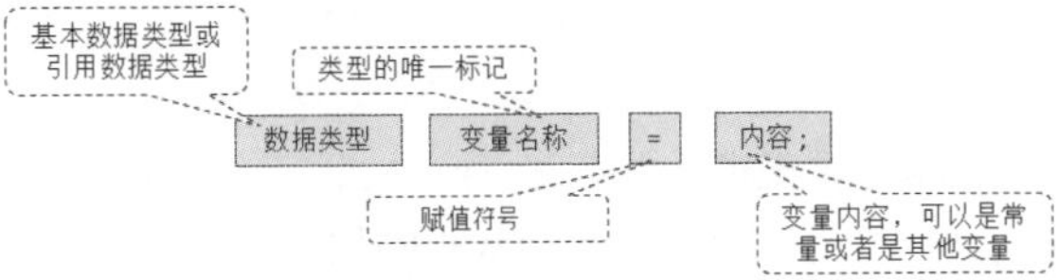

图 2-2　变量定义与赋值处理的格式

 提示：关于初始化内容与默认值

通过查看表 2-2 可以发现，数据类型均有其对应的默认值，但这些默认值只在定义类结构的过程中起作用，如果要进行方法定义则需要进行内容初始化。关于类与方法的定义，读者可以通过查看后续的章节进行完整学习，现阶段暂不急于了解相关内容。

另外，考虑到 JDK 版本不同，其支持也不同，需要对赋值使用做出两个区分：在 JDK 1.4 及以前版本中方法定义的变量必须要求赋值，而 JDK 1.5 后方法中定义的变量可以在声明时不赋值，而在使用之前进行赋值，如下所示。

范例：JDK 1.5 后的变量声明与赋值支持

```
public class JavaDemo {
    public static void main(String args[]) {
        int num ;                        // 定义变量，未赋值
        num = 10 ;                       // 【JDK 1.5之后正确】变量使用前赋值
        System.out.println(num);         // 输出变量内容
    }
}
```

同样的程序代码，如果放在 JDK 1.4 以及以版本时就会出现错误。所有版本通用的定义形式为：

```
public class JavaDemo {
    public static void main(String args[]) {
        int num = 10 ;                   // 定义变量时初始化内容
        System.out.println(num);         // 输出变量内容
    }
}
```

考虑到读者概念学习的层次性，为了避免使更多的概念造成混乱，本书建议读者在声明变量时为每个变量设置默认值。

另外，考虑到代码开发的标准性，Java 中的变量也有明确的命名要求：第一个单词的首字母小写，随后每个单词的首字母大写，如 studentName、yootkInfo 等是正确的变量名称。

2.3.1 整型

整型数据类型一共有 4 种，按照可表示的范围由小到大分别为 byte、short、int、long，Java 中任何一个整型常量（如 30、100 等数字）的默认类型都是 int 型。

范例：定义 int 型变量

```java
public class JavaDemo {
    public static void main(String args[]) {
        // int 变量名称 = 常量（10是一个常量，整数类型为int）；
        int x = 10;   // 定义了一个整型变量x，变量定义时一定要赋初值
        // int型变量 * int型变量 = int型数据
        System.out.println(x * x);          // 输出计算结果
    }
}
```

程序执行结果：
```
100
```

本程序定义了一个整型变量 x，并且在声明变量时为其赋值为 10。由于变量 x 属于 int 型，所以计算后的最终结果也是 int 型。

 注意：保持良好的编程习惯

相对而言本程序的代码比较容易理解。在实际的开发中，除了保证代码的正确性外，拥有良好的编程习惯也同样重要。细心的读者可以发现，在编写代码"int x = 10；"时，每个操作间都有一个" "（空格），如图 2-3 所示。这样做的目的是避免由于编译器的 bug 造成非正常性语法的编译错误。

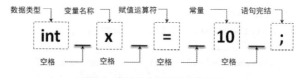

图 2-3　每个操作间使用空格分开

 提问：变量和常量的区别是什么？

书中一直强调的变量和常量有什么区别？如何区分？

回答：变量的内容可以改变，常量的内容不可以改变。

所谓常量，是指具体的内容。例如，一个数字 10，内容始终都是无法改变的，这样的内容就被称为常量。

变量一般需要定义相应的数据类型，而且这个变量可以保存同数据类型的不同内容。既然保存的内容可变那么就称为变量。

范例：理解变量与常量

```
public class JavaDemo {
    public static void main(String args[]) {
        // 10就是一个常量的内容，该内容无法进行修改
        int num = 10 ;            // 数据类型 变量名称 = 常量
        num = 20 ;                // 修改变量num的内容
        // int型变量 * int型变量 = int型数据
        System.out.println(num * num) ;
    }
}
```
程序执行结果：
```
400
```

在本程序中的数字 10 和 20 就是常量，这些内容永远都不会改变，而 num 内容可以改变，num 就称为变量。换个通俗点的方式来理解，变量就好比一个杯子，里面可以倒入咖啡或茶水（常量）。

任何数据类型都有其对应可表示的数据范围，但是在一些特殊环境下的计算结果可能会超过这个限定的范围，此时就会出现数据溢出的问题。

范例：观察数据溢出

```
public class JavaDemo {
    public static void main(String args[]) {
        int max = 2147483647;        // 获取int型的最大值
        int min = -2147483648;       // 获取int型的最小值
        // int型变量 + int型常量 = int型计算结果
        System.out.println(max + 1);// -2147483648, 最大值 + 1 = 最小值
        System.out.println(max + 2);// -2147483647, 最大值 +2 = 次最小值
        // int型变量 - int型常量 = int型计算结果
        System.out.println(min - 1);// 2147483647, 最小值 - 1 = 最大值
    }
}
```
程序执行结果：
```
-2147483648（"max + 1"语句执行结果）
-2147483647（"max + 2"语句执行结果）
2147483647（"min - 1"语句执行结果）
```

本程序分别定义了两个变量：max（保存 int 最大值）、min（保存 int 最小值）。int 型变量与 int 型常量计算后的数据类型依然是 int 型，所以此时出现了数据溢出的问题，如图 2-4 所示。

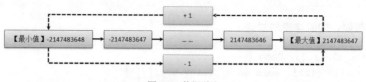

图2-4　数据溢出

 提示：关于数据溢出的问题解释

　　学习过汇编语言的读者应该知道，在计算机中二进制是基本的组成单元，而int型数据共占32位的长度，其中第1位是符号位，其余的31位都是数据位。当变量的值已经是该数据类型保存的最大值时，如果继续进行"+1"的操作就会造成符号位的变更，最终就会产生数据溢出的问题。但是笔者要告诉读者的是，不用过于担心开发中出现的数据溢出问题，只要变量的值控制得当并且合乎实际逻辑（例如，定义一个人年龄的时绝对不应该出现数据溢出的问题，如果真出现了数据溢出，那么已经不是"万年老妖"这样表示年龄的词语可以描述的"物种"了），就很少会出现此类情况。

　　要想解决这种数据溢出的问题，就只能够通过扩大数据范围的方式来实现。比int范围更大的是long型，而要将int型的变量或常量变为long型有以下两种形式。

- ➥ **形式1**：int型常量转换为long型常量，使用"字母L"或"字母l（小写的字母L）"完成。
- ➥ **形式2**：int型变量转换为long型变量，使用"(long) 变量名称"完成。实际上可以用此类方式实现各种数据类型的转换。例如，如果将int型变量变为double型变量，可以使用"(double) 变量名称"，即数据类型转换的通用格式为"(目标数据类型) 变量"。

　　范例：解决数据溢出的方法（在操作时需要预估数据范围，如果发现数据类型的可表示的数据范围不够就使用更大范围的数据类型）

```
public class JavaDemo {
    public static void main(String args[]) {
        long max = 2147483647;          // 获取int型的最大值
        long min = -2147483648;         // 获取int型的最小值
        // long型变量 + int型常量 = long型计算结果
        System.out.println(max + 1);    // 【正确计算结果】2147483648
        System.out.println(max + 2);    // 【正确计算结果】2147483649
        // long型变量 - int型常量 = long型计算结果
        System.out.println(min - 1);    // 【正确计算结果】-2147483649
    }
}
```
程序执行结果：
2147483648（"**max + 1**"语句执行结果）

2147483649（"**max + 2**"语句执行结果）
-2147483649（"**max - 1**"语句执行结果）

  本程序为了获取正确的计算结果使用 long 型定义了 max 与 min 两个变量，这样即使计算结果超过了 int 型的可表示数据范围（但没有超过 long 型）也可以获取正确的计算结果。

 提示：另一种解决数据溢出的方法

  对于数据溢出的问题除了以上的解决方法外，也可以在计算时进行强制类型转换。

```java
public class JavaDemo {
    public static void main(String args[]) {
        int max = 2147483647;            // 获取int型的最大值
        int min = -2147483648;           // 获取int型的最小值
        // int型变量 + long型常量 = long型计算结果
        System.out.println(max + 1L);    // 【正确计算结果】2147483648
        System.out.println(max + 2l);    // 【正确计算结果】2147483649
        // long型变量 - int型常量 = long型计算结果
        System.out.println((long) min - 1); // 【正确计算结果】-2147483649
    }
}
```
程序执行结果：
2147483648（"**max + 1L**"语句执行结果）
2147483649（"**max + 2l**"语句执行结果）
-2147483649（"**(long) min - 1**"语句执行结果）

  在将 int 型常量转为 long 型时可以使用字母 L（大写）或 l（小写）进行定义，也可以直接进行强制转换，由于 int 型与 long 型的计算结果依然是 long 型，所以可以得到正确的计算结果。

  不同的数据类型之间是可以转换的，即范围小的数据类型可以自动转为范围大的数据类型。但如果反过来，范围大的数据类型要转为范围小的数据类型，就必须进行强制类型转换，同时还需要考虑可能产生的数据溢出问题。

范例：强制类型转换

```java
public class JavaDemo {
    public static void main(String args[]) {
        long num = 2147483649L; // 此数值已经超过了int型的可表示数据范围
        int temp = (int) num;   // 【数据溢出】long型的可表示数据范围比
                                // int型的可表示数据范围大，不能够直接转换
        System.out.println(temp);   // 内容输出
    }
}
```
程序执行结果：
-2147483647（数据溢出）

本程序定义了一个超过 int 型可表示的数据范围的 long 型变量，所以在进行强制类型转换时出现了数据溢出问题。

字节是一种存储容量的基本单位，在 Java 中可以使用关键字 byte 进行定义。byte 属于整型定义，其可表示的数据范围是 −128 ~ 127，下面通过程序说明。

范例：定义 byte 型变量

```java
public class JavaDemo {
    public static void main(String args[]) {
        byte num = 20;                 // 定义byte型变量
        System.out.println(num);       // 输出byte型变量
    }
}
```
程序执行结果：
```
20
```

本程序定义了 byte 型变量 num，并且其值的数据范围在 byte 型可表示的数据允许范围内。

 提问：为什么没有进行强制类型转换？

在本程序执行 "**byte num = 20;**" 语句时，20 是一个 int 型的常量，但是为什么在为 byte 型变量赋值时没有进行强制类型转换？

 回答：byte 型可以自动将 int 型常量转为 byte 型常量。

为了方便开发者为 byte 型变量赋值，Java 语言进行了专门的定义。如果所赋值的数据在 byte 型的可表示数据范围内将自动转换；如果超过了 byte 型的可表示数据范围则必须进行强制类型转换，代码如下所示。

范例：int 型常量强制转换为 byte 型

```java
public class JavaDemo {
    public static void main(String args[]) {
        byte num = (byte) 200;         // int型常量强制转换
        System.out.println(num);       // 输出byte型变量
    }
}
```
程序执行结果：
```
-56
```

由于数字 200 超过了 byte 型可表示的数据范围，所以必须进行强制转换，所以此时出现了数据溢出问题。

 ### 2.3.2　浮点型

浮点型数据描述的是小数，Java 中任意一个小数常量对应的数据类型为 double，所以以后声明小数时建议直接使用 double 型。

范例：定义 double 型变量

```
public class JavaDemo {
    public static void main(String args[]) {
        double x = 10.2;              // 10.2对应的数据类型为double
        int y = 10;                   // 定义int型变量
        double result = x * y;        // double型 * int型 = double型
        System.out.println(result);   // 输出计算结果
    }
}
```
程序执行结果：
```
102.0
```

数据类型在进行自动转换时都是由小范围向大范围转换的，所以 int 型变量自动转换为 double 型后才进行计算，这样最终的计算结果就是 double 型。

Java 默认的浮点数类型为 double，如果要将变量定义为位数相对较少的 float 型，在赋值时必须采用强制类型转换。

范例：定义 float 型变量

```
public class JavaDemo {
    public static void main(String args[]) {
        float x = (float) 10.2;     // 强制类型转换：double型转为float型
        float y = 10.1F;            // 强制类型转换：double型转为float型
        System.out.println(x * y);  // 计算结果类型为float型
    }
}
```
程序执行结果：
```
103.020004
```

本程序利用两个 float 型变量进行乘法运算，通过程序执行结果可以发现多出了一些小数位，而这个问题也是 Java 长期以来一直存在的漏洞。

通过分析可以发现整型与浮点型最大的区别在于，整型无法保存小数位，也就是说整型数据在进行计算时小数点的内容将被抹掉。

范例：观察整 int 除法计算

```
public class JavaDemo {
    public static void main(String args[]) {
        int x = 10;                 // int型变量
        int y = 4;                  // int型变量
        System.out.println(x / y);  // 除法计算，类型为int（不保留小数位）
```

```
    }
}
```
程序执行结果：
2（计算结果缺少小数位）

通过程序执行结果可以发现，由于当前使用的类型为 int，所以在进行除法计算后只保留了整数位（正确的结果应该是 2.5），而要想解决当前的问题就必须将其中一个变量的类型强制转换为 double 型或 float 型。

范例：解决除法计算中小数点的输出问题

```java
public class JavaDemo {
    public static void main(String args[]) {
        int x = 10;                              // int型变量
        int y = 4;                               // int型变量
        // 为保留小数位，将计算结果中的int型转为float型或double型
        System.out.println((double) x / y);      // 除法计算，最终类型为double
        System.out.println(x / (float) y);       // 除法计算，最终类型为float
    }
}
```
程序执行结果：
2.5（double型）
2.5（float型）

为了保证除法计算结果的正确性，本程序将计算中的数据类型强制转换为了 double（float）型，从而实现了数据的小数位的输出。

注意：关于 var 关键字的使用

Java 最初是一种静态语言，这就要求在进行变量定义时都必须明确地为其定义数据类型，并且在随后的变量使用中也要求为变量赋值正确类型的数据。但是从 JDK 1.10 版本后为了迎合市场需求，Java 也出现了动态语言的支持，提供了 var 关键字，即可以通过设置的内容自动识别对应类型。

范例：使用 var 关键字

```java
public class JavaDemo {
    public static void main(String args[]) {
        var num = 10.2 ;                         // 值的类型为浮点型
        num = 100 ;                              // 值的类型为整型
        System.out.println(num);
    }
}
```
程序执行结果：
100.0（定义num时识别为double型）

本程序利用 var 关键字定义了 num 动态变量，由于为其赋值的常量为 10.2 属于 double 型，所以 num 的类型就为 double；随后赋值的常量 100 虽然是 int 型，但由于 num 的类型为 double，所以自动转型为 double。

虽然 Java 提供这样的动态语法，但是从本质上讲，Java 的动态变量定义并不如其他语言强大（如 JavaScript 或 Python），所以本书不建议开发者使用此类定义形式。

2.3.3 字符型

在计算机的世界里，一切都是以编码的形式出现的。Java 使用的是十六进制的 Unicode 编码，此类编码可以保存任意的文字，所以在进行字符处理时就可以避免由于位数长度不同所造成的乱码问题。如果要定义字符变量则可以使用 char 关键字。

 提示：关于 Java 中字符编码的问题

在 Unicode 编码设计过程之中，考虑到与其他语言的结合问题（如 C、C++等），此编码里的部分内容与 ASCII 码的部分编码重叠，以下面内容的编码为例。

- 大写字母范围：65（'A'）～90（'Z'）。
- 小写字母范围：97（'a'）～122（'z'），大写字母和小写字母之间差了 32。
- 数字字符范围：48（'0'）～57（'9'）。

如果读者之前有过类似的操作经验，那么此处就可以无缝衔接。

范例：定义 char 型变量

```java
public class JavaDemo {
    public static void main(String args[]) {
        char c = 'A';                    // 定义char型变量
        System.out.println(c);           // 输出char型变量内容
    }
}
```
程序执行结果：
```
A
```

在 Java 中使用 "'" 可以定义字符常量，一个字符常量只能包含一位字符，字符型与整型也可以实现相互转换。

范例：char 型与 int 型转换

```java
public class JavaDemo {
    public static void main(String args[]) {
        char c = 'A';                    // char型变量
        int num = c;                     // 可以获得字符的编码数值
        System.out.println(num);
```

```
        num = num + 32 ;                  // 修改编码内容，大小写之间差32
        System.out.println((char) num); // 将num的数据类型转为char型
    }
}
```

程序执行结果：

65（大写字母A的编码数值）

a（编码增长之后将int型重新转回char型）

此时程序中可以直接使用 int 型接收 char 型变量，这样就可以获取相应字符的编码信息，由于大小写字母之间差了 32 个长度，所以利用这一特点实现了大小写转换处理。

提示：使用 char 型还可以保存中文

由于 Unicode 编码可以保存任何文字，所以在定义 char 型时也可以将内容设置为中文。

范例： 设置中文字符

```
public class JavaDemo {
    public static void main(String args[]) {
        char c = '李';                      // 一个字符变量
        int num = c;                        // 可以获得字符的编码
        System.out.println(num);            // 输出编码值
    }
}
```

程序执行结果：

26446（中文编码值）

在 Unicode 编码中每一位中文字符也都有其各自的编码，所以在中文语言环境下当前的程序是没有任何问题的，但需要注意的是，char 型时只允许保存一位中文字符。

2.3.4　布尔型

布尔型（boolean）数据是一种逻辑结果，主要有两个值：true 和 false，该数据类型主要用于判断一些程序的使用逻辑。

提示：布尔是一位数学家的名字

乔治·布尔（George Boole，1815—1864），1815 年 11 月 2 日生于英格兰的林肯，是 19 世纪最重要的数学家之一。

范例： 观察 boolean 型

```
public class JavaDemo {
```

```
    public static void main(String args[]) {
        boolean flag = true;           // 定义boolean变量
        if (flag) {                    // 判断flag的内容，如果是true就执行
            System.out.println("www.yootk.com");
        }
    }
}
```
程序执行结果：
www.yootk.com

本程序使用 boolean 型定义了变量，并且设置其值为 true，所以 if 语句才满足执行条件。

 提示：关于使用 0 与非 0 描述布尔型的问题

许多的程序设计语言在设计初期没有考虑到布尔型的问题，就使用数字 0 表示 false，非 0 数字表示 true（例如，1、2、3 都表示 true）。但是这样的表示方法对于代码开发来说比较混乱，Java 里面不允许使用 0 或 1 来填充布尔型的变量内容。

2.3.5　字符串型

字符串型是实际项目中使用的一种类型，利用字符串可以保存更多的字符内容。Java 中使用 "" 来实现字符串常量的定义，使用 String 类来实现变量的声明。

提示：String 类为引用数据类型

String 是 Java 提供的一个系统类，其并不是基本数据类型。由于此类较为特殊，所以可以像基本数据类型那样直接定义使用。关于 String 类的更多描述将在第 7 章讲解。

范例：定义字符串型变量

```
public class JavaDemo {
    public static void main(String args[]) {
        String str = "www.yootk.com";   // 使用 "" 定义字符串常量
        System.out.println(str);        // 输出字符串变量内容
    }
}
```
程序执行结果：
www.yootk.com

本程序利用 String 类定义了一个字符串型的变量，使用 "" 可以定义字符串常量的内容。按照此种模式可以定义更多的字符串，而字符串之间可以使用 "+" 进行连接。

范例：字符串连接

```java
public class JavaDemo {
    public static void main(String args[]) {
        String str = "www.";
        str = str + "yootk.";          // 字符串连接
        str += "com";                  // 字符串连接
        System.out.println(str);       // 输出字符串内容
    }
}
```

程序执行结果：
www.yootk.com（字符串连接结果）

本程序首先定义了字符串变量 str，随后利用"+"实现了字符串内容的连接处理。

 提示：关于"+"在连接字符串与数值加法计算上的使用

使用"+"可以实现字符串的连接功能，但需要注意的是，"+"也可以用于两个数值的加法计算，如果混合使用，则所有变量的数据类型将全部变为字符串型，而后实现连接处理。

范例：错误的"+"使用

```java
public class JavaDemo {
    public static void main(String args[]) {
        double x = 10.1;                    // double型变量
        int y = 20;                         // int型变量
        String str = "计算结果：" + x + y;    // 字符串连接
        System.out.println(str);            // 错误的结果
    }
}
```

程序执行结果：
计算结果：10.120

本程序原本是希望可以直接输出加法计算的结果，但是由于在输出结果中存在字符串常量，所以所有变量的数据类型全部变为了字符串，而符号"+"的作用就成为连接字符串。要想解决此类问题，可以使用"()"修改执行的优先级。

范例：解决错误使用"+"连接的问题

```java
public class JavaDemo {
    public static void main(String args[]) {
        double x = 10.1;                    // double型变量
        int y = 20;                         // int型变量
```

```
        String str = "计算结果: " + (x + y); // 字符串连接
        System.out.println(str);            // 错误的结果
    }
}
```
程序执行结果:
计算结果: 30.1

　　由于"()"的执行优先级最高,所以本程序会先执行基本数据类型的加法操作,而后将最终的计算结果与字符串连接。

　　"\"是转义字符,在描述字符或字符串时也可以使用转义字符来实现一些特殊符号的定义,如换行(\n)、制表符(\t)、\(\\)、双引号(\")、单引号(\')。

范例:使用转义字符

```
public class JavaDemo {
    public static void main(String args[]) {
        System.out.println("沐言科技: \tYootk\n在线学习网站:
\"www.yootk.com\"") ;
    }
}
```
程序执行结果:
沐言科技:　　　　Yootk
在线学习网站: "www.yootk.com"

　　本程序定义的字符串中由于使用了转义字符,所以程序执行结果将根据转义字符后的符号进行转换显示。

2.4　运　算　符

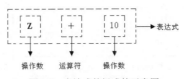

　　Java 语句有多种形式,表达式就是其中的一种。表达式由操作数与运算符组成:操作数可以是常量、变量或方法,而运算符就是数学中的运算符号,如"+""−""*""/""%"等。以表达式"z+10"为例,z 与 10 都是操作数,而"+"就是运算符,如图 2-5 所示。

```
  ┌─ ─ ─ ─ ─ ─ ─ ─ ─ ─ ─ ─ ─ ─ ─ ─┐
  ┊ ┌─ ─ ─┐  ┌─ ─ ─┐  ┌─ ─ ─┐  ┊
  ┊ │  z  │  │  +  │  │ 10  │  ┊ ──▶ 表达式
  ┊ └─ ─ ─┘  └─ ─ ─┘  └─ ─ ─┘  ┊
  └─ ─ ┬ ─ ─ ─ ─┬ ─ ─ ─ ─ ┬ ─ ─┘
       │         │          │
       ▼         ▼          ▼
     操作数     运算符      操作数
```
图 2-5　表达式的组成的示意图

　　Java 提供了许多运算符,这些运算符除了可以进行数学运算外,还可以进行逻辑运算、地址运算等。根据其所使用的类,运算符可分为算术运算符、关系运算符、三目运算符、逻辑运算符、位运算符等。常见的 Java 运算符如表 2-3 所示。

表 2-3　常见的 Java 运算符

No.	运算符	类　　型	范　　例	结　　果	描　　述
1	=	赋值运算符	int x = 10 ;	x 的内容为 10	为变量 x 赋值为数字常量 10
2	?:	三目运算符	int x = 10>5?10:5	x 的内容为 10	将两个数字中较大的值赋予 x
3	+	算术运算符	int x = 20 + 10 ;	x = 30	加法计算
4	–	算术运算符	int x = 20–10 ;	x = 10	减法计算
5	*	算术运算符	int x = 20 * 10 ;	x = 200	乘法计算
6	/	算术运算符	int x = 20 / 10 ;	x = 2	除法计算
7	%	算术运算符	int x = 10 % 3 ;	x = 1	取模（余数）计算
8	>	关系运算符	boolean x = 20 > 10 ;	x = true	大于
9	<	关系运算符	boolean x = 20 < 10 ;	x = false	小于
10	>=	关系运算符	boolean x = 20 >= 20 ;	x = true	大于等于
11	<=	关系运算符	boolean x = 20 <= 20 ;	x = true	小于等于
12	==	关系运算符	boolean x = 20 == 20 ;	x = true	等于
13	!=	关系运算符	boolean x = 20 != 20 ;	x = false	不等于
14	++	自增运算符	int x = 10 ; int y = x ++ * 2 ;	x = 11 y = 20	"++"放在变量 x 之后，表示先使用 x 进行计算，之后 x 的内容再自增 1
			int x = 10 ; int y = ++ x * 2 ;	x = 11 y = 22	"++"放在变量 x 之前，表示先将 x 的内容自增 1，再进行计算
15	––	自减运算符	int x = 10 ; int y = x–– * 2 ;	x = 9 y = 20	"––"放在变量 x 之后，表示先使用 x 进行计算，之后 x 的内容再自减 1
			int x = 10 ; int y = –– x * 2 ;	x = 9 y = 18	"––"放在变量 x 之前，表示先将 x 的内容自减 1，再进行计算
16	&	逻辑运算符	boolean x = false & true ;	x = false	AND，与，全为 true 结果为 true
17	&&	逻辑运算符	boolean x = false && true ;	x = false	短路"与"，全为 true 结果为 true

No.	运算符	类　型	范　例	结　果	描　述
18	|	逻辑运算符	boolean x = false | true ;	x = true	OR，或，有一个为 true 结果为 true
19	||	逻辑运算符	boolean x = false || true ;	x = true	短路"或"，有一个为 true 结果为 true
20	!	逻辑运算符	boolean x = !false ;	x = true	NOT，否，true 变 false，false 变 true
21	( )	括号运算符	int x = 10 * (1 + 2) ;	x = 30	使用()改变运算的优先级
22	&	位运算符	int x = 19 & 20 ;	x = 16	按位"与"
23	|	位运算符	int x = 19 | 20 ;	x = 23	按位"或"
24	^	位运算符	int x = 19 ^ 20;	x = 7	异或（相同为 0，不同为 1）
25	~	位运算符	int x = ~19;	x = −20	取反
26	<<	位运算符	int x = 19 << 2;	x = 76	左移位
27	>>	位运算符	int x = 19 >> 2;	x = 4	右移位
28	>>>	位运算符	int x = 19 >>> 2 ;	x = 4	无符号右移位
29	+=	简化赋值运算符	a += b	—	a + b 的值存放到 a 中(a = a + b)
30	−=	简化赋值运算符	a −= b	—	a − b 的值存放到 a 中(a = a − b)
31	*=	简化赋值运算符	a *= b	—	a * b 的值存放到 a 中(a = a * b)
32	/=	简化赋值运算符	a /= b	—	a / b 的值存放到 a 中(a = a / b)
33	%=	简化赋值运算符	a %= b	—	a % b 的值存放到 a 中（a = a % b）

Java 运算符之间存在运算优先级，如表 2-4 所示。

表 2-4　Java 运算符优先级

优　先　级	运　算　符	类　型	运算顺序
1	()	括号运算符	由左至右
1	[]	方括号运算符	由左至右
2	!、+（正号）、−（负号）	一元运算符	由右至左
2	~	位逻辑运算符	由右至左
2	++、--	递增与递减运算符	由右至左
3	*、/、%	算术运算符	由左至右

续表

优先级	运 算 符	类 型	运算顺序
4	+、-	算术运算符	由左至右
5	<<、>>	位左移、右移运算符	由左至右
6	>、>=、<、<=	关系运算符	由左至右
7	==、!=	关系运算符	由左至右
8	&（位运算符 AND）	位逻辑运算符	由左至右
9	^（位运算符号 XOR）	位逻辑运算符	由左至右
10	|（位运算符号 OR）	位逻辑运算符	由左至右
11	&&	逻辑运算符	由左至右
12	||	逻辑运算符	由左至右
13	?:	三目运算符	由右至左
14	=	赋值运算符	由右至左

 提示：没有必要去记住优先级

从实际的工作效用来讲，运算符的优先级没有必要专门去记，就算勉强记住了，使用起来也很麻烦，所以笔者建议读者多使用"()"去改变运算符的优先级，这才是最好的方式。

 注意：不要写复杂的运算关系

在使用运算符编写运算表达式时，读者一定不要写出以下的类似代码。

范例：不建议使用的代码

```java
public class JavaDemo {
    public static void main(String args[]) {
        int x = 10 ;                    // 定义int型变量
        int y = 20 ;                    // 定义int型变量
        // 如此复杂的运算关系，无益于读者思考，如果读者不是逻辑狂人，了解即可
        int result = x-- + y++ * --y / x / y * ++x - --y + y++;
        System.out.println(result) ;            // 执行结果
    }
}
```

程序执行结果：

30

虽然本程序可以得出最终的计算结果，但是面对如此复杂的运算关系，相信大部分人都不感兴趣。所以在编写代码时，读者应该本着编写"简单代码"这一原则。

2.4.1 算术运算符

程序是数据处理的逻辑单元，程序的数据结构设计需要数学的基础。Java 提供的运算符可以实现基础四则运算、数值自增或自减运算，算术运算符如表 2-5 所示。

表 2-5 算术运算符

No.	算术运算符	描　　述
1	+	加法
2	−	减法
3	*	乘法
4	/	除法
5	%	取模（取余数）

范例：四则运算

```java
public class JavaDemo {
    public static void main(String args[]) {
        int result = 89 * (29 + 100) * 2;  // 四则运算，利用括号修改优先级
        System.out.println(result);
    }
}
```
程序执行结果：
```
22962
```

四则运算的默认顺序是先乘除后加减，本程序使用括号修改了运算的优先级。

范例：模运算

```java
public class JavaDemo {
    public static void main(String args[]) {
        int num = 10;                      // 定义整型变量
        num = num % 3;                     // 模运算（余数）
        System.out.println(num);
    }
}
```
程序执行结果：
```
1
```

本程序使用 "%" 实现了模运算（余数），即 10 模 3 的结果是 1。

为了简化数学运算与赋值的操作，Java 也提供了一些简化后的结构，如表 2-6 所示。这些运算符表示参与运算后直接进行赋值操作。

表 2-6　赋值运算符简化后的结构

No.	运　算　符	范例用法	说　　明	描　　述
1	+=	a += b	a + b 的值放到 a 中	a = a + b
2	-=	a -= b	a - b 的值放到 a 中	a = a - b
3	*=	a *= b	a * b 的值放到 a 中	a = a * b
4	/=	a /= b	a / b 的值放到 a 中	a = a / b
5	%=	a %= b	a % b 的值放到 a 中	a = a % b

范例：使用简化后的赋值运算符

```
public class JavaDemo {
    public static void main(String args[]) {
        int num = 10;            // 定义整型变量
        num += 20;               // 使用简化后的赋值运算符，
                                 // 等价于num = num + 20
        System.out.println(num);
    }
}
```
程序执行结果：
30

在数值型变量定义后可以方便地实现数据自增与自减的操作，该操作主要使用 "++" 与 "--" 两种运算符完成，如表 2-7 所示。但操作的位置不同，实现机制也不同。

表 2-7　自增与自减运算符

No.	自增与自减运算符	描　　述
1	++	自增，变量值加 1，放在变量前表示先自增后运算，放在变量后表示先计算后自增
2	--	自减，变量值减 1，放在变量前表示先自减后运算，放在变量后表示先计算后自减

范例：实现自增与自减操作

```
public class JavaDemo {
    public static void main(String args[]) {
        int x = 10;                              // int型变量
        int y = 20;                              // int型变量
        // 执行顺序1：++x 表示x的内容要先自增1，即11
        // 执行顺序2：y-- 表示计算完成后自减1
        int result = ++x - y--;                  // 自增与自减操作
        System.out.println("计算结果：" + result); // 最终计算结果
```

```
        System.out.println("x = " + x);          // 自增后变量x的内容
        System.out.println("y = " + y);          // 自增后变量y的内容
    }
}
```
程序执行结果：
计算结果：-9（x自增 - y的内容）
x = 11（变量x自增后的结果）
y = 19（变量y自减后的结果）

　　本程序在进行计算时采用了混合运算符，首先会计算"++x"，其结果是11，随后将此结果与 y 相减，最终的结果就是"-9"。当 y 参与计算后执行自减处理，变量 y 的内容变为 19。

2.4.2　关系运算符

　　关系运算主要是进行大小的比较处理，关系运算符有：大于（>）、小于（<）、大于等于（>=）、小于等于（<=）、不等（!=）、相等（==）。关系运算的返回结果是布尔类型的数据。

　　范例：大小关系判断

```
public class JavaDemo {
    public static void main(String args[]) {
        int x = 10;                              // int型变量
        int y = 20;                              // int型变量
        boolean flag = x > y;                    // 关系运算结果为boolean型
        System.out.println(flag);                // 输出判断结果
    }
}
```
程序执行结果：
false

　　本程序主要实现了两个整型变量的大小判断，由于变量 x 的内容小于变量y 的内容，所以判断的结果为 false。

　　范例：数值间的相等判断

```
public class JavaDemo {
    public static void main(String args[]) {
        double x = 10.0;                         // double型变量
        int y = 10;                              // int型变量
        boolean flag = x == y;                   // 关系运算结果为boolean型
        System.out.println(flag);                // 输出判断结果
    }
```

```
}
```
程序执行结果：
```
true
```

本程序使用 "==" 运算符判断两个数据变量是否相同，由于 int 与 double 属于两种类型，所以首先会将 int 型数据变为 double 型后再进行比较。

范例：字符间的相等判断

```
public class JavaDemo {
    public static void main(String args[]) {
        char x = '李';                        // 一个字符变量
        int y = 26446;                       // int型变量（字符编码）
        boolean flag = x == y;               // 关系运算结果为boolean型
        System.out.println(flag);            // 输出判断结果
    }
}
```
程序执行结果：
```
true
```

本程序判断了两种不同类型的内容是否相同，由于 char 型可以与 int 型实现自动类型转换，所以此时会先将 char 型变为 int 型（获取相应编码）而后再进行相等判断。

2.4.3　三目运算符

　　程序开发时三目运算符的使用非常多，合理地利用三目运算可以减少一些判断逻辑的编写。三目是一种赋值运算处理，需要先判断一个逻辑关系，而后才可以进行的赋值操作，基本语法如下。

数据类型 变量 = 关系运算?关系满足时的内容:关系不满足时的内容;

范例：使用三目赋值

```
public class JavaDemo {
    public static void main(String args[]) {
        int x = 10;                // int型变量
        int y = 20;                // int型变量
        int max = x > y ? x : y; // 通过判断x与y的大小关系来确定max变量的内容
        System.out.println(max);
    }
}
```
程序执行结果：
```
20
```

本程序利用三目运算符判断了变量 x 与变量 y 的大小，并且将数值大的内容赋值给变量 max。

 提示：三目运算符可以简化 if 语句的判断逻辑

如果不使用三目运算符，以上范例也可以通过以下的 if 语句来代替。

范例：使用 if 语句代替

```java
public class JavaDemo {
    public static void main(String args[]) {
        int x = 10;                    // int型变量
        int y = 20;                    // int型变量
        int max = 0 ;                  // 保存最终结果
        if (x > y) {                   // 判断x与y的大小关系
            max = x ;                  // 将x的内容赋值给max
        } else {
            max = y ;                  // 将y的内容赋值给max
        }
        System.out.println(max);
    }
}
```

虽然此时程序的执行结果与上个范例相同，但是会发现实现同样的功能 if 语句需要编写的代码更多。

2.4.4 逻辑运算符

逻辑运算一共包含 3 种：与（多个条件一起满足）、或（多个条件有一个满足）、非（可以实现 true 与 false 的相互转换），逻辑运算符如表 2-8 所示。

表 2-8 逻辑运算符

No.	逻辑运算符	描　　述
1	&	AND，与
2	&&	短路与
3	|	OR，或
4	||	短路或
5	!	取反，true 变 false 变 true

通过逻辑运算符可以实现若干个条件的连接，"与"和"或"的操作结果，如表 2-9 所示。

表 2-9 "与"、"或"的操作结果

No.	条 件 1	条 件 2	结　　果	
			&、&&（与）	∣、‖（或）
1	true	true	true	true
2	true	false	false	true
3	false	true	false	true
4	false	false	false	false

范例：使用"非"逻辑运算符

```java
public class JavaDemo {
    public static void main(String args[]) {
        boolean flag = ! (1 > 2);  // 1 > 2的结果为false，取非后为true
        System.out.println(flag);  // 输出判断结果
    }
}
```

程序执行结果：

```
true
```

在本程序中括号内的表达式"1 > 2"的判断结果为 false，但是当使用了非运算（!）后结果转为 true。

"与"逻辑运算的主要特征是进行若干个判断条件的连接，如果所有的条件都为 true 最终才会返回 true，只要有一个条件为 false，最终的结果就是 false。

范例：使用"与"逻辑运算符

```java
public class JavaDemo {
    public static void main(String args[]) {
        int x = 1;                          // 整型变量
        int y = 1;                          // 整型变量
        System.out.println(x == y && 2 > 1); // 输出逻辑运算结果
    }
}
```

程序执行结果：

```
true
```

在本程序中执行了两个判断条件："x == y""2 > 1"，由于这两个判断条件的结果全部为 true，所以逻辑"与"执行后的结果就是 true。

提示：关于 "&" 和 "&&" 的区别

"与"逻辑运算需要若干判断条件全部返回 true，最终的结果才为 true；只要有一个判断条件为 false，其最终结果一定就是 false。在 Java 中针对"与"逻辑有两类运算符。

- 普通与逻辑（&）：所有的判断条件都进行判断。
- 短路与逻辑（&&）：如果前面的判断条件返回了 false，直接中断后续的条件判断，最终的结果就是 false。

为了更好地帮助读者理解两种逻辑与运算的区别，下面通过两个具体的程序进行分析。

范例：使用普通"与"逻辑运算符

```java
public class JavaDemo {
    public static void main(String args[]) {
        // 条件1："1 > 2"返回false
        // 条件2："10 / 0 == 0"，执行时会出现ArithmeticException算术异常
        System.out.println(1 > 2 & 10 / 0 == 0);  // 输出逻辑运算结果
    }
}
```
程序执行结果：
```
Exception in thread "main" java.lang.ArithmeticException: / by zero
    at JavaDemo.main(JavaDemo.java:5)
```

在程序中任何数字除以 0 都会产生 ArithmeticException 算术异常，该程序执行结果也证明此时两个判断条件全部执行了。但对于本程序来讲，"1 > 2"的关系运算结果为 false，即后续的判断不管返回多少个 true 最终的结果都只能是 false，所以以此时普通"与"逻辑运算符（&）的使用意义不大，最好的做法是使用短路"与"逻辑运算符（&&）。

范例：使用短路"与"逻辑运算符

```java
public class JavaDemo {
    public static void main(String args[]) {
        // 条件1："1 > 2"返回false
        // 条件2："10 / 0 == 0"，执行时会出现ArithmeticException算术异常
        System.out.println(1 > 2 && 10 / 0 == 0); // 输出逻辑运算结果
    }
}
```
程序执行结果：
```
false
```

本程序使用短路"与"逻辑运算符，可以发现条件 2 并没有执行，即短路"与"的判断性能要比普通"与"的好。

"或"逻辑运算也可以连接若干个判断条件，在这若干个判断条件中只要

有一个判断结果为 true，最终的结果就是 true。

范例：使用"或"逻辑运算符

```
public class JavaDemo {
    public static void main(String args[]) {
        int x = 1;                              // 整型变量
        int y = 1;                              // 整型变量
        System.out.println(x != y || 2 > 1);    // 输出逻辑运算结果
    }
}
```
程序执行结果：
```
true
```

本程序设置了两个判断条件，由于此时第二个判断条件"2 > 1"返回 true，最终"或"运算的结果就是 true。

 提示：关于"|"和"||"的区别

"或"逻辑运算的特点是在若干个判断条件中只要有一个返回了 true，那么最终的结果就是 true。在 Java 中针对"或"逻辑有两类运算符。

➥ 普通"或"逻辑（|）：所有的判断条件都执行。

➥ 短路"或"逻辑（||）：如果前面的判断条件返回了 true，那么后续的条件将不再判断，最终的结果就是 true。

下面将通过两个程序为读者分析两种"或"逻辑运算的区别。

范例：使用普通"或"逻辑运算符

```
public class JavaDemo {
    public static void main(String args[]) {
        // 条件1："1 != 2"返回true
        // 条件2："10 / 0 == 0"，执行时会出现ArithmeticException算术异常
        System.out.println(1 != 2 | 10 / 0 == 0); // 输出逻辑运算结果
    }
}
```
程序执行结果：
```
Exception in thread "main" java.lang.ArithmeticException: / by zero
    at JavaDemo.main(JavaDemo.java:5)
```

本程序定义了两个判断条件："1 != 2"返回 true，"10 / 0 == 0"产生 ArithmeticException 算术异常，由于此时使用了普通"或"，所以在第一个判断条件返回 true 后，会继续执行第二个判断条件，此时就产生了异常。而对于此时的程序，如果第一个判断条件已经返回了 true，那么后面不管有多少个 false，其最终的结果都为 true，则此时可以考虑使用短路"或"逻辑运算。

范例：使用短路"或"逻辑运算符

```java
public class JavaDemo {
    public static void main(String args[]) {
        // 条件1："1 != 2"返回true
        // 条件2："10 / 0 == 0"，执行时会出现ArithmeticException算术异常
        System.out.println(1 != 2 || 10 / 0 == 0); // 输出逻辑运算结果
    }
}
```

程序执行结果：

```
true
```

本程序利用了短路"或"逻辑进行了判断，通过执行结果可以发现，第二个判断条件并没有执行。因为短路"或"运算符的执行性能较高，所以建议对于开发中的"或"逻辑应该以"||"为主。

2.4.5 位运算符

Java 中提供了位运算操作，该类操作由操作数和位运算符组成，可以对二进制数进行运算。在位运算中提供了两类运算符：逻辑运算符（~、&、|、^）和移位运算符（>>、<<、>>>），如表 2-10 所示。

表 2-10 位运算符

No.	位 运 算 符	描　　述
1	&	按位"与"
2			按位"或"
3	^	异或（相同为 0，不同为 1）
4	~	取反
5	<<	左移位
6	>>	右移位
7	>>>	无符号右移位

Java 中所有的数据都是以二进制数据的形式运算的，即如果是一个 int 型变量，要采用位运算时必须将其变为二进制数据。"与""或""异或"的操作结果如表 2-11 所示。

表 2-11 "与""或""异或"的操作结果

No.	二进制数 1	二进制数 2	"与"操作（&）	"或"操作（|）	"异或"操作(^)
1	0	0	0	0	0
2	0	1	0	1	1

No.	二进制数 1	二进制数 2	"与"操作（&）	"或"操作（|）	"异或"操作（^）
3	1	0	0	1	1
4	1	1	1	1	0

 提示：十进制转二进制。

　　十进制数据变为二进制数据的方法为数据除 2 取余，最后倒着排列。例如，25 的二进值为 11001，如图 2-6 所示。由于 Java 的 int 型数据为 32 位，所以实际上最终的数据为 00000000 00000000 00000000 0011001。

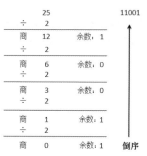

图 2-6　十进制转二进制

范例：实现位与操作

```java
public class JavaDemo {
    public static void main(String args[]) {
        int x = 13;                         // int型变量
        int y = 7;                          // int型变量
        System.out.println(x & y);          // 位与计算
    }
}
```
程序执行结果：

5

　　计算分析：

　　13 的二进制：　00000000 00000000 00000000 00001101

　　7 的二进制：　　00000000 00000000 00000000 00000111

　　"&"结果：　　　00000000 00000000 00000000 00000101　　**转换为十进制：5**

范例：实现位或操作

```java
public class JavaDemo {
    public static void main(String args[]) {
        int x = 13;                         // int型变量
```

```
        int y = 7;                              // int型变量
        System.out.println(x | y);              // 位与计算
    }
}
```
程序执行结果：
15

计算分析：

13 的二进制：00000000 00000000 00000000 00001101

7 的二进制： 00000000 00000000 00000000 00000111

"|"结果： 00000000 00000000 00000000 00001111　**转换为十进制：15**

范例：移位操作

```
public class JavaDemo {
    public static void main(String args[]) {
        int x = 2;                              // 整型变量
        System.out.println("左移位后的计算结果: " + (x << 2)); // 移位处理
        System.out.println("左移位后原始变量的结果: " + x);
    }
}
```
程序执行结果：
左移位后的计算结果：8（1000）
原始变量执行移位后的结果：2（10）

　　本程序获得了数字 2 左移位 2 位的计算结果，也就是说利用位运算可以提升程序性能。

2.5　本 章 概 要

　　1．程序开发利用注释可以提升程序源代码的可阅读性，Java 中提供了 3 类注释：单行注释、多行注释和文档注释。

　　2．标识符是程序单元定义的唯一标记，可以定义类、方法、变量，Java 中标识符的组成原则：由字母、数字、_、$组成，其中不能以数字开头，不能使用 Java 关键字，可以使用中文进行标识符定义。

　　3．Java 的数据类型分为两种：基本数据类型和引用数据类型。其中，基本数据类型可以直接进行内容处理，而引用数据类型需要先进行内存空间的分配才可以使用。

　　4．Unicode 编码中每个字符有唯一的编码值，因此在任何语言、平台和程序上都可以安心使用。

　　5．布尔（boolean）类型的值只能是 true（真）或 false（假）。

　　6．数据类型转换分为自动类型转换和强制类型转换，在进行强制类型转换时需要注意数据溢出的问题。

7. 算术运算符有加法运算符、减法运算符、乘法运算符、除法运算符和取模运算符。

8. 自增与自减运算符有着相当大的便利性，善用它们可提高程序的简洁程度。

9. 运算符都有特定的运算优先级，在开发中建议利用括号来修改运算符的优先级。

10. 逻辑"与"和逻辑"或"分别提供了普通"与"、普通"或"和短路"与"、短路"或"两类操作，开发中建议使用短路"与"、短路"或"操作提升程序的执行性能。

第 3 章　程序逻辑控制

通过本章的学习可以达到以下目标

- 掌握程序多条件分支语句的定义与使用。
- 掌握 switch 开关语句的使用。
- 掌握 for、while 循环语句的使用，并可以通过 break、continue 语句控制循环操作。

程序是一场数据的计算游戏，要想让数据处理更加具有逻辑性，就需要利用选择结构与循环结构来实现程序控制。本章将为读者讲解 if、else、switch、for、while、break、continue 这些关键字的使用。

3.1　程 序 结 构

程序结构是编程语言的重要组成部分，Java 的程序结构有 3 种：顺序结构、选择（分支）结构和循环结构。

这 3 种不同的结构有一个共同点，就是它们都只有一个入口，也只有一个出口。在程序中使用上面这些结构有什么好处呢？单一的入口与出口可以让程序易读、好维护，可以减少调试的时间。下面以流程图的方式来了解这 3 种结构的不同。

1．顺序结构

本书前两章所讲范例的代码采用的都是顺序结构，程序自上而下逐行执行。顺序结构的流程图如图 3-1 所示。

顺序结构在程序设计中最常使用到，扮演了非常重要的角色，因为大部分的程序是依照由上而下的方式设计的。鉴于前面都是按照顺序结构编写的，所以本节只对选择结构和循环结构进行讲解。

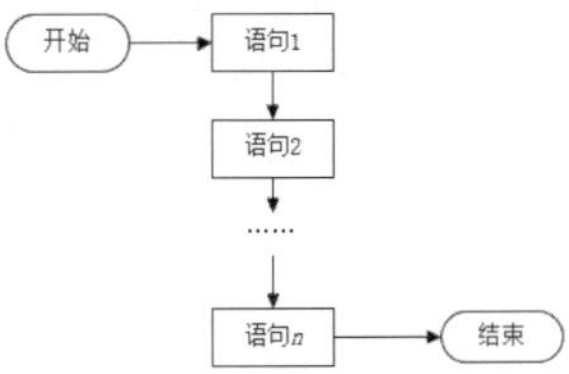

图 3-1　顺序结构的流程图

2．选择（分支）结构

选择（分支）结构是根据判断条件的结果决定要执行哪些语句的一种结构。其流程图如图 3-2 所示。

这种结构可以依据判断条件的结果来决定要执行的语句。当判断条件的值为真时，则执行"语句 1"；当判断条件的值为假时，则执行"语句 2"。不论执行哪一条语句，最后都会回到"语句 3"继续执行。

3. 循环结构

循环结构是根据判断条件的结果决定程序段落的执行次数，而这个程序段落就被称为循环主体。循环结构的流程图如图 3-3 所示。

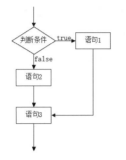
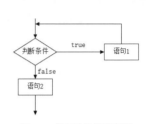

图 3-2　选择（分支）结构的流程图　　　图 3-3　循环结构的流程图

3.2　选　择　结　构

选择结构主要是根据布尔表达式的判断结果来决定是否去执行某段程序代码，Java 中共有两类选择结构：if 语句结构和 switch 开关语句。

3.2.1　if 语句结构

if 语句结构主要是根据逻辑运算的结果来判断是否执行某段代码，在 Java 中可以使用 if 与 else 两个关键字实现此结构，共有以下 3 种形式。

if 判断	if…else…判断	多条件判断

`if (布尔表达式) {`
　条件满足时执行 ；
`}`
	`if (布尔表达式) {`
	　条件满足时执行 ；
	`} else {`
	　条件不满足时执行 ；
	`}`
		`if (布尔表达式) {`
		　条件满足时执行 ；
		`} else if (布尔表达式) {`
		　条件满足时执行 ；
		`} else if (布尔表达式) {`
		　条件满足时执行 ；
		`} else {`
		　条件不满足时执行 ；
		`}`

这 3 种形式的流程图如图 3-4～图 3-6 所示。

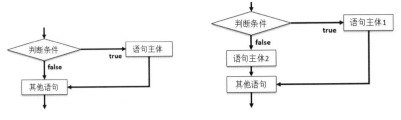

图 3-4　if 判断的流程图　　　　图 3-5　if...else...判断的流程图

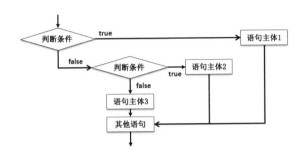

图 3-6　多条件判断的流程图

下面通过程序讲解这 3 类选择结构语句的使用。

范例：使用 if 语句结构

```java
public class JavaDemo {
    public static void main(String args[]) {
        int age = 20;                           // 整型变量
        if (age >= 18 && age <= 22) {           // 逻辑判断
            System.out.println("我是个大学生, 拥有无穷的拼搏与探索精神!");
        }
        System.out.println("开始为自己的梦想不断努力拼搏! ");
    }
}
```
程序执行结果：
我是个大学生, 拥有无穷的拼搏与探索精神!
开始为自己的梦想不断努力拼搏!

if 语句结构是根据逻辑判断条件的结果来决定是否要执行代码中的语句，由于此时满足判断条件，所以 if 语句中的代码可以正常执行。

范例：使用 if...else...语句结构

```java
public class JavaDemo {
    public static void main(String args[]) {
```

```
        double money = 20.00;  // 当前全部资产
        if (money >= 19.8) {   // 19.8为饭费，如果资产大于饭费，则可以购买
            System.out.println("大胆地走到售卖处，很霸气地拿出20元，说不
                                用找了，来份盖浇饭！");
        } else {               // 资产不够支付饭费
            System.out.println("在灰暗的角落等待着别人买剩下的东西。");
        }
        System.out.println("好好地吃，好好地喝！"); // 判断之后的执行语句
    }
}
```
程序执行结果：
大胆地走到售卖处，很霸气地拿出20元，说不用找了，来份盖浇饭！
好好地吃，好好地喝！

本程序结构 if...else...语句结构执行了布尔表达式的判断，如果条件满足则执行 if 语句代码；如果条件不满足则执行 else 语句代码。

范例：使用多条件判断语句结构

```
public class JavaDemo {
    public static void main(String args[]) {
        double score = 90.00;                      // 表示考试成绩
        if (score >= 90.00 && score <= 100) {      // 判断条件1
            System.out.println("优等生。");
        } else if (score >= 60 && score < 90) {    // 判断条件2
            System.out.println("良等生。");
        } else {                                    // 条件不满足时执行
            System.out.println("差等生。");
        }
    }
}
```
程序执行结果：
优等生。

使用多条件判断语句结构可以进行多个布尔条件的判断，第一个条件使用 if 结构定义，其余的条件使用 else if 结构定义，如果所有的条件都不满足，则执行 else 语句代码。

3.2.2 switch 开关语句

switch 是一个开关语句，主要根据内容进行判断。需要注意的是，switch 开关语句只能判断数据（数据类型为 int、char、enum、String），而不能判断布尔表达式。switch 开关语句的流程图如图 3-7 所示，其语法如下。

```
switch(int | char | enum | String) {
    case 内容 : {
        内容满足时执行 ;
        [break ;]
    }
    case 内容 : {
        内容满足时执行 ;
        [break ;]
    }
    case 内容 : {
        内容满足时执行 ;
        [break ;]
    } ...
    [default : {
        内容都不满足时执行 ;
        [break ;]
    }]
}
```

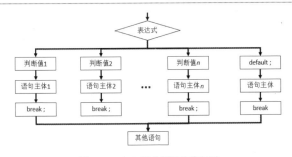

图 3-7　switch 开关语句的流程图

注意：if 语句结构可以判断布尔表达式，而 switch 开关语句结构只能够判断内容

在选择结构中，使用 if 语句结构可以判断指定布尔表达式的结果，但是 switch 开关语句结构的判断不能够使用布尔表达式，它最早时只能够进行整数或者是字符的判断，但是从 JDK 1.5 开始支持枚举判断，从 JDK 1.7 开始支持 String 判断。

case 中的 break 语句，表示停止 case 的执行，因为 switch 开关语句默认从第一个满足的 case 语句开始执行，直到整个 switch 语句执行完毕或者遇见了 break 语句。

范例：使用 switch 开关语句

```java
public class JavaDemo {
```

```
public static void main(String args[]) {
    int ch = 1;                              // 整型变量
    switch (ch) {                            // 整型内容判断
        case 2:                              // 匹配内容1
            System.out.println("【2】edu.yootk.com");
        case 1: {                            // 匹配内容2
            System.out.println("【1】www.yootk.com");
        }
        default: {                           // 匹配不成功时执行
            System.out.println("【X】李兴华高薪就业编程训练营");
        }
    }
}
```

程序执行结果:
【1】www.yootk.com（"**case 1**"语句执行结果）
【X】李兴华高薪就业编程训练营（**default**语句执行结果）

本程序只使用了 switch 开关语句，由于没有在每一个 case 语句中定义 break，所以会在第一个满足条件处一直执行，直到 switch 执行完毕。如果不希望所有的 case 语句执行，则可以在每一个 case 语句中使用 break。

范例：使用 break 语句中断其余 case 语句的执行

```
public class JavaDemo {
    public static void main(String args[]) {
        int ch = 1;                          // 整型变量
        switch (ch) {                        // 整型内容判断
            case 2:                          // 匹配内容1
                System.out.println("【2】edu.yootk.com");
                break;                       // 中断后续执行
            case 1: {                        // 匹配内容2
                System.out.println("【1】www.yootk.com");
                break;                       // 中断后续执行
            }
            default: {                       // 匹配不成功时执行
                System.out.println("【X】李兴华高薪就业编程训练营");
                break;                       // 中断后续执行
            }
        }
    }
}
```

程序执行结果:
【1】www.yootk.com

本程序由于在 case 语句里面定义了 break 语句，所以执行时将不会执行其他的 case 语句。另外，需要注意的是，从 JDK 1.7 开始，switch 开关语句支持了对 String 类型内容的判断。

范例： 使用 switch 开关语句判断字符串内容

```java
public class JavaDemo {
    public static void main(String args[]) {
        String str = "yootk";                    // 字符串变量
        switch (str) {                           // 直接判断字符串内容
            case "yootk": {                      // 小写判断
                System.out.println("沐言科技在线学习：www.yootk.com");
                break;
            }
            case "YOOTK": {                      // 大写判断
                System.out.println("李兴华高薪就业编程训练营：
                                    edu.yootk.com");
                break;
            }
            default: {                           // 判断不满足时执行
                System.out.println("沐言科技 —— 新时代软件教育领导品牌");
            }
        }
    }
}
```

程序执行结果：
沐言科技在线学习：www.yootk.com

本程序使用了 switch 开关语句判断字符串的内容，需要注意的是，该判断会区分大小写，即只有大小写完全匹配后才会执行相应的 case 语句。

3.3 循 环 结 构

循环结构的主要特点是可以根据判断条件来重复执行某段程序代码，Java 语言的循环结构共分为两种：while 循环结构和 for 循环结构。

3.3.1 while 循环结构

while 循环结构是一种较为常见的循环结构，利用 while 语句可以实现循环条件的判断，当判断条件满足时则执行循环体的内容。Java 中 while 循环结构有以下两类。

while 循环	do...while 循环
while (循环条件) {　　循环语句；　　修改循环结束条件；}	do {　　循环语句；　　修改循环结束条件；} while (循环条件)；

通过这两类语法结构可以发现，while 循环需要先判断循环条件才可以执行循环体，do...while 循环可以先执行一次循环体，而后再进行循环条件的判断。所以在循环条件都不满足的情况下，do...while 循环会执行一次，而 while 循环一次都不会执行。这两种循环的流程图如图 3-8 和图 3-9 所示。

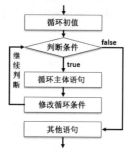

图 3-8　while 循环的流程图　　　　　图 3-9　do...while 循环的流程图

所有的循环语句中都必须有初始化条件。每次循环的时候都要去修改这个条件，以判断循环是否结束，下面通过具体的范例来解释两种 while 结构的使用。

注意：避免死循环

对于初学者而言，循环是面对的第一道程序学习关口，相信不少的读者也遇见过死循环的问题，而造成死循环的原因也很容易理解，就是循环条件一直都满足，所以循环体一直都被执行，即每次循环执行时没有修改循环的结束条件。

范例：使用 while 循环结构实现 1~100 的累加计算

```java
public class JavaDemo {
    public static void main(String args[]) {
        int sum = 0;                        // 保存最终的计算总和
        int num = 1;                        // 进行循环控制
        while (num <= 100) {                // 循环执行条件判断
            sum += num;                     // 数字累加
            num++;                          // 修改循环条件
        }
        System.out.println(sum);            // 输出累加结果
    }
}
```

程序执行结果：

5050

本程序利用 while 循环结构实现了数字的累加计算，由于判断条件为"num <= 100"，并且每一次 num 变量自增 1，所以该循环语句会执行 100 次，本程序的执行流程如图 3-10 所示。

范例： 使用 do...while 循环结构实现 1 ~ 100 的累加计算

```java
public class JavaDemo {
    public static void main(String args[]) {
        int sum = 0;                        // 保存最终的计算总和
        int num = 1;                        // 进行循环控制
        do {                                // 先执行一次循环体
            sum += num;                     // 累加
            num++;                          // 修改循环条件
        } while (num <= 100);               // 判断循环条件
        System.out.println(sum);            // 输出累加结果
    }
}
```

程序执行结果：

5050

本程序使用了 do...while 循环结构实现了数字的累加计算，可以发现在执行循环判断前都会先执行一次 do 语句的内容。本程序的流程图如图 3-11 所示。

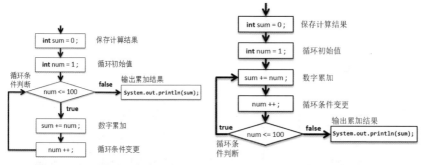

图 3-10 while 循环的累加流程图   图 3-11 do...while 循环的累加流程图

3.3.2 for 循环结构

在明确知道了循环次数的情况下，可以利用 for 循环结构来实现循环控制，for 循环结构的语法如下。

```
for (循环初始化条件 ; 循环判断 ; 循环条件变更) {
    循环语句 ;
}
```

通过给定的格式可以发现，for 循环结构在定义的时候是将循环初始化条件、循环判断、循环条件变更操作都放在了一行语句中，而在执行的时候循环初始化条件只会执行一次，而后在每次执行循环体前都会进行判断，并且循环体执行完毕后会自动执行循环条件变更。for 循环结构的流程图如图 3-12 所示。

范例：使用 for 循环结构实现 1 ~ 100 的累加计算

```java
public class JavaDemo {
    public static void main(String args[]) {
        int sum = 0;                            // 保存最终的计算总和
        // 设置循环初始化条件num，每次执行循环体前都要判断（num <= 100）
        // 循环体执行完毕后会自动执行num++改变循环条件，并且重新判断循环
        // 条件，满足时继续执行语句
        for (int num = 1; num <= 100; num++) {
            sum += num;                         // 循环体中实现累加计算
        }
        System.out.println(sum);                // 输出累加结果
    }
}
```
程序执行结果：
5050

本程序直接在 for 语句中定义了循环初始化条件、循环判断及循环条件变更，而在循环体中只是实现核心的累加计算操作。for 循环结构实现累加计算的流程图如图 3-13 所示。

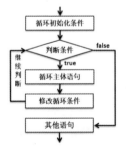

图 3-12　for 循环结构的流程图

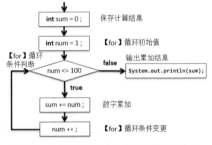

图 3-13　for 循环结构实现累加计算的流程图

注意：尽量不要采用的 for 循环结构的编写方式

　　对于循环的初始值和循环条件的变更，在正常情况下可以由 for 语句自动进行控制，但是根据不同的需要也可以将其分开定义，代码如下所示。

范例： for 循环结构的另一种写法

```java
public class JavaDemo {
    public static void main(String args[]) {
```

```java
        int sum = 0;                        // 保存最终的计算总和
        int num = 1;                        // 循环初始化条件
        for (; num <= 100; ) {              // for循环
            sum += num;                     // 循环体中实现累加计算
            num++;                          // 修改循环结束条件
        }
        System.out.println(sum);            // 输出累加结果
    }
}
```

虽然这两种方式最终的效果完全一样，但是本书并不推荐这种写法，除非有特殊的需要。

 提问：用哪种循环好？

本书给出了 3 种循环的操作方法，那么在实际工作中如何决定该使用哪种循环？

 回答：主要使用 while 循环和 for 循环。

就笔者的经验来讲，在开发中，while 循环和 for 循环的使用次数较多，而这两种的使用环境如下。

➥ while 循环：在不确定循环次数、但是确定循环结束条件的情况下使用。

➥ for 循环：在确定循环次数的情况下使用。

例如，现在要求一口一口地吃饭，一直吃到饱为止，可是现在并不知道到底要吃多少口，只知道结束条件，所以使用 while 循环会比较好；如果现在要求围着操场跑两圈，已经明确知道了循环的次数，那么使用 for 循环就更加方便了。对于 do...while 循环，在开发之中出现较少。

3.3.3　循环控制语句

在循环结构中只要满足循环条件，循环体的代码就会一直执行，但是在程序中也提供了两个终止循环的控制语句：continue（退出本次循环）、break（退出整个循环）。循环控制语句在使用时往往要结合选择语句进行判断。

范例：使用 continue 语句控制循环

```java
public class JavaDemo {
    public static void main(String args[]) {
        for (int x = 0; x < 10; x++) { // for循环结构
            if (x == 3) {               // 循环中断判断
                continue;               // 结束本次循环，后续代码本次不执行
            }
            System.out.print(x + "、");// 输出循环内容
        }
    }
}
```

程序执行结果：

0、1、2、4、5、6、7、8、9、

此时的程序中使用了 continue 语句，在结果中可以发现缺少了"3"的打印，这是因为使用了 continue 语句，表示当 x=3 时结束当次循环，而直接进行下一次循环。continue 语句的流程图如图 3-14 所示。

范例：使用 break 语句控制循环

```java
public class JavaDemo {
    public static void main(String args[]) {
        for (int x = 0; x < 10; x++) {        // for循环结构
            if (x == 3) {                      // 循环中断判断
                break;                         // 结束全部循环
            }
            System.out.print(x + "、");        // 输出循环内容
        }
    }
}
```

程序执行结果：

0、1、2、

本程序在 for 循环中使用了一个分支语句(x == 3)判断是否需要结束循环，而通过运行结果也可以发现，当 x 的内容为 3 后，循环不再执行了。break 语句的流程图如图 3-15 所示。

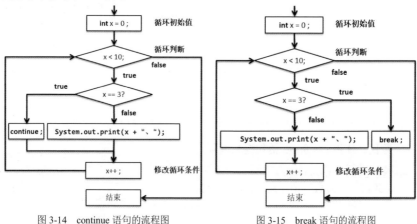

图 3-14　continue 语句的流程图　　　　图 3-15　break 语句的流程图

3.3.4　循环嵌套

循环结构可以在内部嵌入若干个子循环结构，这样可以实现更加复杂的循环控制结构，但需要注意的是，这种方式可能会提升程序的复杂度。

范例：打印乘法口诀表

```java
public class JavaDemo {
    public static void main(String args[]) {
        for (int x = 1; x <= 9; x++) {              // 外部循环
            for (int y = 1; y <= x; y++) {          // 内部循环
                System.out.print(y + "*" + x + "=" + (x * y) + "\t");
            }
            System.out.println();                    // 换行
        }
    }
}
```

程序执行结果：
```
1*1=1
1*2=2 2*2=4
1*3=3 2*3=6  3*3=9
1*4=4 2*4=8  3*4=12 4*4=16
1*5=5 2*5=10 3*5=15 4*5=20 5*5=25
1*6=6 2*6=12 3*6=18 4*6=24 5*6=30 6*6=36
1*7=7 2*7=14 3*7=21 4*7=28 5*7=35 6*7=42 7*7=49
1*8=8 2*8=16 3*8=24 4*8=32 5*8=40 6*8=48 7*8=56  8*8=64
1*9=9 2*9=18 3*9=27 4*9=36 5*9=45 6*9=54 7*9=63  8*9=72  9*9=81
```

本程序使用了两层循环控制输出，其中第一层循环是控制输出行和乘法口诀表中左边的数字（7 * 3= 21，x 控制的是数字 7，而 y 控制的是数字 3），而另外一层循环是控制输出列，并且为了防止出现重复数据（例如，"1 * 2" 和 "2 * 1" 计算结果重复），让 y 每次的循环次数受到 x 的限制，每次里面的循环执行完毕后就输出一个换行。打印乘法口诀表的流程图如图 3-16 所示。

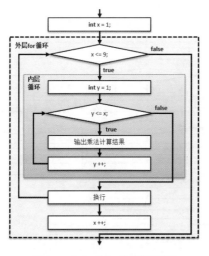

图 3-16 打印乘法口诀表的流程图

范例：打印三角形

```java
public class JavaDemo {
    public static void main(String args[]) {
        int line = 5;                       // 总体行数
        for (int x = 0; x < line; x++) {    // 外层循环控制三角形行数
            for (int y = 0; y < line - x; y++) { // 每行的空格数量逐步减少
                System.out.print(" ");      // 输出空格
            }
            for (int y = 0; y <= x; y++) {  // 每行输出的"*"逐步增加
                System.out.print("* ");     // 输出"*"
            }
            System.out.println();           // 换行
        }
    }
}
```

程序执行结果：

```
    *
   * *
  * * *
 * * * *
* * * * *
```

在本程序中外层 for 循环控制三角形的行数，并且在每行输出完毕后都会输出换行；内层 for 循环进行了"空格"与"*"的输出，随着输出行数的增加，"空格"数量逐步减少，而"*"数量逐步增加。打印三角形的流程图如图 3-17 所示。

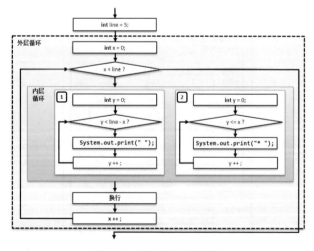

图 3-17 打印三角形的流程图

提示：关于 continue 语句与循环嵌套的使用问题

在循环嵌套的代码中，可以使用 continue 语句并结合程序标记实现跳出处理。

范例：使用 continue 语句实现跳出处理

```java
public class JavaDemo {
    public static void main(String args[]) {
        point: for (int x = 0; x < 3; x++) {  // 外层for循环,定义代码标记
            for (int y = 0; y < 3; y++) {      // 内层for循环
                if (x == y) {
                    continue point;            // 循环跳转到指定外层循环
                }
                System.out.print(x + "、");// 输出内容
            }
            System.out.println();              // 换行
        }
    }
}
```
程序执行结果：
1、2、2

本程序在外层 for 循环上定义了 point 代码标记，在内层循环中利用 continue 语句跳转到外层指定标记代码处，对于这类结构本书并不推荐，读者了解即可。

3.4 本章概要

1．if 语句结构可依据判断的结果来决定程序的流程。

2．选择结构包含 if、if...else...、if...else if ... else 及 switch 开关语句，在选择结构语句中，根据选择的不同，程序的运行会有不同的方向与结果。

3．需要重复执行某项功能时，最好使用循环结构。可以选择使用 Java 提供的 for、while 及 do...while 循环来完成。

4．break 语句可以强制程序结束循环。当程序运行到 break 语句时，会离开循环，执行循环外的语句；如果 break 语句出现在嵌套循环中的内层循环，则 break 语句只会结束当前层循环。

5．continue 语句可以强制程序跳到循环的起始处，当程序运行到 continue 语句时，即会停止运行剩余的循环体，而回到循环的开始处继续运行。

第4章 方　　法

通过本章的学习可以达到以下目标

- 掌握方法的主要作用以及基础定义语法。
- 掌握方法参数传递与处理结果返回。
- 掌握方法重载的使用以及相关限制。
- 理解方法递归调用操作。

方法（Method，在很多编程语言中也被称为"函数"）指的是一段可以被重复调用的代码块，是一种代码重用的技术手段。利用方法可以实现庞大程序的拆分，有利于代码的维护。本章将为读者讲解方法的基本定义、方法重载及方法的递归调用。

4.1　方法的基本定义

在程序开发中经常会定义各种重复的代码，为了方便地管理这些重复的代码，可以通过定义方法来保存这些重复代码，实现可重复地调用。方法可以通过以下格式定义。

```
public static 返回值类型 方法名称(参数类型 参数变量，...) {
    方法体（本方法要执行的若干操作）；
    [return [返回值]；]
}
```

格式定义中的返回值与传递的参数类型均为 Java 中定义的数据类型（基本数据类型、引用数据类型），在方法中可以进行返回数据的处理。如果要返回数据则可以使用 return 来描述，return 返回的数据类型与方法定义的返回值类型相同；如果不返回数据，则该方法可以使用 void 进行声明。

> **提示：关于方法的定义格式**
>
> 在定义方法的时候使用了 static 关键字，之所以这样是因为当前的方法需要定义在主类中，并且将由主方法直接调用。当然，是否使用 static 关键字还需要根据相应的条件，static 关键字的使用问题会在本书第 5 章为读者进行详细解释。
>
> 另外，在 Java 中方法名称有严格的命名要求：第一个单词首字母小写，而后每个单词的首字母大写。例如，printInfo()、getMessage() 都是合格的方法名称。

范例：定义一个无参数并且无返回值的方法

```java
public class JavaDemo {
    public static void main(String args[]) {
        printInfo();                        // 方法调用
        printInfo();                        // 方法调用
    }
    /**
     * 定义一个打印信息的方法，该方法不需要接收参数并且不返回任何处理结果
     */
    public static void printInfo() {        // 该方法包含了3行代码
        System.out.println("*******************") ;
        System.out.println("* www.yootk.com *") ;
        System.out.println("*******************") ;
    }
}
```
程序执行结果：
```
*******************
* www.yootk.com *
*******************
*******************
* www.yootk.com *
*******************
```

本程序在 TestDemo 主类中定义了一个 printInfo()方法，此方法主要进行内容的输出，在方法声明时使用了 void，而后在主方法中调用了两次 printInfo()方法。printInfo()方法的调用流程如图 4-1 所示。

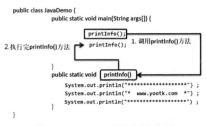

图 4-1　printInfo()方法的调用流程

 提问：怎么判断是否需要定义方法？

方法是一段可以被重复调用的代码段，那么什么时候该把哪些代码段封装为方法？有没有明确的要求？

 回答：实践出真知。

在开发中将哪些代码封装为方法实际上并没有一个严格的定义标准，更多的是依靠开发者个人的经验。如果是初学者应该先以完成功能为主，而后再更多地考虑代码结构

化的合理性。但如果在编程时一直进行着部分代码的"复制-粘贴"，那么就应该考虑将这些代码封装为方法以进行重复调用。

范例： 定义一个有参数有返回值的方法

```java
public class JavaDemo {
    public static void main(String args[]) {
        String result = payAndGet(20.0);      // 调用方法并接收返回值
        System.out.println(result);           // 输出操作结果
        System.out.println(payAndGet(1.0));    // 返回值可以直接输出
    }
    /**
     * 定义一个支付并获取内容的方法，该方法可以由主方法直接调用
     * @param money 要支付的金额
     * @return 根据支付结果获取相应的返回信息
     */
    public static String payAndGet(double money) {
        if (money >= 10.0) {                   // 判断购买金额是否充足
            return "购买一份快餐，找零：" + (money - 10.0);
        } else {                               // 金额不足
            return "对不起，您的余额不足，请先充值。";
        }
    }
}
```

程序执行结果：

购买一份快餐，找零：10.0（"String result = payAndGet(20.0);"代码调用结果）

对不起，您的余额不足，请先充值。（"payAndGet(1.0)"代码调用结果）

本程序定义的 payAndGet()方法中需要接收 double 类型的参数，同时返回 String 型的处理结果。在方法体中根据传入的内容进行条件判断，判断的结果不同返回的处理结果也不同。

在方法中 return 语句除了可以返回处理结果之外，也可以结合选择语句实现方法的结束调用。

范例： 使用 return 语句结束方法调用

```java
public class JavaDemo {
    public static void main(String args[]) {
        sale(3);                    // 调用方法
        sale(-3);                   // 调用方法
    }
    /**
     * 定义一个销售方法，可以根据金额输出销售信息
     * @param amount 要销售的数量，必须为正数
```

```
    */
    public static void sale(int amount) {
        if (amount <= 0) {              // 销售数量出现错误
            return;                     // 后续代码不执行了
        }
        System.out.println("销售出" + amount + "本图书。");
    }
}
```

程序执行结果：
销售出3本图书。

本程序定义了 sale()方法，会根据传入的销售数量进行判断，如果销售数量小于等于 0 则会直接利用 return 语句结束方法的调用。

4.2　方 法 重 载

方法重载是方法名称重用的一种技术形式，其最主要的特点为"方法名称相同，参数的类型或个数不同"，在调用时会根据传递的参数类型和个数不同执行不同的方法体。

如果说现在有一个方法名称，要执行数据的加法操作。例如，一个 sum()方法，它可能执行 2 个整数的相加，可能执行 3 个整数的相加，也可能执行 2 个小数的相加，很明显，在这样的情况下，一个方法体肯定无法满足要求，需要为 sum() 方法定义多个不同的方法体，此时就会用到方法重载。

范例：定义方法重载

```java
public class JavaDemo {
    public static void main(String args[]) {
        int resultA = sum(10, 20);      // 调用有2个int型参数的方法
        int resultB = sum(10, 20, 30);  // 调用有3个int型参数的方法
        int resultC = sum(11.2, 25.3);  // 调用有2个double型参数的方法
        System.out.println("加法执行结果: " + resultA);
        System.out.println("加法执行结果: " + resultB);
        System.out.println("加法执行结果: " + resultC);
    }
    /**
     * 实现2个整型数据的加法计算
     * @param x 计算数字1
     * @param y 计算数字2
     * @return 加法计算结果
     */
    public static int sum(int x, int y) {
```

```
        return x + y;                    // 2个数字相加
    }
    /**
     * 实现3个整型数据的加法计算
     * @param x 计算数字1
     * @param y 计算数字2
     * @param z 计算数字3
     * @return 加法计算结果
     */
    public static int sum(int x, int y, int z) {
        return x + y + z;                // 3个数字相加
    }
    /**
     * 实现2个浮点型数据的加法计算
     * @param x 计算数字1
     * @param y 计算数字2
     * @return 加法计算结果，去掉小数位
     */
    public static int sum(double x, double y) {
        return (int) (x + y);            // 2个数字相加
    }
}
```

程序执行结果：

加法执行结果：30（"**int** resultA = sum(10, 20);"代码执行结果）
加法执行结果：60（"**int** resultB = sum(10, 20, 30);"代码执行结果）
加法执行结果：36（"**int** resultC = sum(11.2, 25.3);"代码执行结果）

本程序在主类中共定义了 3 个 sum()方法，但是这 3 个 sum()方法的参数个数及数量完全不相同，证明此时的 sum()方法已经被重载了。在调用方法时，虽然方法的调用名称相同，但是程序会根据其声明的参数个数或类型执行不同的方法体。方法重载的调用过程如图 4-2 所示。

图 4-2　方法重载的调用过程

提问：为什么 sum()方法返回值的数据类型与参数的数据类型不同？

在本程序进行 sum()方法重载时有这样一个方法"public static int sum(double x, double y)"，该方法接收 2 个 double 型参数，为什么最终却返回了 int 型数据？

回答：方法重载时考虑到标准性一般建议统一返回值类型。

在方法重载的概念中并没有强制性地对方法的返回值进行约束，这意味着方法重载时返回值可以根据用户的需求自由定义。例如，对于 sum()方法，使用以下的方法定义也是正确的。

```java
public static double sum(double x, double y) {
    return x + y;                    // 2个数字相加
}
```

但需要注意的是，一旦这样定义了，接收方法返回值的变量也必须有相符合的类型，这样才不会在方法调用时产生混淆问题。考虑到程序开发的标准性，大多数程序在方法重载时都会统一方法的返回值类型。

实际上在 Java 提供的许多类库中也都存在方法重载。例如，屏幕信息打印语句 System.out.println() 中的 println()方法（也包括 print()方法）就属于方法重载的应用。

范例：观察输出操作的重载实现

```java
public class JavaDemo {
    public static void main(String args[]) {
        System.out.println("hello");       // 输出String型
        System.out.println(1);             // 输出int型
        System.out.println(10.2);          // 输出double型
        System.out.println('A');           // 输出char型
        System.out.println(false);         // 输出boolean型
    }
}
程序执行结果：
hello
1
10.2
A
false
```

本程序利用 System.out.println()方法重载的特点输出了各种不同数据类型的信息，可以得出明显的结论：println()方法在 JDK 中实现了方法重载。

4.3 方法的递归调用

递归调用是一种特殊的调用形式，是指方法调用其本身，其过程如图 4-3 所示。在进行递归操作时必须满足以下几个条件。

➥ 递归调用必须有结束条件。

➥ 每次调用时都需要根据需求改变传递的参数内容。

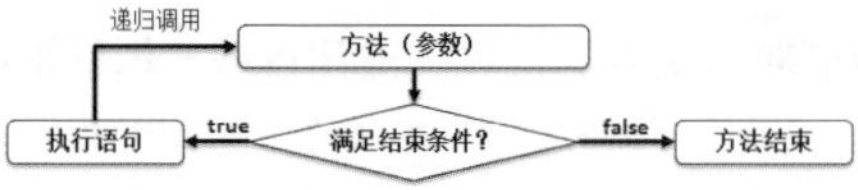

图 4-3　递归调用的过程

提示：关于递归的学习

递归调用是迈向数据结构开发的第一步，如果读者想熟练掌握递归操作，那么需要大量的代码积累。换个角度来讲，在应用层项目开发上一般很少出现递归操作，因为一旦处理不当就会导致内存溢出。

范例：实现 1 ~ 100 的累加计算

```java
public class JavaDemo {
    public static void main(String args[]) {
        System.out.println(sum(100));    // 输出1~100的累加结果
    }
    /**
     * 数据的累加操作，传入一个数据累加操作的最大值，而后每次进行数据的递减，
一直累加，直到计算数据为1
     * @param num 要进行累加的值
     * @return 数据的累加结果
     */
    public static int sum(int num) {      // 最大的内容
        if (num == 1) {                   // 递归的结束调用
            return 1;                     // 结果返回1
        }
        return num + sum(num - 1);        // 递归调用
    }
}
```
程序执行结果：
```
5050
```

本程序使用递归的操作进行了数字的累加计算，当传递的参数为 1 时，直接返回数字 1（递归调用结束条件），本程序的操作分析如下。

↘　【第 1 次执行 sum()、主方法执行】return 100 + sum(99)。

↘　【第 2 次执行 sum()、sum()递归调用】return 99 + sum(98)。

↘　…

↘　【第 99 次执行 sum()、sum()递归调用】return 2 + sum(1)。

↘　【第 100 次执行 sum()、sum()递归调用】return 1。

最终执行的效果就相当于：return 100 + 99 + 98 + … + 2 + 1（if 结束条件）。累加计算的递归调用流程图如图 4-4 所示。

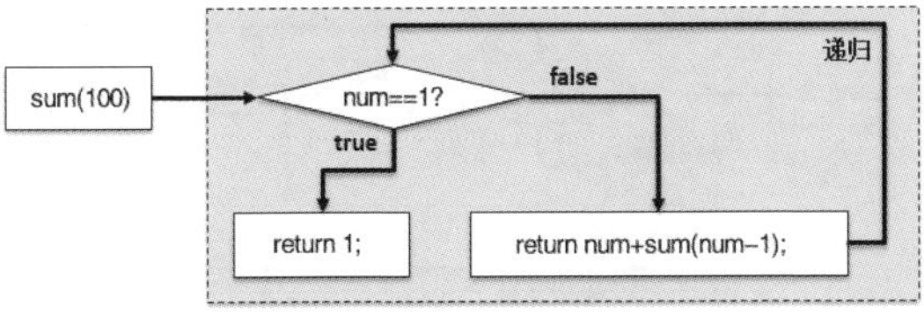

图 4-4　累加计算的递归调用流程图

范例：计算 1! + 2! + 3! + 4! + 5! + …+ 90!

```java
public class JavaDemo {
    public static void main(String args[]) {
        System.out.println(sum(90));        // 实现阶乘的累加计算
    }
    /**
     * 实现阶乘数据的累加计算，根据每一个数字进行阶乘计算
     * @param num 要处理的数字
     * @return 指定数字的阶乘结果
     */
    public static double sum(int num) {
        if (num == 1) {                      // 递归结束条件
            return factorial(1);             // 返回1的阶乘
        }
        return factorial(num) + sum(num - 1); // 保存阶乘结果
    }
    /**
     * 定义方法实现阶乘计算
     * @param num 根据传入的数字实现阶乘
     * @return 阶乘结果
     */
    public static double factorial(int num) {
        if (num == 1) {                      // 定义阶乘结束条件
            return 1;                        // 返回1 * 1的结果
        }
        return num * factorial(num - 1);     // 递归调用
    }
}
```

程序执行结果：

1.502411534554385E138（计算结果超过了int型和long型的可表示的数据范围）

　　本程序实现了指定数据范围阶乘的累加计算，由于阶乘的数值较大，所以本程序使用了 double 型定义最终的计算结果。阶乘的累加计算的递归调用流程图如图 4-5 所示。

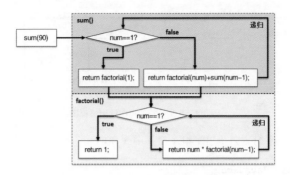

图 4-5　阶乘的累加计算的递归调用流程图

4.4　本 章 概 要

1. 方法是一段可重复调用的代码，在本章中因为方法可以由主方法直接调用，所以要 public static 关键字修饰。

2. 方法重载：方法名称相同，参数的类型或个数不同，则被称为方法重载。

3. 方法的递归调用指的是方法自身的重复执行，在使用递归调用时一定要设置好方法的结束条件，否则就会出现内存溢出的问题，会造成程序中断执行。

第2篇

Java 面向对象编程

第 5 章　类 与 对 象

通过本章的学习可以达到以下目标

- 了解面向过程与面向对象的区别，并理解面向对象的主要特点。
- 掌握类与对象的定义格式，并且理解引用数据类型的内存分配机制。
- 掌握引用传递的分析方法，并且理解垃圾空间的产生原因。
- 掌握 private 关键字的使用，并且可以理解封装性的主要特点。
- 掌握构造方法的定义要求、主要特点及相关使用限制。
- 掌握简单 Java 类的开发原则。
- 掌握 static 关键字的使用，并且可以深刻理解 static 关键字定义成员属性与方法的意义。

面向对象（Object Oriented，OO）是现在最为流行的软件设计与开发方法，Java 本身最大的特点就在于其属于面向对象的编程语言。在面向对象中有两个最为核心的基本成员：类、对象。本章将为读者介绍面向对象程序的主要特点，并且通过完善的范例分析类与对象的定义与使用。

5.1　面 向 对 象

面向对象是现在最为流行的一种程序设计方法，现在的程序开发几乎都是以面向对象为基础。在面向对象设计之前，广泛采用的是面向过程开发，面向过程只是解决当前项目的开发问题。面向过程的操作是以实现程序的基本功能为主，实现之后就完成了，并不考虑项目的可维护性。面向对象更多的是要进行模块化的设计，每一个模块都需要单独存在，并且可以被重复利用，所以面向对象的开发更像是一个标准的开发模式。

 提示：关于面向过程与面向对象的区别

考虑到读者暂时还没有掌握面向对象的概念，所以本书先使用一些较为直白的方式帮助读者理解面向过程与面向对象的区别。例如，现在要制造一把手枪，可以有以下两种做法。

- 做法 1（面向过程）：将制造手枪所需的材料准备好，由一个人指定手枪的标准，如枪杆长度、扳机设置等。但是这样做出来的手枪，完全只是为这一把手枪的规格服务，如果某个零件（例如扳机坏了）需要更换，那么就须清楚这把手枪的制造规格，才可以进行生产，所以这种做法不具有标准化和通用性。
- 做法 2（面向对象）：首先由一个设计人员，设计出手枪中各个零件的标准。

不同的零件交给不同的制造部门，各个部门按照标准生产，最后统一由一个部门进行组装，这样即使某一个零件坏掉了，也可以轻易地进行维修，这样的设计更加具备通用性，更加符合模块标准化设计要求。

面向对象程序设计有 3 个主要特性：封装性、继承性和多态性。下面简单介绍一下这 3 种特性，在本书后面的内容中会对这 3 个方面进行完整的阐述。

1. 封装性

封装性是面向对象程序设计应遵循的一个重要原则。封装性具有两个含义：一是指把对象的成员属性和行为看成一个密不可分的整体，将这两者"封装"在一个不可分割的独立单位（对象）中。另一层含义是指"信息隐蔽"，把不需要让外界知道的信息隐藏起来。有些对象的属性及行为允许外界用户知道或使用，但不允许更改；而另一些属性或行为，则不允许外界知晓，或者只允许使用对象的功能，而尽可能隐蔽对象的功能实现细节。

封装机制在程序设计中表现为，把描述对象属性的变量与实现对象功能的方法组合在一起，定义为一个程序结构，并保证外界不能任意更改其内部的属性值，也不能任意调动其内部的功能方法。

封装机制的另一个特点是，给封装在一个整体内的变量及方法规定了不同级别的"可见性"或访问权限。

2. 继承性

继承性是面向对象程序设计中的重要概念，是提高软件开发效率的重要手段。

首先继承拥有反映事物一般特性的类；其次在其基础上派生出反映特殊事物的类。例如，已有汽车的类，该类中描述了汽车的普遍属性和行为；进一步再产生轿车的类，轿车的类是继承于汽车的类，它不仅拥有汽车的类的全部属性和行为，还增加了轿车特有的属性和行为。

在 Java 程序设计中，类的继承实现一定要有一些已经存在的类（可以是自定义的类或者类库提供的类），用户开发的程序类需要继承这些已有的类。这样，新定义的类结构可以继承已有的类结构（属性或方法）。被继承的类称为父类或超类，而经继承产生的类称为子类或派生类。根据继承机制，派生类继承了超类的所有内容，并可以增加新成员。

面向对象程序设计中的继承机制，大大增强了程序代码的可复用性，提高了软件的开发效率，降低了程序产生错误的可能性，也为程序的修改和扩充提供了便利。

若一个子类只允许继承一个父类，称为单继承；若允许继承多个父类，则称为多继承。目前 Java 程序设计语言不支持多继承。而 Java 语言通过接口（interface）的方式来弥补由于 Java 不支持多继承而带来的子类不能使用多个父类的成员的缺憾。

3. 多态性

多态性是面向对象程序设计的又一个重要特征。多态性是指允许程序中出现重名现象，Java 语言的多态性包含方法重载与对象多态。

> ⤵ 方法重载：在一个类中，允许多个方法使用同一个名字，但方法的参数不同，完成的功能也不同。
> ⤵ 对象多态：子类对象可以与父类对象进行相互转换，而且使用的子类不同完成的功能也不同。

多态的特性使程序的抽象程度和简洁程度更高，有助于程序设计人员对程序的分组协同开发。

5.2　类与对象概述

在面向对象中类和对象是最基本、最重要的组成单元，那么什么叫类呢？类实际上是客观世界中某类群体的一些基本特征的抽象，属于抽象的概念集合。而什么是对象呢？就是表示一个个具体的、可以操作的事物。例如，张三同学、李四的账户、王五的汽车，这些都是可以真实使用的事物，可以理解为对象，所以对象表示的是一个个独立的个体。

例如，在现实生活中，人就可以表示为一个类，因为"人"属于一个广义的概念，并不是一个具体个体的描述。而某一个具体的人，例如，张三同学，就可以被称为对象。可以通过各种信息完整地描述这个具体的人，如这个人的姓名、年龄、性别等信息，那么这些信息在面向对象的概念中就被称为成员（或者成员属性，实际上就是不同数据类型的变量，所以也被称为成员变量）。人可以吃饭、睡觉，这些人的行为在类中就被称为方法。也就是说，如果要使用一个类，就一定会有对象，每个对象之间是靠各个属性的不同来进行区分的，而每个对象所具备的操作就是类中规定好的方法。类与对象的关系如图 5-1 所示。

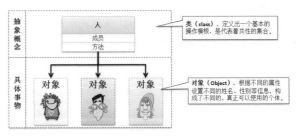

图 5-1　类与对象的关系

提示：类与对象的简单理解

在面向对象中有这样一句话可以很好地解释类与对象的区别："类是对象的模板，而对象是类的实例"，即对象所具备的所有行为都是由类来定义的，按照这种理解方式，在开发中，应该先定义出类的结构，之后再通过对象来使用这个类。

通过图 5-1 可以发现，类的基本组成单元有两个。

- ➥ 成员属性（field）：主要用于保存对象的具体特征。例如，不同的人都有姓名、性别、学历、身高、体重等属性，但是不同的人也有不同的属性，而类就需要对这些描述信息进行统一的管理。
- ➥ 方法（method）：用于描述功能。例如，跑步、吃饭、唱歌等，类对所有对象都有的相同功能进行描述。

提示：类与对象的另一种解释

关于类与对象，初学者在理解上可能有一定难度，这里做一个简单的比喻。读者应该都很清楚，要想生产出轿车，首先一定要设计出一个轿车的设计图纸（如图 5-2 所示），之后按照此图纸规定的结构生产轿车。这样生产出的轿车结构和功能都是一样的，但是每辆车的具体配置，如各个轿车的颜色、是否有天窗等都会存在一些差异。

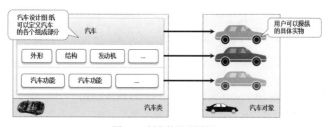

图 5-2　轿车的设计图纸

在这个实例中，轿车设计图纸实际上就是规定出了轿车应该有的基本组成，如外形、内部结构、发动机等属性，这个图纸就可以称为一个类。显然只有图纸是无法使用的，通过这个模型生产出的一辆辆的具体轿车是可以被用户使用的，所以就可以称为对象。

5.2.1　类与对象的定义

类是由成员属性和方法组成的。成员属性主要定义类的属性信息，实际上一个成员属性就是一个变量，而方法是对属性等的操作。在程序设计中，类的定义需要按照具体的语法要求来完成。例如，需要使用 class 关键字定义类，定义类的基础语法如下。

```
class 类名称 {
    [访问修饰符] 数据类型 成员属性(变量);
        ...
    public 返回值的数据类型 方法名称(参数类型 参数1 ，参数类型 参数2 ，...){
```

```
        程序语句 ;
        [return 表达式;]
    }
}
```

根据定义类的基础语法可以发现，类的本质就是成员变量与方法的结合体，下面依据此语法定义一个类。

范例：类的定义

```
class Person {                    // 定义一个类
    String name;                  // 【成员属性】人的姓名
    int age;                      // 【成员属性】人的年龄
    /**
     * 定义一个获取信息的方法，此方法可以输出属性内容
     */
    public void tell() {
        System.out.println("姓名：" + name + "、年龄：" + age);
    }
}
```

本程序定义了一个 Person 类，类中有两个成员属性 name（姓名，String 型）、age（年龄，int 型），而后又定义了一个 tell()方法，该方法可以输出这两个成员属性的内容。

 提问：为什么 Person 类定义的 tell()方法没有用 static 关键字定义？

在第 4 章学习方法定义的时候要求方法前必须用 static 关键字定义，为什么 Person 类中定义的 tell()方法前不加 static？

回答：调用形式不同。

在第 4 章讲解方法时的要求是：在主类中定义，并且由主方法直接调用的方法前必须加 static 关键字。但是现在的情况有些改变，Person 类的 tell()方法将会由对象调用，这与之前的调用形式不同，所以没有加。读者可以先这样简单理解：如果是由对象调用的方法在定义时不用 static 关键字定义，如果不是由对象调用的方法才需要用 static 关键字定义。关于 static 关键字的使用，在本章的后面会为读者详细讲解。

类定义完成后并不能够被直接使用，因为类描述的只是广义的概念，具体的操作必须通过对象来执行。由于类属于 Java 引用数据类型，所以类的对象的定义格式如下。

声明并实例化对象		类名称 对象名称 = new 类名称 ();
分步定义	声明对象	类名称 对象名称 = null;
	实例化对象	对象名称 = new 类名称 ();

在 Java 中引用数据类型是需要进行内存分配的，所以在定义时必须通过关键字 new 来分配相应的内存空间，而后才可以使用，此时该引用数据类型的对象也被称为"实例化对象"。类的实例化对象可以采用以下的方式操作类。

↘ 对象.成员属性：表示调用类中的成员属性，可以为其赋值或获取其值。

↘ 对象.方法()：表示调用类中的方法。

范例：通过实例化对象操作类

```java
class Person {   // 定义一个类，后续讲解中不再重复显示此段代码
    String name;                        // 【成员属性】人的姓名
    int age;                            // 【成员属性】人的年龄
    /**
     * 定义一个获取信息的方法，此方法可以输出属性内容
     */
    public void tell() {
        System.out.println("姓名：" + name + "、年龄：" + age);
    }
}
public class JavaDemo {
    public static void main(String args[]) {
        Person per = new Person();      // 声明并实例化对象
        per.name = "张三";              // 为成员属性赋值
        per.age = 18;                   // 为成员属性赋值
        per.tell();                     // 进行方法的调用
    }
}
```

程序执行结果：

姓名：张三、年龄：18

本程序通过声明并实例化 Person 类的对象为类中的属性赋值，实现了方法的调用。

提示：关于类中成员属性的默认值

在本书第 2 章为读者讲解过数据类型的默认值问题，并且强调过，方法中定义的变量一定要进行初始化。但是在进行类结构定义时可以不为成员变量赋值，这样就会使用默认值进行初始化。

范例：观察类中成员属性的默认值

```java
public class JavaDemo {
    public static void main(String args[]) {
        Person per = new Person();      // 声明并实例化对象
        per.tell();                     // 进行方法的调用
    }
}
```

程序执行结果：

姓名：null、年龄：0

本程序实例化了 Person 类对象后并没有为成员属性赋值，所以在调用 tell()方法输出信息时，name 内容为 null（String 类为引用数据类型），age 内容为 0（int 型的默认值）。

5.2.2　对象的内存结构分析

Java 中类属于引用数据类型，所有的引用数据类型在使用时都要通过关键字 new 开辟内存空间，当对象拥有了内存空间后才可以实现成员属性的信息保存。引用数据类型中最为重要的内存有两块（内存结构如图 5-3 所示）。

➥ 【heap】堆内存：保存的是对象的具体信息（成员属性），在程序中堆内存空间的开辟是通过关键字 new 完成的。

➥ 【stack】栈内存：保存的是一块堆内存的地址，即通过地址可以找到堆内存，而后找到对象内容。但是为了分析、简化起见，此处可以简单地理解为对象名称保存在了栈内存中。

图 5-3　内存结构

提示：关于方法信息的保存

类中所有的成员属性是每个对象私有的，而类中的方法是所有对象公有的，方法的信息会保存在"全局方法区"这样的公共内存之中。

程序中每当使用了关键字 new 都会为指定类型的对象进行堆内存空间的开辟，在堆内存中会保存相应的属性信息。这样当对象调用类的方法对成员属性信息进行赋值或获取时，会从对象对应的堆内存中获取相应的内容，以下面的程序为例进行对象实例化及属性赋值的内存结构分析。

范例：对象实例化及属性赋值的内存结构分析

```java
public class JavaDemo {
    public static void main(String args[]) {
        Person per = new Person();        // 【1】声明并实例化对象
        per.name = "张三";                 // 【2】为成员属性赋值
        per.age = 18;                      // 【3】为成员属性赋值
        per.tell();                        // 进行方法的调用
    }
}
```

程序执行结果：
姓名：张三、年龄：18

本程序最为重要的内存操作为对象的实例化及属性的赋值操作，其内存结构的分配流程如图 5-4 所示。

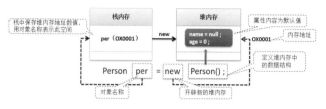

（a）实例化 Person 类对象

（b）设置 name 属性　　　　　　（c）设置 age 属性

图 5-4　对象实例化与属性赋值的内存结构的分配流程

从图 5-4 中可以发现，实例化对象一定需要对应的内存空间，而内存空间的开辟需要通过关键字 new 来完成。对象在实例化之后，其属性都是对应数据类型的默认值，只有设置了属性的内容，成员属性才可以替换为用户设置的数据。

提示：关于栈内存

所有的堆内存都会有相应的内存地址，同时栈内存会保存堆内存的地址数值。为了方便读者理解程序，后续讲解中将采用简单的描述形式，即栈内存中保存的是对象名称。

在定义对象时除了在声明时实例化之外，也可以采用先定义对象、再通过关键字 new 实例化的方式完成。

范例：实例化对象

```java
public class JavaDemo {
    public static void main(String args[]) {
        Person per = null ;          // 【1】声明对象
        per = new Person();          // 【2】实例化对象
        per.name = "张三";           // 【3】为成员属性赋值
        per.age = 18;                // 【4】为成员属性赋值
        per.tell();                  // 进行方法的调用
    }
}
```

程序执行结果：
姓名：张三、年龄：18

本程序分两步实现了 Person 类实例化对象的操作，其内存分析如图 5-5 所示。

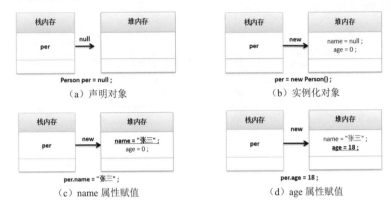

图 5-5　内存分析

注意：对象使用前必须进行实例化操作

引用数据类型在使用前必须进行实例化操作。如果程序中出现了以下代码，那么在运行时肯定会产生异常。

范例：会产生异常的代码

```java
public class JavaDemo {
    public static void main(String args[]) {
        Person per = null ;              // 声明对象
        per.name = "张三";               // 为成员属性赋值
        per.age = 18;                    // 为成员属性赋值
        per.tell();                      // 进行方法的调用
    }
}
```

程序运行结果：

```
Exception in thread "main" java.lang.NullPointerException
    at JavaDemo.main(JavaDemo.java:15)
```

这个异常信息表示的是 NullPointerException（空指向异常），该异常只会在使用引用数据类型时产生，并且只要是进行项目的开发，都有可能出现此异常，唯一的解决方法就是：**查找引用数据类型，并观察其是否被正确实例化。**

5.2.3 对象的引用传递分析

类是一种引用数据类型,而引用数据类型的核心本质在于堆内存和栈内存的分配与指向处理。在程序开发中,不同的栈内存可以指向同一块堆内存空间(相当于为同一块堆内存设置不同的对象名称),这样就形成了对象的引用传递。

提示:引用传递的简单理解

首先,读者一定要清楚一件事情:程序的设计思维来源于生活,只是比生活的更理性抽象。本着这个原则,对象的引用传递可以换种简单的方式理解。

例如,有一位逍遥自在的小伙子叫"李明",村里人都叫他的乳名"明子",江湖都称他为"小明",有一天李明出去办事不小心被车撞骨折了,此时"明子"与"小明"也一定会骨折,也就是说尽管一个人有多个名称(栈内存不同),但是不同的名称指向的是同一个人(堆内存),这实际上就是引用传递的本质。

范例:引用传递

```java
public class JavaDemo {
    public static void main(String args[]) {
        Person per1 = new Person() ;       // 声明并实例化对象
        per1.name = "张三" ;                // 为属性赋值
        per1.age = 18 ;                     // 为属性赋值
        Person per2 = per1 ;               // 引用传递
        per2.age = 80 ;                     // 修改age属性内容
        per1.tell() ;                      // 进行方法的调用
    }
}
```

程序执行结果:

姓名:张三、年龄:80

本程序重要的代码为 Person per2 = per1,该代码的核心意义在于将 per1 对象的堆内存地址赋值给 per2,这样相当于两个不同的栈内存指向了同一块堆内存空间。引用传递内存分析如图 5-6 所示。

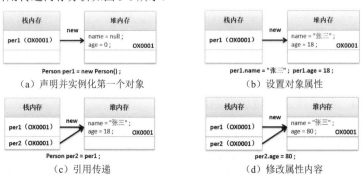

图 5-6 引用传递内存分析

在实际的项目开发中，引用传递大多是结合方法来使用的，即可以通过方法的参数接收引用对象，也可以通过方法返回一个引用对象。

范例：通过使用方法实现引用传递

```java
public class JavaDemo {
    public static void main(String args[]) {
        Person per = new Person() ;        // 声明并实例化对象
        per.name = "张三" ;                 // 为属性赋值
        per.age = 18 ;                      // 为属性赋值
        change(per) ;                       // 等价于Person temp = per ;
        per.tell() ;                        // 进行方法的调用
    }
    public static void change(Person temp) {   // temp接收Person类型的对象
        temp.age = 80 ;                     // 修改对象属性
    }
}
```

程序执行结果：

姓名：张三、年龄：80

本程序定义了 change()方法，其参数接收 Person 类型的引用对象。当通过 change()方法的 temp 参数进行属性修改时将会影响原始对象的内容。基于方法实现引用传递的内存分析如图 5-7 所示。

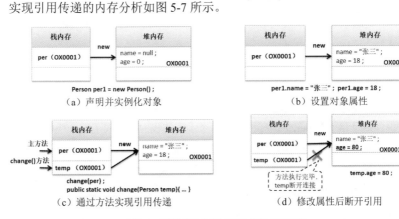

图 5-7　基于方法实现引用传递的内存分析

5.2.4　引用传递与垃圾空间的关系

引用传递的本质在于一块堆内存空间可以被不同的栈内存引用，每一块栈内存都会保存堆内存的地址信息，并且只允许保存一个堆内存地址信息，即如果一块栈内存已经存在其他堆内存的引用，当需要改变引用指向时就需要丢弃已有的引用实体。

范例：垃圾空间的产生

```java
public class JavaDemo {
    public static void main(String args[]) {
        Person per1 = new Person() ;          // 声明并实例化对象
        Person per2 = new Person() ;          // 声明并实例化对象
        per1.name = "张三" ;                  // 为属性赋值
        per1.age = 18 ;                        // 为属性赋值
        per2.name = "李四" ;                  // 为属性赋值
        per2.age = 19 ;                        // 为属性赋值
        per2 = per1 ;                          // 引用传递
        per2.age = 80 ;                        // 修改age属性内容
        per1.tell() ;                          // 进行方法的调用
    }
}
```

程序执行结果：

姓名：张三、年龄：80

本程序实例化了两个 Person 类对象（per1 和 per2），并且分别为这两个对象进行赋值，但是由于发生了引用传递 per2 = per1，所以 per2 将丢弃原始的引用实体（产生垃圾空间），将引用指向 per1 的实体，这样当执行 per2.age = 80 语句时修改的就是 per1 对象的内容。垃圾空间的产生的内存分析如图 5-8 所示。

通过图 5-8 可以发现本程序的一个问题，per1 和 per2 两个栈内存都各自保存着一块堆内存空间指向，而每一块栈内存只能够保留一块堆内存空间的地址。当程序发生了引用传递（per2 = per1）时，per2 首先要断开已有的堆内存连接，而后才能够指向新的堆内存（per1 指向的堆内存）。此时 per2 原本指向的堆内存空间没有任何栈内存对其进行引用，该内存空间就将成为垃圾空间，所有的垃圾空间将等待 GC（Garbage Collection，垃圾回收机制）不定期地进行回收释放。

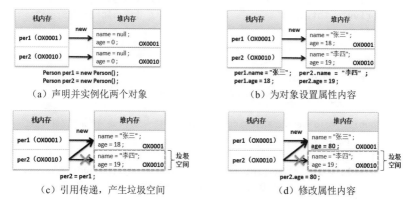

图 5-8　垃圾空间的产生的内存分析

5

提示：尽量减少垃圾空间的产生

　　虽然 Java 提供了自动垃圾回收机制（有自动 GC 和手动 GC），但是在代码编写中，如果产生了过多的垃圾空间，也会对程序的性能带来影响，所以开发人员在编写代码的过程中，应该尽量避免无用对象的定义，减少垃圾空间的产生。

5.3　成员属性封装

　　面向对象的第一大特性就是封装性，封装性最重要的特点就是内部结构对外不可见。从之前的操作中可以发现类的成员属性可以直接通过实例化对象在类的外部调用，而这样的调用是不安全的，此时最稳妥的做法是利用 private 关键字实现成员属性的封装处理。一旦使用了 private 关键字封装后，是不允许外部对象直接访问成员属性的，要想访问则需要按照 Java 的开发标准定义先定义 setter()、getter() 方法，然后通过调用它们进行方法处理。

- setter（以 private String name 为例）：public void setName(String n)。
- getter（以 private String name 为例）：public String getName()。

提示：关于封装性的完整定义

　　封装是为读者讲解的第一个面向对象程序设计的特征，实际上在一个类之中不仅可以对成员属性进行封装，还可以对方法、内部类进行封装，此处只讨论成员属性的封装。

　　严格来讲，封装是程序访问控制权限的处理操作，在 Java 中访问控制权限共有 4 种：public、protected、default、private，具体用法将在本书第 10 章中为读者讲解。

范例：使用 private 关键字实现封装

```java
class Person {                          // 定义一个类
    private String name;                // 【成员属性】人的姓名
    private int age;                    // 【成员属性】人的年龄
    /**
     * 定义一个获取信息的方法，此方法可以输出属性内容
     */
    public void tell() {
        System.out.println("姓名：" + name + "、年龄：" + age);
    }
    public void setName(String tempName) {      // 设置name属性
        name = tempName;
    }
    public void setAge(int tempAge) {           // 设置age属性
        if (tempAge > 0 && tempAge < 250) {     // 增加验证逻辑
            age = tempAge;
```

```
        }
    }
    public String getName() {                    // 获取name属性
        return name;
    }
    public int getAge() {                        // 获取age属性
        return age;
    }
}
public class JavaDemo {
    public static void main(String args[]) {
        Person per = new Person() ;              // 声明并实例化对象
        per.setName("张三") ;                      // 设置属性内容
        per.setAge(-18) ;                        // 设置属性内容
        per.tell() ;                             // 进行方法的调用
    }
}
```

程序执行结果：

姓名：张三、年龄：0

本程序利用 private 关键字实现了 Person 类成员属性的封装，这样 name 与 age 的设置只能在 Person 类进行。如果外部操作要修改对象成员属性的内容，则必须调用 setter()或 getter()方法进行。

 提问：为什么没有使用 getter()方法？

本程序的 Person 类定义了 getName()和 getAge()方法，但是程序中并没有使用这两个方法，那么定义它们还有什么用？

 回答：虽然这两个方法在本程序未被使用，但这种定义方式是需要共同遵守的标准。

在类中定义 setter()、getter()操作方法的目的就是为了设置和取得属性的内容，也许某一个操作暂时不需要使用到 getter()操作，但并不表示以后不会使用，所以从开发角度来讲，必须全部提供。

对此，本书给出的开发建议是：定义类时，类的成员属性要通过 private 关键字定义，还要编写相应的 setter()、getter()方法，以供外部操作调用。

另外，在编写 setter()或 getter()方法时逻辑验证的添加并不是必需的，本程序在 setAge()方法内添加逻辑判断，只是为了增加程序功能。

5.4　构造方法与匿名对象

构造方法是在类中定义的特殊方法，在类使用关键字 new 实例化对象时默认调用，其主要功能是完成对象属性的初始化操作。

提示：关于构造方法的补充说明

本章开篇就为读者讲解了对象实例化的语法格式，其中就包含构造方法的调用，现将此格式拆分为："①类名称 ②对象名称 = ③new ④类名称()"。

- 类名称：一组相关操作集合的标记，一般要求定义符合该结构集合功能的名称。
- 对象名称：实例化对象的唯一标识，可以利用此标识使用对象。
- new：类属于引用数据类型，所以对象的实例化一定要用 new 关键字开辟堆内存空间。
- 类名称()：一般只有在定义方法时才加 "()"，表示调用构造方法。

另外，需要提醒读者的是，一旦定义了构造方法，类的方法就有构造方法与普通方法两种，区别在于构造方法是在实例化对象的时候使用，而普通方法是在实例化对象产生之后使用的。

在 Java 语言中，类的构造方法的定义要求如下。

- 构造方法的名称和类名称一致。
- 构造方法不允许有返回值类型声明。

对象实例化一定需要构造方法，如果没有明确定义，则类会自动生成一个无参且无返回值的构造方法，供用户使用；如果已经明确定义了构造方法，则不会再自动生成。也就是说，一个类中至少存在一个构造方法。

 提示：关于默认构造方法

之前编写的程序实际上并没有声明构造方法，但是当使用 javac 命令编译程序时会自动生成一个无参且无返回值的默认构造方法。

范例：默认情况下会存在一个无参构造方法

```
class Person {                    // 类名称首字母大写
    public Person() {            // 【代码编译时自动生成】无参且无返回值的方法
    }
}
```

正是因为存在这样的构造方法，所以当实例化对象在执行 new Person()时才不会提示没有无参构造方法的错误信息。

范例：定义构造方法为属性初始化

```
class Person {                              // 定义一个类
    private String name;                    // 【成员属性】人的姓名
    private int age;                        // 【成员属性】人的年龄
    public Person(String tempName, int tempAge) {    // 构造方法
        name = tempName ;                   // name属性初始化
        age = tempAge ;                     // age属性初始化
    }
```

```
    // setter、getter略
    public void tell() {
        System.out.println("姓名: " + name + "、年龄: " + age);
    }
}
public class JavaDemo {
    public static void main(String args[]) {
        Person per = new Person("张三", 18);// 声明并实例化对象
        per.tell() ;                        // 进行方法的调用
    }
}
```

程序执行结果:

姓名: 张三、年龄: 18

本程序在 Person 类中定义了拥有两个参数的构造方法, 并且利用这两个构造方法初始化类中的 name 与 age 属性, 这样就可以在实例化 Person 类对象时实现 name 与 age 属性的赋值操作。

 提问: 关于类中的 setter()方法

在本程序中通过构建 Person 类的有参构造方法,在类对象实例化时实现初始化 name 与 age 属性, 以此减少 setter()方法的调用, 实现简化代码的目的。在这样的情况下类继续提供 setter()方法是否还有意义?

 回答: setter()方法可以实现属性修改功能。

setter()方法除了拥有初始化属性内容的功能之外, 还可以实现修改内容的功能, 所以在类定义中是必不可少的。

虽然构造方法的定义形式特殊, 但是其本质依然属于方法, 所以构造方法也可以进行重载。

范例: 构造方法重载

```
class Person {                          // 定义一个类
    private String name;                // 【成员属性】人的姓名
    private int age;                    // 【成员属性】人的年龄
    public Person() {                   // 【构造方法重载】定义无参构造方法
        name = "无名氏" ;               // 设置name属性内容
        age = -1 ;                      // 设置age属性内容
    }
    public Person(String tempName) { // 【构造方法重载】定义单参构造方法
        name = tempName ;               // 设置name属性内容
    }
    public Person(String tempName, int tempAge) {
                                        // 【构造方法重载】定义双参构造方法
```

```
        name = tempName ;                // 设置name属性内容
        age = tempAge ;                  // 设置age属性内容
    }
    // setter、getter略
    public void tell() {
        System.out.println("姓名： " + name + "、年龄： " + age);
    }
}
public class JavaDemo {
    public static void main(String args[]) {
        Person per = new Person("张三"); // 声明并实例化对象
        per.tell() ;                     // 进行方法的调用
    }
}
```

程序执行结果：

姓名：张三、年龄：0

本程序针对 Person 类的构造方法进行了重载，分别定义了无参构造、单参构造、双参构造，这样在实例化对象时就可以通过调用不同的构造方法来进行属性初始化内容的设置。

注意：编写顺序

重载构造方法时，要按照参数的个数由多到少，或者是由少到多排列，以下的两种排列方式都是规范的。

`public Person(){}`	`public Person(String n,int a) {}`
`public Person(String n) {}`	`public Person(String n) {}`
`public Person(String n,int a) {}`	`public Person(){}`

以上的两种写法都是按照参数的个数升序或降序排列，是正确的，但是以下的写法就属于不规范定义。

```
public Person(String n) {}
public Person(String n,int a) {}
public Person(){}
```

当然，编写不规范并不表示语法错误，上面的 3 种定义全部都是正确的，只是考虑到编码规范才为读者加以说明。类中有成员属性、构造方法、普通方法，这三者规范的定义顺序是：首先定义成员属性；其次定义构造方法；最后定义普通方法。

在对象实例化定义格式中，关键字 new 的主要功能是进行堆内存空间的开辟，而对象的名称是为了对该堆内存的引用，这样不仅可以方便地使用堆内存，还可以防止其变为垃圾空间，也就是说对象真正的内容是在堆内存中，而构造方法可以在开辟堆内存的同时进行对象实例化处理,这样即便没有栈内存指向，

该对象也可以使用一次，而对于这种没有指向的对象就称为匿名对象，如图 5-9
所示。

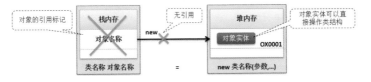

图 5-9　匿名对象

范例：使用匿名对象进行类操作

```
public class JavaDemo {
    public static void main(String args[]) {
        new Person("张三", 18).tell();         // 进行方法的调用
    }
}
```
程序执行结果：
姓名：张三、年龄：18

本程序直接利用 new Person("张三", 18) 语句实例化了一个 Person 类匿名
对象并且直接调用了 tell()方法，由于没有栈内存的引用指向，所以该对象使用
一次后就将成为垃圾空间。

 提问：对象该如何定义比较好？

现在有了匿名对象和有名对象这两种类型的实例化对象，在开发中使用哪种会比较好？

 回答：根据实际情况选择。

首先匿名对象的最大特点是使用一次就丢掉了，就好比一次性饭盒一样，用过一次
后直接丢弃；而有名对象由于存在引用关系，可以进行反复操作。对于初学者而言，实
际上没有必要把太多的精力放在对象类型的选择上，一切的代码开发还是需要根据实际
的情况来决定。

使用构造方法为属性初始化的过程中，除了可以传递一些数据的参数之外，
也可以接收引用数据类型的内容。

范例：使用构造方法接收引用数据类型的内容

```
class Message {
    private String info ;
    public Message(String tempInfo) {
        info = tempInfo ;
    }
    public String getInfo() {
```

```
        return info;
    }
    public void setInfo(String info) {
        this.info = info;
    }
}
class Person {                              // 定义一个类
    private String name;                    // 【成员属性】人的姓名
    private int age;                        // 【成员属性】人的年龄
    public Person(Message msg, int tempAge) {// 定义双参构造方法
        name = msg.getInfo() ;              // name属性初始化
        age = tempAge ;                     // age属性初始化
    }
    public Message getMessage() {           // 返回Message对象
        return new Message("姓名：" + name + "、年龄：" + age) ;
    }
    // setter、getter略
    public void tell() {
        System.out.println("姓名：" + name + "、年龄：" + age);
    }
}
public class JavaDemo {
    public static void main(String args[]) { // 实例化Person类对象
        Person per = new Person(new Message("沐言科技"), 12);
        per.tell();                         // 信息输出
        Message msg = per.getMessage() ;    // 获取Message对象
        System.out.println(msg.getInfo());  // 获取信息内容
    }
}
```

程序执行结果：

姓名：沐言科技、年龄：12（per.tell()语句执行结果）

姓名：沐言科技、年龄：12（message.getInfo()语句执行结果）

　　本程序实现了 Person 类与 Message 类两个类的相互引用，即在 Person 类的构造方法中接收 Message 类对象，并且将 Message 类中的 info 属性赋值给 name 属性，同时提供了返回新的 Message 类对象的处理方法以实现返回信息的拼凑处理。程序内存引用分析如图 5-10 所示。

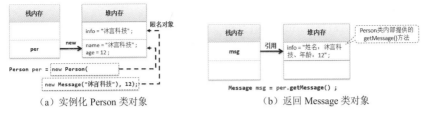

（a）实例化 Person 类对象　　　　　　　（b）返回 Message 类对象

图 5-10　程序内存引用分析

5.5　this 关键字

this 是当前类结构调用的关键字，在 Java 中 this 关键字可以描述 3 种结构的调用。

- ◥ 当前类中的属性：this.属性。
- ◥ 当前类中的方法（普通方法、构造方法）：this()、this.方法名称()。
- ◥ 描述当前对象。

5.5.1　使用 this 调用当前类属性

当通过 setter()方法或构造方法为类中的成员设置内容时，为了可以清楚地描述出具体参数与成员属性的关系，往往会使用同样的名称，那么此时就需要通过 this 来调用类的成员属性。

范例：通过"this.成员属性"访问当前类的成员属性

```java
class Person {                          // 定义一个类
    private String name;                // 【成员属性】人的姓名
    private int age;                    // 【成员属性】人的年龄
    /**
     * 定义构造方法，该方法中的参数名称与成员属性名称相同
     * @param name 设置name成员属性内容
     * @param age 设置age成员属性内容
     */
    public Person(String name, int age) {
        this.name = name ;              // 使用this标注当前类属性
        this.age = age ;                // 使用this标注当前类属性
    }
    // setter、getter略
    public void tell() {                // 使用this明确标注当前类属性
        System.out.println("姓名： " + this.name + "、年龄： " + this.age);
    }
}
```

```java
public class JavaDemo {
    public static void main(String args[]) {
        Person per = new Person("张三", 12);// 实例化Person类对象
        per.tell();                         // 信息输出
    }
}
```

程序执行结果：

姓名：张三、年龄：12

本程序中提供的构造方法所采用的参数名称与类成员属性名称完全相同，为了明确地标记出操作的是当前类的成员属性，就需要通过关键字 this 来设置。

> **提示：调用属性时要加上 this**
>
> 为了避免不必要的 bug 出现，本书建议：在开发过程中，只要是调用类中成员属性的情况，都要使用"this.属性"的方式来进行表示。

5.5.2　this 调用当前类方法

在现在所学习的 Java 内容中，类有两种方法：普通方法、构造方法，这样在一个类中如果要想实现本类方法的调用，可以通过 this 关键字来实现。

➥ 调用当前类普通方法：可以使用"this.方法()"调用，并且可以在构造方法与普通方法中使用。

➥ 调用当前类构造方法：调用当前类其他构造方法使用 this()形式，此语句只允许放在构造方法首行。

范例：使用 this 调用当前类的普通方法

```java
class Person {                       // 定义一个类
    private String name;             // 【成员属性】人的姓名
    private int age;                 // 【成员属性】人的年龄
    public Person(String name, int age) {
        this.setName(name);          // 调用当前类setName()方法
        setAge(age) ;     // 不使用"this.方法()"也表示调用当前类方法
    }
    public void tell() {             // 使用this明确标注当前类属性
        System.out.println("姓名: " + this.name + "、年龄: " + this.age);
    }
    // setter、getter略
}
public class JavaDemo {
    public static void main(String args[]) {
```

```
        Person per = new Person("张三", 12);    // 实例化Person类对象
        per.tell();                            // 信息输出
    }
}
```

程序执行结果：

姓名：张三、年龄：12

本程序在构造方法中调用了当前类中的普通方法，由于是在当前类，所以对是否使用 this 没有明确的要求，但是从标准性的角度来讲还是采用"this.方法()"的形式更加合理。

当一个类中存在若干个构造方法时也可以利用 this() 的形式实现构造方法之间的相互调用，但需要记住的是，该语句只能够放在构造方法的首行。

范例：使用 this() 实现当前类构造方法的相互调用

```
class Person {                        // 定义一个类
    private String name;              // 【成员属性】人的姓名
    private int age;                  // 【成员属性】人的年龄
    public Person() {                 // 【构造方法重载】无参构造方法
        System.out.println("*** 一个新的Person类对象实例化了。 ***");
    }
    public Person(String name) {      // 【构造方法重载】单参构造方法
        this();                       // 调用当前类的无参构造方法
        this.name = name;             // 设置name属性内容
    }
    public Person(String name, int age) { // 【构造方法重载】双参构造方法
        this(name);                   // 调用当前类的单参构造方法
        this.age = age;               // 设置age属性内容
    }
    public void tell() {    // 使用this明确标注出操作的是本类成员属性
        System.out.println("姓名： " + this.name + "、年龄： " + this.age);
    }
    // setter、getter略
}
public class JavaDemo {
    public static void main(String args[]) {
        Person per = new Person("张三", 12);    // 实例化Person类对象
        per.tell();                            // 信息输出
    }
}
```

程序执行结果：

*** 一个新的Person类对象实例化了。 ***

姓名：张三、年龄：12

本程序定义了 3 个构造方法，并且这 3 个构造方法之间可以进行相互调用，即双参构造方法调用单参构造方法，单参构造方法调用无参构造方法，这样不管调用哪个构造方法都可以进行提示信息的输出。

构造方法的相互调用最主要的目的是提升构造方法中执行代码的可重用性，为了更好地说明这个问题，下面通过一个构造方法的范例来进行说明。现在要求定义一个描述员工信息的员工类，该类有编号、姓名、部门、工资 4 个属性，有如下 4 个构造方法。

> ⤵ 【无参构造】编号定义为 1000，姓名定义为无名氏，其他内容均为默认值。

> ⤵ 【单参构造】传递编号，姓名定义为"新员工"，部门定义为"未定"，工资为 0.0。

> ⤵ 【三参构造】传递编号、姓名、部门，工资为 2500.00。

> ⤵ 【四参构造】所有的属性全部进行传递。

范例：利用构造方法的相互调用实现代码重用

```java
class Emp {                                    // 定义员工类
    private long empno ;                       // 编号
    private String ename ;                     // 姓名
    private String dept ;                      // 名称
    private double salary ;                    // 工资
    public Emp() {                             // 【构造方法重载】无参构造方法
        this(1000, "无名氏", null, 0.0);        // 调用四参构造方法
    }
    public Emp(long empno) {                   // 【构造方法重载】无参构造方法
        this(empno,"新员工","未定",0.0) ;        // 调用四参构造方法
    }
    public Emp(long empno,String ename,String dept) {
        this(empno,ename,dept,2500.00) ;       // 调用四参构造方法
    }
    public Emp(long empno,String ename,String dept,double salary) {
        this.empno = empno ;                   // 设置empno属性内容
        this.ename = ename ;                   // 设置ename属性内容
        this.dept = dept ;                     // 设置dept属性内容
        this.salary = salary ;                 // 设置salary属性内容
    }
    // setter、getter略
    public String getInfo() {                  // 返回完整员工信息
        return    "编号：" + this.empno +
                  "、姓名：" + this.ename +
                  "、部门：" + this.dept +
```

```
                          "、工资: " + this.salary ;
    }
}
public class JavaDemo {
    public static void main(String args[]) {
        // 实例化Emp对象
        Emp emp = new Emp(7369L, "史密斯", "财务部", 6500.00);
        System.out.println(emp.getInfo());  // 输出信息
    }
}
```

程序执行结果:

编号: 7369、姓名: 史密斯、部门: 财务部、工资: 6500.0

本程序利用构造方法的相互调用实现了属性赋值操作的简化处理, 使得代码结构清晰、调用方便。

5.5.3　this 表示当前对象

一个类可以实例化若干个对象, 这些对象都可以调用类中提供的方法, 那么对于当前正在访问类中方法的对象就可以称为当前对象, 而 this 就可以描述出这种当前对象的概念。

提示: 对象输出问题

实际上所有的引用数据类型都是可以打印输出的, 默认情况下输出会出现一个对象的编码信息, 这一点在下面的范例中可以看见。

范例: 观察当前对象

```
class Message {
    public void printThis() {
        System.out.println("【Mesasge类】this = " + this); // 表示当前对象
    }
}
public class JavaDemo {
    public static void main(String args[]) {
        Message msgA = new Message();          // 实例化Message类对象
        System.out.println("【主类】msgA = " + msgA); // 直接输出对象
        msgA.printThis();                      // 调用方法printThis()
        System.out.println("--------------------------------");
        Message msgB = new Message();          // 实例化Message类对象
        System.out.println("【主类】msgB = " + msgB); // 直接输出对象
        msgB.printThis();                      // 调用方法printThis()
    }
```

```
}
```

程序执行结果：

```
【主类】msgA = Message@7b1d7fff
【Message类】this = Message@7b1d7fff（与msgA对象编码相同）
----------------------------------
【主类】msgB = Message@299a06ac
【Message类】this = Message@299a06ac（与msgB对象编码相同）
```

　　本程序实例化了两个 Message 类的对象，并且分别调用了 printThis()方法，通过执行的结果可以发现，类中的 this 会随着执行对象的不同而表示不同的实例。而对于之前所讲解的"this.属性"这一操作，严格意义上来讲指的就是调用当前对象中的属性。

　　为了帮助读者进一步理解 this 表示当前对象这一概念，下面通过一个简单的程序来进行深入分析。本程序实现消息发送的处理逻辑，在进行消息具体发送的操作之前应该先进行连接的创建，连接创建成功之后才可以进行消息内容的推送，具体的实现如下。

　　范例：实现消息发送的处理逻辑

```
class Message {
    private Channel channel;                    // 保存消息发送通道
    private String title;                       // 消息标题
    private String content;                     // 消息内容
    // 【4】调用此构造实例化，此时的channel = 主类ch
    public Message(Channel channel, String title, String content) {
        this.channel = channel;                 // 保存消息通道
        this.title = title;                     // 设置title属性
        this.content = content;                 // 设置content属性
    }
    public void send() {
        // 【6】判断当前通道是否可用，此时的this.channel就是主类中的ch
        if (this.channel.isConnect()) {         // 连接成功
            System.out.println("【消息发送】title = " + this.title + "、
                               content = " + this.content);
        } else {                                // 没有连接
            System.out.println("【ERROR】没有可用的连接通道，无法进行消息发送。");
        }
    }
}
class Channel {
    private Message message;                     // 消息发送由Message类对象负责
    // 【2】实例化Channel类对象，调用构造方法，接收要发送的消息标题与消息内容
    public Channel(String title, String content) {
```

```
        // 【3】实例化Message类，但是需要将主类中的ch传递到Message类中、this = ch
        this.message = new Message(this, title, content);
        this.message.send();              // 【5】消息发送
    }
    // 如果某一个方法的名称以is开头，一般都返回boolean值
    public boolean isConnect() {          // 判断连接是否创建
        return true;                      // 默认返回true
    }
}
public class JavaDemo {
    public static void main(String args[]) {
        // 【1】实例化一个Channel类对象，并且传入要发送的消息标题与消息内容
        Channel ch = new Channel("Yootk运动会", "大家一起长跑30km。");
        // 实例化Channel类对象并发送消息
    }
}
```

程序执行结果：

【消息发送】title = Yootk运动会、content = 大家一起长跑30km。

本程序在 Channel 类的内部实例化了 Message 类对象，由于消息的发送需要通过通道来实现，所以将 Channel 类的当前对象 this 传递到了 Message 类，并且利用 Message.send()方法实现了消息发送的处理。

5.5.4 综合案例：简单 Java 类

简单 Java 类是指可以描述某一类信息的程序类。例如，描述个人信息、描述书信息、描述部门信息等，这个类并没有特别复杂的逻辑操作，只作为一种信息保存的媒介存在。对于简单 Java 类而言，其核心的开发结构如下。

- ↳ 类名称一定要有意义，可以明确地描述某一类事物。
- ↳ 类中的所有属性都必须使用 private 关键字进行封装，封装后的属性必须提供 setter()方法、getter()方法。
- ↳ 类中可以提供有无数多个构造方法，但是必须保留无参构造方法。
- ↳ 类中不允许出现任何输出语句，所有内容的获取必须返回。
- ↳ 【可选】可以提供一个获取对象详细信息的方法，暂时将此方法定义为 getInfo()。

提示：简单 Java 类的开发很重要

这里学习简单 Java 类不仅仅是对之前概念的总结，它也是以后项目开发的重要组成部分。每一个读者都必须清楚给出的开发要求，在随后的章节中也将对此概念进行进一步的延伸与扩展。

简单 Java 类也有许多名称。例如，POJO（Plain Ordinary Java Object，普通 Java 对象）、VO（Value Object，值对象）、PO（Persistent Object，持久化对象）、TO（Transfer Object，传输对象），这些类定义结构类似，概念上只有些许的区别，读者先有个印象即可。

范例： 定义一个描述部门的简单 Java 类

```
class Dept {                                    // 类名称可以明确描述出某类事物
    private long deptno ;                       // 类中成员属性封装
    private String dname ;                      // 类中成员属性封装
    private String loc ;                        // 类中成员属性封装
    public Dept() {}                            // 提供无参构造方法
    public Dept(long deptno, String dname, String loc) {
        this.deptno = deptno ;                  // 设置deptno属性内容
        this.dname = dname ;                    // 设置dname属性内容
        this.loc = loc ;                        // 设置loc属性内容
    }
    public String getInfo() {                   // 获取对象信息
        return "【部门信息】部门编号：" + this.deptno + "、部门名称：" +
                this.dname + "、部门位置：" + this.loc ;
    }
    // setter、getter略
}
public class JavaDemo {
    public static void main(String args[]) {
        Dept dept = new Dept(10,"技术部","北京") ;    // 实例化类对象
        System.out.println(dept.getInfo()) ;        // 获取对象信息
    }
}
```
程序执行结果：
【部门信息】部门编号：10、部门名称：技术部、部门位置：北京

本程序定义的 Dept 类并没有复杂的业务逻辑，只是一个可以描述部门信息的基础类。简单 Java 类的使用，往往就是进行对象实例化、设置内容、获取内容等核心操作。

5.6 static 关键字

static 是一个用于声明程序结构的关键字，此关键字可以用于全局属性和全局方法的声明，主要特点是可以避免对象实例化的限制，在没有实例化对象的时候直接进行此类结构的访问。

5.6.1　使用 static 关键字定义属性

在一个类中,主要的组成就是属性和方法(分为构造方法与普通方法两种),而每一个对象都分别拥有各自的属性内容(不同对象的属性保存在不同的堆内存中)。如果想将类中的某个属性定义为公共属性(所有对象都可以使用的属性),则可以在声明属性前加上 static 关键字。

范例：使用 static 关键字定义属性的实现

```
class Chinese {
    private String name ;              // 【普通成员属性】保存姓名信息
    private int age ;                  // 【普通成员属性】保存年龄信息
    static String country = "中华人民共和国" ; // 【静态成员属性】国家，暂时不封装
    public Chinese(String name,int age) { // 设置普通属性内容
        this.name = name ;             // 设置name属性内容
        this.age = age ;               // 设置age属性内容
    }
    // setter、getter略
    public String getInfo() {
        return "姓名: " + this.name + "、年龄: " + this.age + "、国家:
" + this.country ;
    }
}
public class JavaDemo {
    public static void main(String args[]) {
        Chinese perA = new Chinese("张三",10) ;  // 实例化Chinese类对象
        Chinese perB = new Chinese("李四",10) ;  // 实例化Chinese类对象
        Chinese perC = new Chinese("王五",11) ;  // 实例化Chinese类对象
        perA.country = "伟大的中国" ;            // 修改静态属性内容
        System.out.println(perA.getInfo()) ;    // 获取对象信息
        System.out.println(perB.getInfo()) ;    // 获取对象信息
        System.out.println(perC.getInfo()) ;    // 获取对象信息
    }
}
```

程序执行结果：
姓名：张三、年龄：10、国家：伟大的中国
姓名：李四、年龄：10、国家：伟大的中国
姓名：王五、年龄：11、国家：伟大的中国

本程序定义了一个描述中国人的类 Chinese,假设定义的 Person 类描述的全部都是中国人的信息,类中使用了 static 关键字定义的 country 属性,这样该属性就成为公共属性,会保存在全局数据区中,所有的对象都可以获取到相同的对象内容,当一个对象修改了该属性内容后将影响到其他所有对象。使用

static 关键字定义时的内存关系如图 5-11 所示。

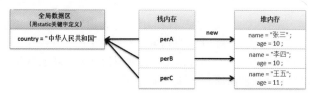

图 5-11　使用 static 关键字定义时的内存关系

 提问：可以不将 country 属性用 static 关键字定义吗？

在本程序中，如果在 Chinese 类中定义时没有将 country 属性设置为 static，不是也可以实现同样的效果吗？

 回答：使用 static 关键字才表示公共。

在本程序中 country 是一个公共属性，这是使用 static 关键字的主要原因。如果此时在代码中不使用 static 关键字定义 country 属性，则每个对象都会拥有此属性。

范例：不使用 static 关键字定义 country 属性

```java
class Chinese {
    private String name ;              // 【普通成员属性】姓名信息
    private int age ;                  // 【普通成员属性】年龄信息
    String country = "中华人民共和国" ;   // 【普通成员属性】国家
    // 其他操作代码略
}
```

由于 country 属性没有使用 static 关键字定义，所以在进行对象实例化操作时，每个对象都拥有各自的 country 属性。使用非 static 关键字定义时的内存关系如图 5-12 所示。

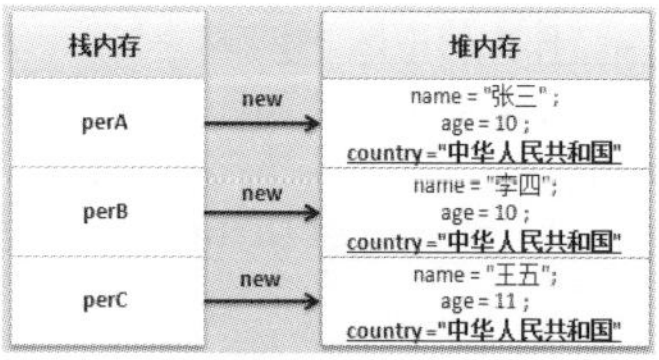

图 5-12　使用非 static 关键字定义时的内存关系

可以想象一下，如果现在每一个对象都拥有各自的 country 属性的话，那么此属性不再是公共属性，而当进行 country 属性更新时，就必然要修改所有类的对象，这样在实例化对象较多的时候一定会带来性能与操作上的问题。

static 关键字描述的是全局属性，对于全局属性，除了可以利用实例化对象调用外，最大的特点在于可以直接利用类名称并且在没有实例化对象产生的情况下进行调用。

范例：通过类名称直接调用 static 关键字定义的属性

```java
public class JavaDemo {
    public static void main(String args[]) {
        System.out.println("直接访问static属性： " + Chinese.country);
        Chinese.country = "伟大的中国" ;          // 修改静态属性内容
        Chinese per = new Chinese("张三",10) ;    // 实例化Chinese类对象
        System.out.println(per.getInfo()) ;      // 获取对象信息
    }
}
```
程序执行结果：
直接访问**static**属性：中华人民共和国
姓名：张三、年龄：10、国家：伟大的中国

　　本程序在没有产生实例化对象的时候就直接利用了类名称输出和修改 static 关键字定义的属性的内容，通过本程序可以发现，static 关键字虽然定义在类中，但是不受实例化对象的使用限制。

> **注意：通过程序应该清楚的几点内容**
> ↘ 使用 static 关键字定义的属性内容不在堆内存中保存，而是保存在全局数据区。
> ↘ 使用 static 关键字定义的属性内容表示类属性，类属性可以由类名称直接进行调用（虽然可以通过实例化对象调用，但是在 Java 开发标准中不提倡此类格式）。
> ↘ static 关键字定义的属性虽然定义在了类中，但是其可以在没有实例化对象的时候进行调用（普通属性保存在堆内存里，而 static 关键字定义的属性保存在全局数据区之中）。

　　另外需要提醒读者的是，在以后进行类设计的过程中，首要的选择还是普通属性，而是否需要定义全局属性是需要根据实际的设计条件选择的。

5.6.2　使用 static 关键字定义方法

　　static 关键字除了可以进行属性定义之外，也可以进行方法的定义，一旦使用 static 关键字定义了方法，那么此方法就可以在没有实例化对象的情况下调用。

范例：使用 static 关键字定义方法的实现

```java
class Chinese {
    private String name ;                         // 【普通成员属性】姓名信息
    private int age ;                             // 【普通成员属性】年龄信息
    private static String country = "中国" ;      // 【静态成员属性】国家信息
    public Chinese(String name,int age) {         // 设置普通属性内容
```

```
        this.name = name ;                    // 设置name属性内容
        this.age = age ;                      // 设置age属性内容
    }
    /**
     * 使用static关键字定义方法,此方法可以在没有实例化对象的情况下直接调用
     * 利用此方法可以修改静态属性country的内容
     * 该方法中不允许使用this关键字
     * @param c 要修改的新内容
     */
    public static void setCountry(String c) {
        country = c;                          // 修改静态属性内容
    }
    // setter、getter略
    /**
     * 获取对象完整信息方法,该方法为普通方法,需要通过实例化对象调用,也可
以使用this关键字调用
     * 但是从严格意义上来讲,此时最好是通过类名称调用。例如,Chinese.country
     * @return 对象完整信息
     */
    public String getInfo() {
        return "姓名: " + this.name + "、年龄: " + this.age + "、国家:
" + Chinese.country ;
    }
}
public class JavaDemo {
    public static void main(String args[]) {
        // 调用静态方法,修改静态成员属性
        Chinese.setCountry("中华人民共和国") ;
        Chinese per = new Chinese("张三",10) ; // 实例化Chinese类对象
        System.out.println(per.getInfo()) ; // 获取对象信息
    }
}
```
程序执行结果:
姓名:张三、年龄:10、国家:中华人民共和国

本程序对静态属性 country 进行了封装处理,这样类的外部将无法直接进行此属性的调用,为了解决 country 属性的修改问题,用 static 关键字定义了一个方法 setCountry()。由于 static 关键字定义的方法和属性均不受到实例化对象的限制,这样就可以直接利用类名称进行方法调用。

注意:关于方法的调用问题

该类的普通方法实际上分为两种:static 关键字定义的方法和非 static 关键字定义的方法,而这两类方法之间的调用也存在着以下的限制。

- static 关键字定义的方法不能调用非 static 关键字定义的方法或属性。
- 非 static 关键字定义的方法可以调用 static 关键字定义的属性或方法。

以上两点，读者可以自行编写代码验证，或者是参考本书附赠的学习视频。之所以会存在这样的限制，主要原因如下。

- 使用 static 关键字定义的属性和方法，可以在没有实例化对象的时候使用（如果没有实例化对象，也就没有了表示当前对象的 this，所以 static 关键字定义的方法的内部无法使用 this 关键字的原因就在于此）。
- 非 static 关键字定义的属性和方法，必须实例化对象之后才可以进行调用。

在第 4 章讲解 Java 方法定义的格式时提出：如果一个方法在主类中定义，并且由主方法直接调用，那么前面必须有 public static，即使用以下的格式。

格式：在主类中定义，由主方法直接调用的普通方法的定义格式。

```
public static 返回值类型 方法名称 (参数列表) {
    [return [返回值] ;]
}
```

范例：观察代码

```
public class JavaDemo {
    public static void main(String args[]) {
        print();                              // 直接调用
    }
    public static void print() {
        System.out.println("www.yootk.com");
    }
}
```

程序运行结果：

www.yootk.com

按照之前所学习的概念来讲，此时范例表示的是一个 static 型的方法调用其他的 static 型的方法，但是如果这时 print()方法的定义没有使用 static 关键字呢？则必须使用实例化对象来调用非 static 型的方法，即所有的非 static 型的方法几乎都有一个特点：方法要由实例化对象调用。

范例：实例化本类对象调用非 static 关键字定义的方法

```
public class JavaDemo {
    // static关键字定义的方法
    public static void main(String args[]) {
        new JavaDemo().print();    // 对象调用
    }
    public void print() {              // 非static关键字定义的方法
        System.out.println("www.yootk.com");
```

```
        }
}
```

程序运行结果

`www.yootk.com`

在讲解本章概念前，考虑到知识层次的问题，并没有强调 static 这个关键字，所以才给出了一个简单的格式用于定义方法。而在本章，由于方法是通过实例化对象调用就没有在方法中使用 static 关键字定义。

同时需要提醒读者的是，在实际项目开发的过程中，类里面的组成方法在大部分情况下都是非 static 型的，也就是说大部分类的方法都是需要通过实例化对象调用的，所以设计中非 static 关键字定义的方法应该作为首选，而 static 关键字定义的方法只有在不考虑实例化对象的情况下才会定义。

5.7　代　码　块

代码块是在程序之中使用"{}"定义起来的一段程序。根据代码块声明位置以及声明关键字的不同，代码块共分为 4 种：普通代码块、构造代码块、静态代码块和同步代码块（同步代码块将在第 13 章多线程编程进行讲解）。

5.7.1　普通代码块

普通代码块是定义在方法中的，利用这类代码块可以解决由于方法过长导致的变量重复定义的问题，在讲解此操作之前，首先来观察以下代码。

范例： 观察一个程序

```
public class JavaDemo {
    public static void main(String args[]) {
        if (true) {                              // 条件一定满足
            int x = 10 ;                         // 定义局部变量
            System.out.println("x = " + x) ;     // 输出局部变量内容
        }
        int x = 100 ;                            // 定义全局变量
        System.out.println("x = " + x) ;         // 输出全局变量内容
    }
}
```

程序执行结果：

x = 10（if 语句内的局部变量内容）

x = 100（main 方法中的全局变量内容）

本程序在 if 语句中定义了一个局部变量 x，由于"{}"的作用，所以该变量不会与外部的变量 x 产生影响。

 提问：什么叫全局变量？什么叫局部变量？

在范例中给出的全局变量和局部变量的概念是固定的吗？还是有什么其他的注意事项？

 回答：全局变量和局部变量是一种相对性的概念。

全局变量和局部变量是针对定义代码的情况而定的，只是一种相对性的概念。例如，在以上的范例中，由于第一个变量 x 定义在了 if 语句之中（即定义在了一个"{}"中），所以相对于第二个变量 x 其就成为局部变量，而如果说现在有以下的程序代码。

范例：说明代码

```java
public class JDemo {
    private static int x = 100 ;          // 全局变量
    public static void main(String args[]) {
        int x = 100;                      // 局部变量
    }
}
```

此程序中，相对于主方法中定义的变量 x 而言，在类中定义的变量 x 就成为全局变量。所以这两个概念是相对而言的。

对于以上的范例，如果将 if 语句取消了，实际上就变为了普通代码块，这样就可以保证两个 x 变量不会相互影响。

范例：定义普通代码块

```java
public class JavaDemo {
    public static void main(String args[]) {
        {                                         // 普通代码块
            int x = 10 ;                          // 定义局部变量
            System.out.println("x = " + x) ;      // 输出局部变量内容
        }
        int x = 100 ;                             // 定义全局变量
        System.out.println("x = " + x) ;          // 输出全局变量内容
    }
}
```
程序执行结果：
```
x = 10（普通代码块中的变量x）
x = 100（全局变量x）
```

在本程序中直接使用一个"{}"定义了一个普通代码块，同样还将一个变量 x 定义在"{}"中，使其不会与全局的 x 变量相互影响，使用普通代码块可以将方法中的代码进行分割。

5.7.2 构造代码块

将代码块定义在类中，这样就成为构造代码块。构造代码块的主要特点是在使用关键字 new 实例化新对象可以进行调用。

范例：定义构造代码块

```
class Person {
    public Person() {                          // 构造方法
        System.out.println("【构造方法】Person类构造方法执行");
    }
    {                                          // 构造代码块
        System.out.println("【构造代码块】Person类构造代码块执行");
    }
}
public class JavaDemo {
    public static void main(String args[]) {
        new Person();                          // 实例化新对象
        new Person();                          // 实例化新对象
    }
}
```
程序执行结果：
【构造代码块】Person类构造代码块执行
【构造方法】Person类构造方法执行
【构造代码块】Person类构造代码块执行
【构造方法】Person类构造方法执行

通过程序的执行结果可以发现，每一次实例化新的对象时都会调用构造代码块，并且构造代码块的执行优先于构造方法的执行。

5.7.3 静态代码块

静态代码块也是定义在类中的，如果一个构造代码块上使用了 static 关键字进行定义的话，那么就表示静态代码块，静态代码块要考虑两种情况。

➥ **情况 1：** 在非主类中定义的静态代码块。

➥ **情况 2：** 在主类中定义的静态代码块。

范例：在非主类中定义的静态代码块

```
class Person {
    public Person() {                          // 构造方法
        System.out.println("【构造方法】Person类构造方法执行");
    }
```

```
    static {                                           // 静态代码块
        System.out.println("【静态代码块】静态代码块执行") ;
    }
    {                                                  // 构造代码块
        System.out.println("【构造代码块】Person构造代码块执行");
    }
}
public class JavaDemo {
    public static void main(String args[]) {
        new Person();                              // 实例化新对象
        new Person();                              // 实例化新对象
    }
}
```

程序执行结果：

【静态代码块】静态代码块执行
【构造代码块】Person类构造代码块执行
【构造方法】Person类构造方法执行
【构造代码块】Person类构造代码块执行
【构造方法】Person类构造方法执行

在本程序中实例化了多个 Person 类对象，可以发现静态代码块优先于构造代码块执行，并且不管实例化多少个对象，静态代码块中的代码只执行一次。

5.8 本章概要

1. 面向对象程序设计是现在主流的程序设计方法，它有三大主要特性：封装性、继承性、多态性。

2. 类与对象的关系：类是对象的模板，对象是类的实例，类只能通过对象使用。

3. 类的组成：成员属性（Field）、方法（Method）。

4. 对象的实例化格式：类名称 对象名称 = new 类名称()，关键字 new 用于内存空间的开辟。

5. 如果一个对象没有被实例化而直接使用，则会出现空指向异常（NullPointerException）。

6. 类属于引用数据类型，进行引用传递时，传递的是堆内存的使用权（一块堆内存可以被多个栈内存所指向，而一块栈内存只能够保存一块堆内存的地址）。

7. 类的封装性：通过 private 关键字进行修饰，被封装的属性不能被外部直接调用，而只能通过 setter()或 getter()方法完成，类中的属性必须全部封装。

8．构造方法可以初始化类中的属性，其方法名称要与类名称相同，且无返回值类型声明。如果在类中没有明确地定义出构造方法，则会自动生成一个无参的、无返回值的构造方法。一个类中的构造方法可以重载，但是每个类都必须至少有一个构造方法。

9．在 Java 中使用 this 关键字可以表示当前的对象，通过"this.属性"可以调用当前类中的属性，通过"this.方法()"可以调用当前类中的其他方法，也可以通过 this()的形式调用当前类中的构造方法，但是要放在构造方法的首行。

10．使用 static 关键字定义的属性和方法可以由类名称直接调用，使用 static 关键字定义的属性是所有对象共享的，所有对象都可以对其进行操作。

5.9　自我检测

1．编写并测试一个代表地址的 Address 类，地址信息由国家、省份、城市、街道、邮编等组成，并可以返回完整地址信息。

2．定义并测试一个代表员工的 Employee 类。员工属性包括编号、姓名、基本薪水、薪水增长率，还包括计算薪水增长额及计算增长后的工资总额的操作方法。

3．设计一个 Dog 类，有名字、颜色、年龄等属性，定义构造方法来初始化类的这些属性，定义方法输出 Dog 信息，编写应用程序使用 Dog 类。

4．构造一个银行账户类，类的构成包括以下内容。

↘ 数据成员用户的账户名称、用户的账户余额（private 数据类型）。

↘ 方法包括开户（设置账户名称及余额），利用构造方法完成。

↘ 查询余额。

5．设计一个表示用户的 User 类，类中的变量有用户名、密码和记录用户个数，定义类的 3 个构造方法（无参、为用户名赋值、为用户名和密码赋值），定义获取和设置密码的方法和返回类信息的方法。

6．声明一个图书类，其数据成员为书名、编号（利用静态变量实现自动编号）、书价，并拥有静态数据成员册数、记录图书的总册数，在构造方法中利用此静态变量为对象的编号赋值，在主方法中定义多个对象，并求出总册数。

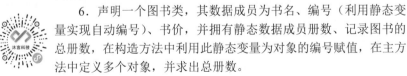

第6章 数 组

通过本章的学习可以达到以下目标

↘ 掌握数组在程序中的主要作用及定义语法。

↘ 掌握数组引用传递操作，并且可以掌握数组引用传递的内存分析方法。

↘ 掌握对象数组的使用，并且可以深刻理解对象数组的存在意义。

↘ 掌握简单 Java 类与对象数组在实际开发中的使用模式。

数组是程序设计中的一种重要的数据类型，在 Java 中数组属于引用数据类型，所以数组也会涉及堆栈空间的分配与引用传递的问题，本章将为读者讲解数组的相关定义、操作语法、对象数组的使用。

6.1 数 组 定 义

数组是指一组相关变量的集合。例如，如果说现在要想定义 100 个整型变量，按照传统的思路，可能这样定义：

```
int i1,i2 ,... i100;    //一共写100个变量
```

以上的形式的确可以满足技术要求，但是有一个问题：这 100 个变量没有任何逻辑控制关系，各个变量完全独立，这会出现变量不方便管理的问题。在这种情况下就可以利用数组来解决此类问题，数组本身属于引用数据类型，所以数组的定义语法如下。

↘ 声明并开辟数组（"[]"可以定义在数组名称前也可以定义在数组名称后）。

数据类型 数组名称 [] = new 数据类型 [长度] ;
数据类型 [] 数组名称 = new 数据类型 [长度] ;

↘ 分步完成。

声明数组	数据类型 数组名称 [] = null ;
开辟数组	数组名称 = new 数据类型 [长度] ;

当开辟数组空间之后，就可以采用"数组名称[下标|索引]"的形式进行访问。所有数组的下标都是从 0 开始的，即如果是 3 个长度的数组，则下标可用范围是：0~2（0、1、2 一共是 3 个）。如果访问的内容超过了数组允许的下标长度，那么会出现数组越界异常（java.lang.ArrayIndexOutOfBoundsException）。

以上给出的数组定义结构使用的是动态初始化的方式，即数组首先开辟内存空间，但是数组中的内容都是其对应数据类型的默认值。例如，现在声明的是 int 型数组，则数组里面的全部内容都是其默认值：0。

由于数组是一种顺序结构，并且数组的长度都是固定的，那么可以使用循环的方式输出，很明显需要用到 for 循环。为了方便数组的输出，Java 提供了一个"**数组名称.length**"属性，可以直接取得数组长度。

范例：定义并使用数组

```java
public class ArrayDemo {
    public static void main(String args[]) {
        int data [] = new int [3] ; // 数组动态初始化，内容为其数据类型默认值
        data [0] = 11 ;             // 为数组设置内容
        data [1] = 23 ;             // 为数组设置内容
        data [2] = 56 ;             // 为数组设置内容
        for (int x = 0 ; x < data.length ; x ++) { // 根据数组长度循环输出
            System.out.print(data[x] + "、") ;// 通过索引获取每一个数组内容
        }
    }
}
```

程序执行结果：

11、23、56、

本程序利用数组动态初始化开辟了 3 个长度的数组空间，并且为数组中的每一个元素进行初始化。由于数组的长度是固定的，所以使用 for 循环实现数组的下标访问机制，实现了数组内容的输出。

数组核心的操作就是声明并分配内存空间，而后根据索引进行访问。但是需要注意的是，**数组属于引用数据类型，代码中需要进行内存分配**。数组与对象保存唯一的区别在于：对象中的堆内存保存的是属性，而数组中的堆内存保存的是一组信息。数组的内存划分如图 6-1 所示。

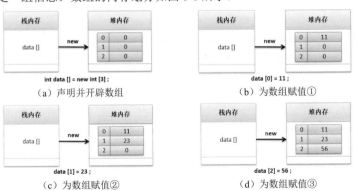

图 6-1　数组的内存划分

数组本身分为动态初始化与静态初始化，以上范例使用的是动态初始化，动态初始化后会发现数组中的每一个元素的内容都是其对应数据类型的默认值，随后可以通过下标为数组设置内容。如果希望定义数组的时候就设置其内容，则可以采用静态初始化的方式完成。

范例：使用静态初始化定义数组

```java
public class ArrayDemo {
    public static void main(String args[]) {
        int data[] = new int[] { 11, 23, 56 }; // 使用数组的静态初始化
        for (int x = 0; x < data.length; x++) {// for循环输出数组
            System.out.print(data[x] + "、"); // 根据索引获取数组内容
        }
    }
}
```
程序执行结果：
11、23、56、

本程序采用静态初始化，在数组定义时就为其设置了具体的数据内容，避免了先开辟后赋值的重复操作。

注意：关于数组的使用问题

　　数组最大的方便之处在于可以使用线性的结构保存一组类型相同的变量，但是从另一个角度来讲，传统数组最大的缺陷在于其保存的数据个数是固定的，正是由于这一点，在许多项目开发中会大量地通过类集框架（Java 中提供的数据结构实现）实现动态数组的操作，但这并不意味着在项目中完全不使用数组，在一些数据的处理上还是会用到数组结构。

6.2　数组引用传递分析

数组属于引用数据类型，在数组使用时需要通过关键字 new 开辟堆内存空间，一块堆内存空间也可以同时被多个栈内存指向，进行引用数据操作。

范例：数组引用传递

```java
public class ArrayDemo {
    public static void main(String args[]) {
        int data[] = new int[] { 10, 20, 30 };   // 数组静态初始化
        int temp[] = data;                       // 引用传递
        temp[0] = 99;                            // 修改数组内容
        for (int x = 0; x < data.length; x++) { // 循环输出数组数据
            System.out.print(data[x] + "、"); // 根据索引访问数组元素
```

```
        }
    }
}
```

程序执行结果：

```
99、20、30、
```

本程序首先定义了一个 int 型数组，通过引用传递将数组内容传递给 temp，并利用 temp 修改了数组内容。数组引用传递的内存划分如图 6-2 所示。

 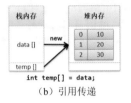 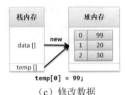

图 6-2　数组引用传递的内存划分

注意：不能够直接使用未开辟的堆内存空间的数组

数组本身属于引用数据类型，如果代码直接使用了未开辟空间的数组，那么就一定会出现 NullPointerException（空指向异常）。

范例： 使用未开辟堆内存空间的数组

```java
public class ArrayDemo {
    public static void main(String args[]) {
        int data[] = null;                  // 声明数组，未开辟堆内存
        System.out.println(data[0]);        // 访问未开辟堆内存空间的数组
    }
}
```

程序执行结果：

```
Exception in thread "main" java.lang.NullPointerException
    at ArrayDemo.main(ArrayDemo.java:4)
```

由于数组 data 并没有开辟堆内存空间，调用时就会出现空指向异常。

6.3　foreach 结构输出

数组是一个定长的数据结构，在进行数组输出的时候往往会结合 for 循环并且利用下标的形式访问数组元素，为了简化数组与集合数据的输出问题，提供了 foreach 结构（加强型 for 循环），其语法格式如下。

```java
for(数据类型 变量:数组|集合){
    // 循环体代码，循环次数为数组长度
}
```

范例：使用 foreach 结构输出数组内容

```
public class ArrayDemo {
    public static void main(String args[]) {
        int data[] = new int[] { 1, 2, 3, 4, 5 };    // 数组静态初始化
        // 自动循环，将data数组每一个内容交给temp
        for (int temp : data) {
            System.out.print(temp + "、");    // 数组每个元素会保存在temp变量中
        }
    }
}
```

程序执行结果：

1、2、3、4、5、

利用 foreach 循环结构，不仅可以简化 for 循环的定义结构，也可以避免在进行数组下标访问时由于处理不当所造成的数组越界异常（java.lang.ArrayIndexOutOfBoundsException）。

6.4　二 维 数 组

在数组定义时需要在变量上使用"[]"标记，之前的数组实际上是一种线性结构，只需利用一个下标就可以定位一个具体的数据内容，这样的数组称为一维数组。一维数组结构如图 6-3 所示。

下标	0	1	2	3	4	5	6
数据	890	90	91	789	657	768	897

图 6-3　一维数组结构

如果想要描述出多行多列的结构（表结构形式），那么就可以通过二维数组的形式进行定义，则在定义二维数组时就需要使用"[][]"声明，在二维数组中需要通过行下标与列下标才可以定位一个数据内容。二维数组结构如图 6-4 所示。

下标	0	1	2	3	4	5	6
0	890	90	91	789	657	768	897
1	1	23	3	4	5	56	7
2	90	98	756	1	2	34	465

图 6-4　二维数组结构

 提示：关于多维数组

二维及以上维度的数组都称为多维数组。二维数组需要行和列两个下标才可以访问其数组元素，其结构为一张表（本质上就是数组的嵌套）；如果是三维数组就可以描述出一个立体结构。理论上，可以继续增加数组的维度，但是随着数组维度的增加，程序处理的复杂度就越高，所以在项目开发中尽量不要使用多维数组。

在 Java 中，二维数组可以使用的定义语法如下。

❥ **动态初始化**：数据类型 数组名称[][] = new 数据类型[行的个数][列的个数]。

❥ **静态初始化**：数据类型 数组名称[][] = new 数据类型[][] {{值,值,值},{值,值,值}}。

范例：定义二维数组

```java
public class ArrayDemo {
    public static void main(String args[]) {
        // 定义二维数组
        int data[][] = new int[][] {
            { 1, 2, 3, 4, 5 }, { 1, 2, 3 }, { 5, 6, 7, 8 } };
        for (int x = 0; x < data.length; x++) {     // 外层循环控制数组行
            for (int y = 0; y < data[x].length; y++) { // 内层循环控制数组列
                System.out.println("data[" + x + "][" + y + "] = " +
                                    data[x][y]);    // 数组访问
            }
            System.out.println();                   // 换行
        }
    }
}
```

程序执行结果：

```
data[0][0] = 1
data[0][1] = 2
data[0][2] = 3
data[0][3] = 4
data[0][4] = 5

data[1][0] = 1
data[1][1] = 2
data[1][2] = 3

data[2][0] = 5
data[2][1] = 6
data[2][2] = 7
data[2][3] = 8
```

本程序定义了一个二维数组，数组的每一行数据的长度不同，如图 6-5 所示。外层循环控制着数组行下标，内层循环控制着数组列下标，定位数据内容时需要通过行和列两个下标共同作用。

索引（下标）	0	1	2	3	4
0	1	2	3	4	5
1	1	2	3		
2	5	6	7	8	

图 6-5　二维数组

范例： 使用 foreach 结构输出数组

```java
public class ArrayDemo {
    public static void main(String args[]) {
        // 定义二维数组
        int data[][] = new int[][] {
            { 1, 2, 3, 4, 5 }, { 1, 2, 3 }, { 5, 6, 7, 8 } };
        for (int temp [] : data) {          // 外层循环获取数组的行
            for (int num : temp) {          // 内层循环获取数组内容
                System.out.print(num + "、") ;// 输出数组内容
            }
            System.out.println() ;          // 换行
        }
    }
}
```

程序执行结果：

1、2、3、4、5、

1、2、3、

5、6、7、8、

利用 foreach 结构输出二维数组时，外层循环遍历的是数组的行（int temp [] : data），内层循环实现每个数据的获取与输出。

6.5　数组与方法

在数组进行引用传递的处理中，最为常见的形式就是基于方法进行引用数组的处理或返回，下面将通过几个范例对此类操作进行说明。

范例： 使用方法进行引用数组的处理

```java
public class ArrayDemo {
    public static void main(String args[]) {
        int data[] = new int[] { 1, 2, 3 };      // 定义数组
        printArray(data);                        // 数组引用传递
    }
    /**
     * 将接收到的整型数组内容进行输出
     * @param temp 数组临时变量
```

```
    */
    public static void printArray(int temp[]) {
        for (int x = 0; x < temp.length; x++) {   // for循环输出
            System.out.print(temp[x] + "、");      // 下标获取元素内容
        }
    }
}
```

程序执行结果：

1、2、3、

　　本程序利用数组静态初始化定义数组，随后将其引用地址传递给了
printArray()方法中的 temp 变量，在此方法中实现了内容的输出。数组引用传递
的内存划分如图 6-6 所示。

（a）声明数组　　　　　　　　　　　　（b）引用传递

图 6-6　数组引用传递的内存划分

　　在程序中方法可以接收一个数组的引用，那么方法也可以返回一个数组的
引用，此时只需在方法的返回值类型上将其定义为对应的数组类型即可。

　　范例：调用方法返回数组的引用

```
public class ArrayDemo {
    public static void main(String args[]) {
        int data[] = initArray();              // 接收数组
        printArray(data);                      // 数组引用传递
    }
    /**
     * 返回初始化的数组内容
     * @return int型数组
     */
    public static int[] initArray() {
        int arr[] = new int[] { 1, 2, 3 };     // 开辟数组
        return arr;                            // 返回数组
    }
    /**
     * 将接收到的整型数组内容进行输出
     * @param temp 数组临时变量
```

```
    */
    public static void printArray(int temp[]) {
        for (int x = 0; x < temp.length; x++) {  // for循环输出
            System.out.print(temp[x] + "、");     // 下标获取元素内容
        }
    }
}
```
程序执行结果：
1、2、3、

　　本程序定义的 initArray()方法的主要功能就是返回数组的引用，由于
initArray()方法的返回值类型为"int []"，所以必须使用同类型的数组接收，即
"int data[] = initArray();"。数组引用传递的内存分析流程如图 6-7 所示。

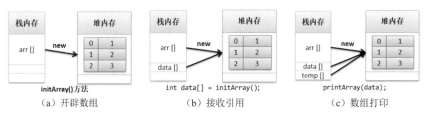

图 6-7　数组引用传递的内存分析流程

　　上面的程序演示了关于用方法接收与返回数组的处理情况，下面再通过一
个具体的范例演示通过方法修改数组内容的处理。

范例：通过方法修改数组内容

```
public class ArrayDemo {
    public static void main(String args[]) {
        int data[] = new int[] { 1, 2, 3 };     // 开辟数组
        changeArray(data);                      // 修改数组内容
        printArray(data);                       // 传递数组
    }
    /**
     * 修改数组内容，将数组中的每一个元素乘以2后保存
     * @param arr 接收传递数组引用
     */
    public static void changeArray(int arr[]) {
        for (int x = 0; x < arr.length; x++) {  // for循环
            arr[x] *= 2;                        // 每个元素乘以2保存
        }
    }
    /**
     * 将接收到的整型数组内容进行输出
```

```
     * @param temp 数组临时变量
     */
    public static void printArray(int temp[]) {
        for (int x = 0; x < temp.length; x++) {   // for循环输出
            System.out.print(temp[x] + "、");     // 下标获取元素内容
        }
    }
}
```

程序执行结果：

2、4、6、

本程序中 changeArray() 方法的主要功能是修改接收到的数组内容，由于发生的是引用关系，所以修改后的结果将直接影响到原始内容。通过方法修改数组内容的内存分析流程如图 6-8 所示。

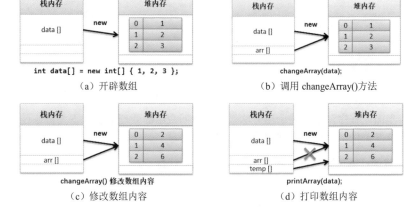

（a）开辟数组　　　　　　　　　　　　（b）调用 changeArray() 方法

（c）修改数组内容　　　　　　　　　　（d）打印数组内容

图 6-8　通过方法修改数组内容的内存分析流程

通过以上分析，可以清楚地了解数组与方法之间的引用传递问题。但是现在所有的程序代码都是在主类中编写的，并没有使用到过多的面向对象设计思想。下面将结合面向对象的设计思想实现一个数组的操作范例，范例要求如下：随意定义一个 int 数组，要求可以计算出这个数组元素的总和、最大值、最小值、平均值。

范例： 结合面向对象设计实现数组内容统计

```
class ArrayUtil {                          // 定义一个数组的操作类
    private int sum;                       // 保存数据统计总和
    private double avg;                    // 保存平均值
    private int max;                       // 保存最大值
    private int min;                       // 保存最小值
    /**
```

```
    * 接收要进行统计的数组内容，并且在构造方法中实现数据统计处理
    * @param data 要统计的处理数据
    */
    public ArrayUtil(int data[]) {              // 进行数组计算
        this.max = data[0];                     // 假设第一个是最大值
        this.min = data[0];                     // 假设第一个是最小值
        for (int x = 0; x < data.length; x++) { // 利用循环迭代每一个数组元素
            if (data[x] > max) {                // 如果max不是最大值
                this.max = data[x];             // 修改max保存的内容
            }
            if (data[x] < min) {                // 如果min不是最小值
                this.min = data[x];             // 修改min保存的内容
            }
            this.sum += data[x];                // 数据累加
        }
        this.avg = this.sum / data.length;      // 统计平均值（忽略小数位）
    }
    public int getSum() {                       // 返回数据总和
        return this.sum;
    }
    public double getAvg() {                    // 返回平均值
        return this.avg;
    }
    public int getMax() {                       // 返回最大值
        return this.max;
    }
    public int getMin() {                       // 返回最小值
        return this.min;
    }
}
public class ArrayDemo {
    public static void main(String args[]) {
        int data[] = new int[] { 1, 2, 3, 4, 5 };       // 开辟数组
        ArrayUtil util = new ArrayUtil(data);           // 数据计算
        // 输出统计结果
        System.out.println("数组内容总和：" + util.getSum());
        // 输出统计结果
        System.out.println("数组内容平均值：" + util.getAvg());
        // 输出统计结果
        System.out.println("数组内容最大值：" + util.getMax());
        // 输出统计结果
        System.out.println("数组内容最小值：" + util.getMin());
    }
}
```

6

程序执行结果：

数组内容总和：15

数组内容平均值：3.0

数组内容最大值：5

数组内容最小值：1

本程序为了实现范例的要求，采用面向对象的形式定义了专门的数组操作类，并且在此类的构造方法中实现了数组内容的相关统计操作与结果保存，这样在主类调用时就不再涉及具体的程序逻辑，只需根据要求传入数据获取相应的结果即可。

提示：关于合理的程序结构设计

在现实的项目开发中，主类通常是作为客户端调用形式出现，执行的代码应该越简单越好。以本程序为例，客户端只是传入了数据并获取了结果，而对于这个结果是如何得来的，实际上客户端并不关心。

6.6　数组类库支持

为了方便开发者进行代码的编写，Java 也提供了一些与数组有关的操作，考虑到学习的层次，本部分先为读者讲解两个数组的常用操作方法：数组排序、数组复制。

1．数组排序

可以按照由小到大的顺序对基本数据类型的数组（如 int 型数组、double 型数组）进行排序，操作语法：java.util.Arrays.sort（数组名称）。

提示：按照语法使用

java.util 是一个 Java 系统包的名称（包的定义将在第 10 章为读者讲解），而 Arrays 是该包中的一个工具类，对于此语法不熟悉的读者暂时不影响使用。

范例：数组排序

```java
class ArrayUtil {
    public static void printArray(int temp[]) {
        for (int x = 0; x < temp.length; x++) {  // 循环输出
            System.out.print(temp[x] + "、");
        }
        System.out.println();
    }
}
public class ArrayDemo {
```

```
public static void main(String args[]) {
    int data[] = new int[] { 23, 12, 1, 234, 2, 6, 12, 34, 56 };
    java.util.Arrays.sort(data);              // 数组排序
    ArrayUtil.printArray(data);               // 数组输出
}
}
```
程序执行结果：
1、2、6、12、12、23、34、56、234、

本程序利用 JDK 提供的类库实现了数组排序处理，需要注意的是，java.util.Arrays.sort()方法主要是针对于一维数组的排序，但对数组类型并无限制，即各个数据类型的数组均可以利用此方法进行排序。

2. 数组复制

从一个数组中复制部分内容到另外一个数组中，方法为 System.arraycopy(源数组名称,源数组开始点,目标数组名称,目标数组开始点,复制长度)。

 提示：与原始定义的方法名称稍有不同

本次给读者使用的数组复制语法是经过修改得来的，与原始定义的方法有些差别，读者先暂时记住此方法，以后会有完整介绍。

例如：

↘ 数组 A：1、2、3、4、5、**6、7、8**、9。

↘ 数组 B：11、22、33、**44、55、66**、77、88、99。

现将数组 A 的部分内容复制到数组 B 中，数组 B 的最终结果：11、22、33、**6、7、8**、77、88、99。

范例：数组复制

```
class ArrayUtil {
    public static void printArray(int temp[]) {
        for (int x = 0; x < temp.length; x++) {          // 循环输出
            System.out.print(temp[x] + "、");
        }
        System.out.println();
    }
}
public class ArrayDemo {
    public static void main(String args[]) {
        int dataA[] = new int[] { 1, 2, 3, 4, 5, 6, 7, 8, 9 };
```

```
        int dataB[] = new int[] { 11, 22, 33, 44, 55, 66, 77, 88, 99 };
        System.arraycopy(dataA, 5, dataB, 3, 3);        // 数组复制
        ArrayUtil.printArray(dataB);                    // 输出数组内容
    }
}
```

程序执行结果：

11、22、33、6、7、8、77、88、99、

　　本程序使用内置数组复制操作方法实现了部分数组内容的复制，但是此类方法只允许某个索引范围内的数据实现复制，一旦索引控制不当，依然有可能出现数组越界异常。

6.7　方法可变参数

　　为了使开发者可以更加灵活地定义方法，避免方法中参数的执行受到限制，Java 提供了方法可变参数的支持，利用这一特点可以在方法调用时采用动态形式传递若干个参数数据，可变参数定义语法如下。

```
public [static] [final] 返回值类型 方法名称 (参数类型 ... 变量) {  // 虽然定
义方式改变了，但本质上还是个数组
    [return [返回值] ;]
}
```

　　在进行方法参数定义的时候有了一些变化（**参数类型 ... 变量**），而这个时候的参数可以说就是数组形式，即：在可变参数之中，虽然定义的形式不是数组，但却是按照数组方式进行操作的。

　　范例： 使用可变参数

```
class ArrayUtil {
    /**
     * 计算给定参数数据的累加结果
     * @param data 要进行累加的数据，采用可变参数，本质上属于数组
     * @return 返回累加结果
     */
    public static int sum(int... data) {
        int sum = 0;                        // 保存累加结果
        for (int temp : data) {             // 循环数组
            sum += temp;                    // 数据累加
        }
        return sum;                         // 返回累加结果
    }
}
```

```
public class ArrayDemo {
    public static void main(String args[]) {
        System.out.println(ArrayUtil.sum(1, 2, 3));      // 可变参数
        // 直接传递数组
        System.out.println(ArrayUtil.sum(new int[] { 1, 2, 3 }));
    }
}
```
程序执行结果:
6 ("ArrayUtil.sum(1, 2, 3)"代码执行结果)
6 ("ArrayUtil.sum(new int[] { 1, 2, 3 })"代码执行结果)

通过程序的执行结果可以发现,可变参数实际上就是数组的一种变相应用,利用这一特点,方法中的参数接收就可以变得较为灵活。

提示:关于混合参数定义

需要注意的是,如果此时方法中需要接收普通参数和可变参数,则可变参数一定要定义在最后,并且一个方法只允许定义一个可变参数。

范例:混合参数

```
class ArrayUtil {
    public static void sum(String name, String url, int... data) {
        ...
    }
}
```

调用本方法时,前面的两个参数必须传递,而可变参数就可以根据需求决定是否传递。

6.8 对象数组

在 Java 中所有的数据类型均可以定义为数组,即除了基本数据类型的数据定义为数组外,引用数据类型也可以定义数组,这样的数组就称为对象数组,对象数组的定义可以采用以下的形式完成。

对象数组动态初始化	类 对象数组名称 [] = new 类 [长度];
对象数组静态初始化	类 对象数组名称 [] = new 类 [] {实例化对象,实例化对象,....};

范例:对象数组的动态初始化

```
class Person {                              // 引用类型
    private String name ;                   // 成员属性
    private int age ;                       // 成员属性
    public Person(String name,int age) {    // 属性初始化
        this.name = name ;                  // 为name属性赋值
```

```
            this.age = age ;                          // 为age属性赋值
        }
        public String getInfo() {                     // 获取对象信息
            return "姓名： " + this.name + "、年龄： " + this.age ;
        }
        // setter、getter略
    }
    public class ArrayDemo {
        public static void main(String args[]) {
            Person per [] = new Person[3] ;           // 对象数组动态初始化
            per[0] = new Person("张三", 20);           // 为数组赋值
            per[1] = new Person("李四", 18);           // 为数组赋值
            per[2] = new Person("王五", 19);           // 为数组赋值
            for (int x = 0; x < per.length; x++) {    // 循环输出
                System.out.println(per[x].getInfo());
            }
        }
    }
```

程序执行结果：
姓名：张三、年龄：20
姓名：李四、年龄：18
姓名：王五、年龄：19

本程序利用对象数组的动态初始化开辟了 3 个元素的数组内容（默认情况下数组中的每个元素都是 null），随后为数组的每一个对象进行了对象实例化操作。对象数组的内存分配如图 6-9 所示。

对象数组静态初始化与动态初始化的本质目标相同，静态初始化优势在于声明对象数组时就可以传递若干个实例化对象，这样可以避免数组中每一个元素单独实例化。

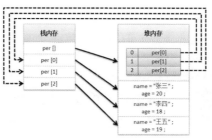

图 6-9　对象数组的内存分配

范例：对象数组的静态初始化

```
public class ArrayDemo {
    public static void main(String args[]) {
        Person per[] = new Person[] {
```

```
        new Person("张三", 20), new Person("李四", 18),
        new Person("王五", 19) };        // 对象数组静态初始化
for (int x = 0; x < per.length; x++) {  // 循环输出
    System.out.println(per[x].getInfo());
}
    }
}
```

程序执行结果：
姓名：张三、年龄：20
姓名：李四、年龄：18
姓名：王五、年龄：19

本程序在数组创建时通过 Person 类的构造方法实例化了若干个对象，并且使用这些对象作为对象数组中的内容。

提示：对象数组初始化内容可以利用引用传入

以上的两个程序都实例化了新的 Person 类对象，实际上如果在程序中已经存在了若干个实例化对象，只要类型符合也可以直接设置为对象数组的内容。

动态初始化操作	`Person perA = new Person("张三", 20);`
	`Person perB = new Person("李四", 18);`
	`Person per[] = new Person[3] ;`
	`per[0] = perA ;`　　　　　// 引用其他对象
	`per[1] = perB ;`　　　　　// 引用其他对象
	`per[2] = new Person("王五", 19) ;`

静态初始化操作	`Person perA = new Person("张三", 20);`
	`Person perB = new Person("李四", 18);`
	`Person per[] = new Person[] { perA, perB, new Person`
	`("王五", 19) };`

在引用数据类型下只要类型符合，格式可以灵活改变。

6.9　数据表与简单 Java 类的映射转换

数据库是现代项目开发核心的组成部分，几乎所有的项目代码都是围绕着数据表的业务逻辑结构展开的，在程序中也往往会使用简单 Java 类进行数据表结构的描述。本节将通过具体的范例，分析数据表与简单 Java 类之间的转换。

提示：关于数据库

本书的所有讲解都是与项目的实际开发密不可分的，对于数据库的学习或使用不熟悉的读者，可以参考笔者出版的《名师讲坛——Oracle 开发实战经典》一书自行学习，该书是专为程序开发人员提供的数据库讲解。

在数据库中包含若干张数据表，每一张实体数据表实际上都可以描述出一些具体的事物概念。例如，在数据库中如果要描述出部门与雇员的逻辑关系，那么就需要提供两张表：部门（dept）、雇员（emp），数据表结构（一对多关系）如图 6-10 所示。在这样的数据表结构中一共存在 3 个对应关系：一个部门有多个雇员、一个雇员属于一个部门、每个雇员都有一个领导信息。

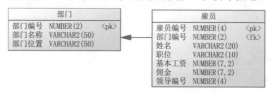

图 6-10　数据表结构（一对多关系）

提示：数据表与简单 Java 类相关概念的对比

程序类的定义形式实际上和这些实体表的差别并不大，所以在实际的项目开发中数据表与简单 Java 类之间的基本映射关系如下。

- ↘ 数据实体表设计 = 类的定义。
- ↘ 表中的字段 = 类的成员属性。
- ↘ 表的外键关联 = 对象引用关联。
- ↘ 表的一行记录 = 类的一个实例化对象。
- ↘ 表的多行记录 = 对象数组。

如果要描述出图 6-10 所示的表结构，那么就需要提供两个实体类，这两个实体类需要根据表结构关联定义类结构，通过成员属性的引用关系描述表连接。

范例： 实现一对多数据结构转换

```java
class Dept {                                    // 描述部门（Dept）
    private long deptno;                         // 部门编号
    private String dname;                        // 部门名称
    private String loc;                          // 部门位置
    private Emp emps[];                          // 保存多个雇员信息
    public Dept(long deptno, String dname, String loc) {
        this.deptno = deptno;                    // 初始化deptno属性
        this.dname = dname;                      // 初始化dname属性
        this.loc = loc;                          // 初始化loc属性
    }
    public void setEmps(Emp[] emps) {            // 设置部门与雇员的关联
        this.emps = emps;
    }
    public Emp[] getEmps() {                     // 获取一个部门的全部雇员
        return this.emps;
```

```java
    }
    // setter、getter、无参构造略
    public String getInfo() {
        return "【部门信息】部门编号 = " + this.deptno + "、部门名称 =
               " + this.dname + "、部门位置 = " + this.loc;
    }
}
class Emp {                              // 描述雇员（Emp）
    private long empno;                  // 雇员编号
    private String ename;                // 姓名
    private String job;                  // 职位
    private double sal;                  // 基本工资
    private double comm;                 // 佣金
    private Dept dept;                   // 所属部门
    private Emp mgr;                     // 所属领导
    public Emp(long empno, String ename, String job, double sal, double comm)
{
        this.empno = empno;             // 初始化empno属性
        this.ename = ename;             // 初始化ename属性
        this.job = job;                 // 初始化job属性
        this.sal = sal;                 // 初始化sal属性
        this.comm = comm;               // 初始化comm属性
    }
    // setter、getter、无参构造略
    public String getInfo() {
        return "【雇员信息】编号 = " + this.empno + "、姓名 = " + this.ename
               + "、职位 = " + this.job + "、工资 = " + this.sal + "、
               佣金 = " + this.comm;
    }
    public void setDept(Dept dept) {        // 设置部门引用
        this.dept = dept;
    }
    public void setMgr(Emp mgr) {           // 设置领导引用
        this.mgr = mgr;
    }
    public Dept getDept() {                 // 获取部门引用
        return this.dept;
    }
    public Emp getMgr() {                   // 获取领导引用
        return this.mgr;
    }
}
```

本程序提供的两个简单 Java 类，彼此之间存在以下 3 个对应关系。

◥ 【Dept 类】**private** Emp emps[]：一个部门对应多个雇员信息，通过对象数组描述。

◥ 【Emp 类】**private** Emp mgr：一个雇员有一个领导，由于领导也是雇员，所以自身关联。

◥ 【Emp 类】**private** Dept dept：一个雇员属于一个部门。

范例：设置数据并根据引用关系获取数据内容

```java
public class JavaDemo {
    public static void main(String args[]) {
        // 第一步：根据关系进行类的定义
        // 定义出各个雇员的实例化对象，此时并没有任何的关联定义
        Dept dept = new Dept(10, "YOOTK教学部", "北京");   // 部门对象
        // 雇员信息
        Emp empA = new Emp(7369L, "SMITH", "CLERK", 800.00, 0.0);
        Emp empB = new Emp(7566L, "FORD", "MANAGER", 2450.00, 0.0);
        Emp empC = new Emp(7839L, "KING", "PRESIDENT", 5000.00, 0.0);
        // 根据数据表定义的数据关联关系，利用引用设置对象间的联系
        empA.setDept(dept);                     // 设置雇员与部门的关联
        empB.setDept(dept);                     // 设置雇员与部门的关联
        empC.setDept(dept);                     // 设置雇员与部门的关联
        empA.setMgr(empB);                      // 设置雇员与领导的关联
        empB.setMgr(empC);                      // 设置雇员与领导的关联
        dept.setEmps(new Emp[] { empA, empB, empC }); // 部门与雇员
        // 第二步：根据关系获取数据
        System.out.println(dept.getInfo());             // 部门信息
        for (int x = 0; x < dept.getEmps().length; x++) {
            // 获取部门中的雇员
            System.out.println("\t|- " + dept.getEmps()[x].getInfo());
            if (dept.getEmps()[x].getMgr() != null) { // 该雇员有领导
                System.out.println("\t\t|- " + dept.getEmps()[x].
                                   getMgr().getInfo());
            }
        }
        // 分隔符
        System.out.println("--------------------------------");
        // 根据雇员获取部门信息
        System.out.println(empB.getDept().getInfo());
        // 根据雇员获取领导信息
        System.out.println(empB.getMgr().getInfo());
    }
}
```

程序执行结果：
【部门信息】部门编号 = 10、部门名称 = YOOTK教学部、部门位置 = 北京
　　|- 【雇员信息】编号 = 7369、姓名 = SMITH、职位 = CLERK、工资 = 800.00,
0.0、佣金 = 0.0
　　　　|- 【雇员信息】编号 = 7566、姓名 = FORD、职位 = MANAGER、工资 =
2450.00, 0.0、佣金 = 0.0
　　|- 【雇员信息】编号 = 7566、姓名 = FORD、职位 = MANAGER、工资 = 2450.00,
0.0、佣金 = 0.0
　　　　|- 【雇员信息】编号 = 7839、姓名 = KING、职位 = PRESIDENT、工资 =
5000.00, 0.0、佣金 = 0.0
　　|- 【雇员信息】编号 = 7839、姓名 = KING、职位 = PRESIDENT、工资 = 5000.00,
0.0、佣金 = 0.0

【部门信息】部门编号 = 10、部门名称 = YOOTK教学部、部门位置 = 北京
【雇员信息】编号 = 7839、姓名 = KING、职位 = PRESIDENT、工资 = 5000.00, 0.0、
佣金 = 0.0

　　本程序首先实例化了各个对象，随后根据关联关系设置了数据间的引用，
在引用设置完成后就可以依据对象间的引用关系获取对象的相应信息。

6.10 本 章 概 要

　　1. 数组是一组相关数据变量的线性集合，利用数组可以方便地实现一组变
量的关联，数组的缺点在于长度不可改变。

　　2. 数组在访问时需要通过"数组名称[索引]"的形式访问，索引范围为0～数组长
度-1，如果超过数组索引访问范围则会出现 java.lang.ArrayIndexOutOfBoundsException
异常。

　　3. 数组长度可以使用"数组名称.length"的形式动态获取。

　　4. 数组采用动态初始化时，数组中每个元素的内容都是其对应数据类型的
默认值。

　　5. 数组属于引用数据类型，在使用前需要通过关键字 new 为其开辟
相应的堆内存空间，如果使用了未开辟堆内存空间的数组则会出现
java.lang.NullPointerException 异常。

　　6. 为了方便数组操作，JDK 提供了 System.arraycopy()与 java.util.Arrays.sort()
两个方法实现数组复制与数组排序。

　　7. JDK 1.5 版本之后开始追加了可变参数，这样使得方法可以任意接收多
个参数，接收的可变参数使用数组形式处理。

　　8. 对象数组可以实现一组对象的管理，在开发中可以描述多个实例。

　　9. 简单 Java 类可以与数据表结构实现映射转换，通过面向对象的关联形

式描述数据表存储结构。

6.11 自 我 检 测

1．现在有以下数据表结构，要求实现映射转换。

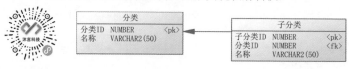

按照表的要求将表的结构转换为类结构，同时可以获取以下信息。

➥ 获取一个分类的完整信息。

➥ 可以根据分类获取其对应的所有子分类的信息。

2．现在有以下数据表结构，要求实现映射转换。

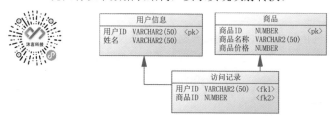

将以上的结构转换为类结构，并且可以获取以下的信息。

➥ 获取一个用户访问过的所有商品的详细信息。

➥ 获取浏览过一个商品的全部用户信息。

3．现在有以下数据表结构，要求实现映射转换。

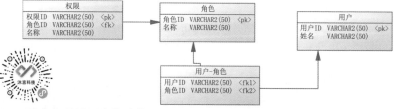

要求实现以下查询功能。

➥ 可以根据一个用户找到该用户对应的所有角色以及每一个角色对应的所有权限信息。

➥ 可以根据一个角色找到该角色下的所有权限以及拥有此角色的全部用户信息。

➥ 可以根据一个权限找到具有此权限的所有用户信息。

第7章　String 类

通过本章的学习可以达到以下目标

- 掌握 String 类两种实例化方式的使用与区别。
- 掌握相等比较和字符串比较的处理。
- 掌握 String 类与字符串之间的联系。
- 理解 String 类对象中常量池的使用特点。
- 掌握 String 类的相关操作方法。

在实际项目开发中，String 类是一个必须使用的程序类，可以说是项目的核心组成类。在 Java 程序中所有的字符串都要求使用 "" 进行定义，利用 "+" 实现字符串的连接处理，但是 String 类还有其自身的特点，本章将通过具体的实例和概念进行 String 类的特点分析。

7.1　String 类对象实例化

在 Java 中并没有字符串这一数据类型的存在，考虑到程序开发的需要，Java 通过设计的形式提供了 String 类，并且该类的对象可以通过直接赋值的形式进行实例化操作。

范例：通过直接赋值的形式实例化 String 类对象

```java
public class StringDemo {
    public static void main(String args[]) {
        String str = "www.yootk.com"; // 【直接赋值】String类对象实例化
        System.out.println(str);
    }
}
```
程序执行结果：
```
www.yootk.com
```

Java 程序中使用 "" 定义的内容都是字符串，本程序采用直接赋值的形式实现了 String 类对象实例化。

提示：观察 String 类的源代码实现

程序中字符串都是通过数组的形式进行保存的，所以 String 类的内部也会保存数组内容，这一点可以通过 String 类的源代码观察到（源代码目录：JAVA_HOME\lib\src.zip）。

JDK 1.8 以前 String 类保存的是字符数组	JDK 1.9 以后 String 类保存的是字节数组
`private final char value[];`	`private final byte[] value;`

为了方便读者比对 JDK 版本，在此给出了 JDK 1.8 以前和 JDK 1.9 以后的 String 类内部数组定义形式，可以发现 JDK 1.9 以后 String 类中的数组类型为 byte，可以得出一个结论：字符串就是一种对数组的特殊包装应用，对数组而言，其最大的问题是数组的长度是固定的。

String 本身属于一个系统类，除了可以利用直接赋值的形式进行对象实例化之外，也提供了相应的构造方法进行对象实例化，构造方法定义如下。

String 类的构造方法：public String(String str)。

范例：通过构造方法实例化 String 类对象

```java
public class StringDemo {
    public static void main(String args[]) {
        // 【构造方法实例化】String类对象实例化
        String str = new String("www.yootk.com") ;
        System.out.println(str);
    }
}
```

程序执行结果：

```
www.yootk.com
```

利用构造方法实例化 String 类对象可以采用标准的对象实例化格式进行处理，这种方法更为直观，其最终的结果与直接赋值效果相同。但是两者之间是有本质区别的，下面将逐步进行详细分析。

7.2 字符串比较

基本数据类型的相等判断可以直接使用 Java 中提供的"=="运算符来实现，即直接进行数值的比较。如果对 String 类对象使用"=="比较的将不再是内容，而是字符串的堆内存地址。

范例：使用"=="判断 String 类对象

```java
public class StringDemo {
    public static void main(String args[]) {
        String strA = "yootk";                    // 直接赋值定义字符串
        String strB = new String("yootk");        // 构造方法定义字符串
        String strC = strB;                       // 引用传递
        System.out.println(strA == strB);         // 比较结果：false
        System.out.println(strA == strC);         // 比较结果：false
        System.out.println(strB == strC);         // 比较结果：true
```

```
        }
}
```
程序执行结果：
false（"strA == strB"代码执行结果）
false（"strA == strC"代码执行结果）
true（"strB == strC"代码执行结果）

本程序在 String 类的对象上使用了"=="比较，通过结果发现对于同一个字符串采用不同方法进行 String 类对象的实例化后，并不是所有 String 类对象的地址数值都是相同的。为了进一步说明问题，下面通过具体的内存关系图进行说明，如图 7-1 所示。

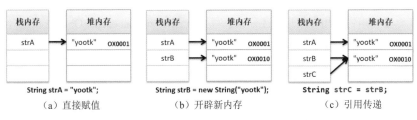

图 7-1　String 类对象地址数值比较的内存关系

通过图 7-1 的分析可以发现，在进行 String 类对象比较中，"=="的确可以实现相等的比较，但是所比较的并不是对象中的具体内容，而是对象地址数值。

提示：关于"=="在不同数据类型上的使用

在基本数据类型中"=="的作用是进行内容是否相同的判断，而在引用数据类型中"=="的作用还是数值比较，只不过此时的数值内容是堆内存的地址。

范例：使用"=="判断自定义类型的对象

```
class Dept {}                              // 随意定义个空类
public class JavaDemo {
    public static void main(String args[]) {
        Dept deptA = new Dept() ;          // 开辟堆内存
        Dept deptB = new Dept() ;          // 开辟堆内存
        Dept deptC = deptB ;               // 引用传递，堆内存地址相同
        System.out.println(deptA == deptB); // false
        System.out.println(deptA == deptC); // false
        System.out.println(deptB == deptC); // true
    }
}
```
程序执行结果：
false（"deptA == deptB"代码执行结果）
false（"deptA == deptC"代码执行结果）
true（"deptB == deptC"代码执行结果）

本程序通过对自定义类型的对象使用"=="分析了其比较形式，如图 7-2 所示。通过图 7-2 可以发现最终比较的只是两个堆内存的地址数值。

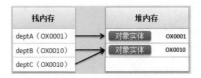

图 7-2　"=="的比较分析

对于字符串内容的判断，String 类中已经提供了相应 equals()方法，只需通过 String 类的实例化对象调用即可，该方法定义如下。

字符串内容相等判断（区分大小写）：public boolean equals(Object obj)。

 提示：关于 equals()方法的使用

String 类定义的 equals()方法中需要接收的数据类型为 Object，此类型将在第 9 章中为读者讲解。此时读者可以简单地理解为，调用 String 类的 equals()方法只需传入字符串即可。

范例：使用 equals()方法实现字符串内容的比较

```java
public class StringDemo {
    public static void main(String args[]) {
        String strA = "yootk";                 // 直接赋值定义字符串
        String strB = new String("yootk");     // 构造方法定义字符串
        System.out.println(strA.equals(strB)); // 字符串内容比较
    }
}
```
程序执行结果：
```
true
```

本程序采用两种实例化方式实现了 String 类实例化对象的定义，由于两个实例化对象保存的堆内存地址不同，所以只能够利用 equals()方法进行判断。

 提示：关于 "=="和 equals()方法的区别

String 类对象的这两种比较方法是初学者必须掌握的概念，两者的区别总结如下。

↘　"=="是 Java 提供的关系运算符，主要功能是进行数值相等判断，如果用在了 String 类对象上表示的是内存地址数值的比较。

↘　equals()是 String 类提供的方法，此方法专门负责进行字符串内容的比较。

在项目开发中，对于字符串的比较基本上都是进行内容是否相同的判断，所以主要使用 equals()方法。

7.3　字符串常量

在程序中常量是不可被改变的内容的统称，由于 Java 中的处理支持，可以直接使用""进行字符串常量的定义，这种字符串常量，严格意义上来讲是 String 类的匿名对象。

范例：观察字符串常量的匿名对象

```java
public class StringDemo {
    public static void main(String args[]) {
        String str = "yootk";                      // 直接赋值定义字符串
        // 字符串常量是String类的匿名对象，可以直接调用String类中的方法
        System.out.println("yootk".equals(str)); // 字符串内容比较
    }
}
```

程序执行结果：

```
true
```

本程序的最大特点在于直接利用字符串"yootk"调用了 equals()方法（"yootk".equals(str)），由于 equals()方法是 String 类中定义的，而类中的普通方法只有实例化对象才可以调用，那么就可以得出一个结论：字符串常量就是 String 类的匿名对象。而所谓的 String 类对象直接赋值的操作，实际上就相当于为一个匿名对象设置了一个名字而已，但是唯一的区别是，String 类的匿名对象是由系统自动生成的，不再由用户自己创建，如图 7-3 所示。

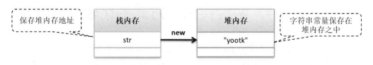

图 7-3　String 类对象直接赋值的操作

提示：实际开发中的字符串比较操作

在实际开发过程中，有可能会有这样的需求：由用户自己输入一个字符串，而后判断其是否与指定的内容相同，而这时用户可能不输入任何数据，即内容为 null。

范例：观察问题

```java
public class StringDemo {
    public static void main(String args[]) {
        String input = null;        // 假设这个内容由用户输入
        // 如果输入的内容是yootk，则认为满足条件
        if (input.equals("yootk")) {
```

```
            System.out.println("www.yootk.com");
        }
    }
}
```

程序执行结果：

```
Exception in thread "main" java.lang.NullPointerException
    at StringDemo.main(StringDemo.java:4)
```

此时由于没有输入数据，所以 input 的内容为 null，而对象 input 调用方法的结果将直接导致错误信息提示，即 NullPointerException 异常，可以通过变更代码来帮助用户回避此问题。

范例：回避 NullPointerException 异常

```java
public class StringDemo {
    public static void main(String args[]) {
        String input = null;        // 假设这个内容由用户输入
        // 如果输入的内容是yootk，则认为满足条件
        if ("yootk".equals(input)) {
            System.out.println("www.yootk.com");
        }
    }
}
```

此时的程序直接利用字符串常量来调用 equals()方法，因为字符串常量是一个 String 类的匿名对象，所以该对象永远不可能是 null，也就不会出现 NullPointerException 异常。特别需要提醒读者的是，实际上 equals()方法内部也存在对 null 的检查，对这一点有兴趣的读者可以打开 Java 类的源代码自行观察。

7.4 两种实例化方式的比较

清楚了 String 类的比较操作之后，下面来解决一个最为重要的问题。String 类的对象存在两种实例化的操作方式，那这两种方式有什么区别？在开发中应该使用哪一种方式更好呢？

1. 直接赋值的内存分析

在程序中只需将一个字符串赋值给 String 类的对象就可以实现对象的实例化处理，如以下范例所示。

范例：直接赋值实例化对象

```java
public class StringDemo {
    public static void main(String args[]) {
        String str = "yootk";            // 直接赋值实例化对象
    }
}
```

此时在内存中会开辟一块堆内存空间，内存空间中将保存有"yootk"字符串数据，并且栈内存将直接引用此堆内存空间，如图 7-4 所示。

图 7-4　String 类直接赋值实例化

通过图 7-4 可以发现，通过直接赋值的方式为 String 类对象实例化会开辟一块堆内存空间，而且对同一字符串的多次直接赋值还可以实现对堆内存空间的重用，即采用直接赋值的方式进行 String 类对象实例化，在内容相同的情况下不会开辟新的堆内存空间，而会直接指向已有的堆内存空间。

范例：观察直接赋值时的堆内存自动引用

```java
public class StringDemo {
    public static void main(String args[]) {
        String strA = "muyan";            // 直接赋值实例化
        String strB = "yootk";            // 直接赋值实例化
        String strC = "yootk";            // 直接赋值实例化, 内容不相同
        System.out.println(strA == strB);  // 判断结果: true
        System.out.println(strA == strC);  // 判断结果: false
    }
}
```
程序执行结果：
true（"strA == strB"代码执行结果）
false（"strA == strC"代码执行结果）

通过本程序的执行结果可以发现，由于使用了直接赋值的实例化操作方式，而且内容相同，所以即使没有直接发生对象的引用操作，最终两个 String 对象（strA、strB）也都自动指向了同一块堆内存空间。但是如果直接赋值的内容与之前不一样，则会自动开辟新的堆内存空间（String strd = "yootk" ;）。直接赋值的内存关系如图 7-5 所示。

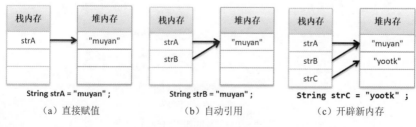

图 7-5　直接赋值的内存关系

提示：关于字符串对象池

实际上，在 JVM 的底层存在一个对象池（String 类只是对象池中保存的一种类型，此外还有多种其他类型），当代码中使用了直接赋值的方式定义了一个 String 类对象时，会将此字符串对象所使用的匿名对象入池保存，如果后续还有其他 String 类对象也采用了直接赋值的方式，并且设置了同样的内容，那么将不会再开辟新的堆内存空间，而是使用已有的对象进行引用的分配，从而继续使用。

范例：通过代码分析字符串对象池

```java
public class StringDemo {
    public static void main(String args[]) {
        String strA = "yootk";                    // 直接赋值，入池保存
        String strB = "yootk";                    // 直接赋值，入池保存
        String strC = "yootk";                    // 直接引用对象池已有实例
        System.out.println(strA == strB);         // 地址判断：false
        System.out.println(strA == strC);         // 地址判断：true
    }
}
```
程序执行结果：
false（"strA == strB" 代码执行结果）
true（"strA == strC" 代码执行结果）

本程序采用直接赋值的方式声明了 3 个 String 类对象，实质上，这些对象都保存在字符串对象池（本质上是保存在了一个动态对象数组）中，对于此时的程序，就可以得出图 7-6 所示的字符串对象池的内存关系。

对象池本质为共享设计模式的一种应用，共享设计模式可以简单理解为在家中准备的工具箱，如果有一天需要用到螺丝刀，而工具箱里没有，那么肯定要去买一把新的，但是用完之后并不会丢掉，而是将其放到工具箱中以备下次使用，工具箱中保存的工具将为家庭中的每一个成员服务。

（a）开辟新对象

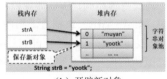

（b）开辟新对象

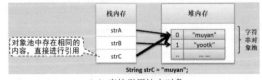

（c）直接引用池中对象

图 7-6　字符串对象池的内存关系

2. 构造方法实例化的内存分析

如果要明确地调用 String 类中的构造方法进行 String 类对象的实例化操作，那么一定要使用关键字 new，而每当使用关键字 new 就表示要开辟新的堆内存空间，而这块堆内存空间的内容就是传入构造方法中的字符串数据，现在使用以下代码进行该操作的内存分析。

范例：使用构造方法实例化对象

```java
public class StringDemo {
    public static void main(String args[]) {
        String str = new String("yootk");   // 使用构造方法实例化对象
    }
}
```

本程序使用一个字符串常量作为 str 对象的内容，并利用构造方法实例化了一个新的 String 类对象。构造方法实例化 String 类对象的内存关系如图 7-7 所示。

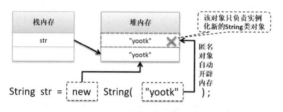

图 7-7　构造方法实例化 String 类对象的内存关系

因为每一个字符串都是一个 String 类的匿名对象，所以首先在堆内存中开辟一块空间保存字符串 "yootk"，而后又使用关键字 new，开辟另一块堆内存空间，而真正使用的是用关键字 new 开辟的堆内存。而之前定义的字符串常量开辟的堆内存空间将不会被任何的栈内存所指向，会成为垃圾空间，等待被垃圾回收机制回收。所以，使用构造方法实际上会开辟两块空间，其中有一块将成为垃圾空间，会造成内存的浪费。

除了内存的浪费之外，如果使用了构造方法实例化 String 类对象，由于关键字 new 永远表示开辟新的堆内存空间，所以其内容不会保存在对象池中。

范例：使用构造方法实例化 String 类对象（不自动入池保存）

```java
public class StringDemo {
    public static void main(String args[]) {
        // 使用构造方法定义了新的内存空间，不会自动入池
        String strA = new String("yootk");
        String strB = "yootk";                 // 直接赋值
        System.out.println(strA == strB);      // 判断结果: false
    }
}
```

```
}
```
程序执行结果:
```
false
```

　　本程序首先利用构造方法实例化了一个新的 String 类对象，由于此时不会自动保存到对象池中，所以在声明 String 类对象后将开辟新的堆内存空间。因为两个堆内存的地址不同，所以最终的判断结果为 false。

　　如果现在希望开辟的新内存数据也可以进入对象池保存，那么可以采用 String 类定义的手动入池操作。

　　手动保存到对象池: public String intern()。

　　范例: String 类对象手动入池

```java
public class StringDemo {
    public static void main(String args[]) {
        String strA = new String("yootk").intern();   // 开辟新对象并手动入池
        String strB = "yootk";                         // 直接赋值
        System.out.println(strA == strB);              // 判断结果: true
    }
}
```
程序执行结果:
```
true
```

　　本程序使用了 String 类的 intern()方法，该方法会将指定的字符串对象保存在对象池中，随后如果使用直接赋值的方式将会自动引用已有的堆内存空间，所以地址判断的结果为 true。

> **提示:两种 String 类对象实例化的区别**
>
> ↘ 直接赋值（String str = "字符串";）:只会开辟一块堆内存空间，并且会自动保存在对象池中以供下次重复使用。
>
> ↘ 构造方法（String str = new String("字符串")）:会开辟两块堆内存空间，其中有一块将成为垃圾空间，并且不会自动入池，但是用户可以使用 intern()方法手动入池。
>
> 读者在进行实际项目开发过程中，请尽量使用直接赋值的方式为 String 类对象实例化。

7.5　字符串常量池

　　Java 中使用 "" 就可以进行字符串实例化对象定义，如果处理不当就有可能为多个内容相同的实例化对象重复开辟堆内存空间，这样必然造成内存的大量浪费。为了解决这个问题，JVM 提供了一个字符串常量池（或者称为 "字符串对象池"，其本质属于一个动态对象数组），所有通过直接赋值实例化的 String

类对象都可以自动保存在此常量池中，以供下次重复使用。在 Java 中字符串常量池共分为两种。

- ➥ **静态常量池**：是指程序（*.class）在加载的时候会自动将此程序中保存的字符串、普通的常量、类和方法等信息全部进行分配。
- ➥ **运行时常量池**：当一个程序（*.class）加载之后，有一些字符串内容是通过 String 对象的形式保存后再实现字符串连接处理，由于 String 对象的内容可以改变，所以此时称为运行时常量池。

范例：静态常量池

```java
public class StringDemo {
    public static void main(String args[]) {
        String strA = "www.yootk.com";              // 开辟新对象并入池
        // 使用 "+" 进行字符串连接
        // 由于所有的内容都是常量，本质上表示一个字符串
        String strB = "www." + "yootk" + ".com";// 直接赋值
        System.out.println(strA == strB);          // 判断结果：true
    }
}
```

程序执行结果：

```
true
```

本程序使用了两种方式定义 String 类对象，由于在实例化 strB 对象时，所有参与连接的字符串都是常量，所以在程序编译时会将这些常量组合在一起进行定义，这样就与 strA 对象的内容相同，最终的结果就是继续使用字符串常量池中提供的内容为 strB 实例化，不会再开辟新的堆内存空间。

范例：运行时常量池

```java
public class StringDemo {
    public static void main(String args[]) {
        String logo = "yootk" ;                      // 定义一个变量
        String strA = "www.yootk.com";               // 开辟新对象并入池
        // 使用 "+" 进行字符串连接
        // 由于所有的内容都是常量，本质上表示一个字符串
        String strB = "www." + logo + ".com";// 动态拼凑，logo为变量
        System.out.println(strA == strB);    // 判断结果：false
    }
}
```

程序执行结果：

```
false
```

本程序最大的特点在于利用了一个 logo 对象定义了要连接的字符串的内容，

由于 logo 对象属于程序运行时才可以确定的内容，这样就使得程序编译时无法知道 logo 对象的具体内容，所以 strB 对象将无法从字符串常量池中获取字符串引用。

7.6　字符串修改分析

String 类对于数据的存储是基于数组实现的，数组本身属于定长的数据类型，这样的设计实际上就表明 String 对象的内容一旦声明将不可直接改变，而所有的字符串对象内容的修改都是通过引用的变化来实现的。

范例：观察字符串的修改

```java
public class StringDemo {
    public static void main(String args[]) {
        String str = "www.";    // 采用直接赋值的方式实例化String类对象
        str += "yootk";         // 通过 "+" 连接新的字符串并改变str对象引用
        str = str + ".com";     // 通过 "+" 连接新的字符串并改变str对象引用
        System.out.println(str);// 输出最终str对象指向的内容
    }
}
```

程序执行结果：

```
www.yootk.com
```

本程序使用 "+" 实现了字符串内容的修改，但是这样的修改会造成垃圾内存的产生。字符串修改的分析如图 7-8 所示。

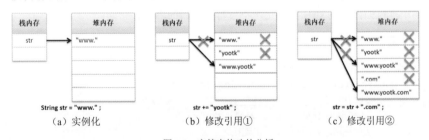

图 7-8　字符串修改的分析

通过图 7-8 的分析可以发现，对字符串对象内容的修改，其实质是改变了引用关系，同时会产生垃圾空间，所以在开发中一定要避免使用以下的程序代码。

范例：会产生许多垃圾空间的代码

```java
public class StringDemo {
    public static void main(String args[]) {
        String str = "YOOTK";    // 采用直接赋值的方式实例化String类对象
```

```
        for (int x = 0; x < 1000; x++) {// 循环修改字符串
            str += x;                     // 字符串内容修改 = 修改引用指向
        }
        System.out.println(str);     // 输出最终str对象指向的内容
    }
}
```

本程序利用 for 循环实现了对字符串对象的修改，但是这样的修改会产生大量垃圾空间。如果项目中频繁出现此类代码，那么一定会导致垃圾回收机制的性能下降，从而影响整体程序的执行性能。

7.7   主方法组成分析

Java 中的程序代码是从主方法开始执行的，主方法由许多部分组成，下面为读者列出每一个组成部分的含义。

> ➥ **public**：描述的是一种访问权限，主方法是一切的开始点，开始点一定是公共的。
> ➥ **static**：程序的执行是通过类名称完成的，表示此方法是由类直接调用。
> ➥ **void**：主方法是一切程序的起点，程序一旦开始执行是不需要返回任何结果的。
> ➥ **main**：系统定义好的方法名称，当通过 java 命令解释一个类的时候会自动找到此方法名称。
> ➥ **String args[]**：字符串的数组，可以实现程序启动参数的接收。

参数传递的形式：java 类名称 参数 1 参数 2 参数 3....。

范例：验证参数传递（输入的必须是 3 个参数，否则程序退出）

```
public class StringDemo {
    public static void main(String args[]) {      // 参数类型为数组
        if (args.length == 0) {                    // 没有输入参数
            System.out.println("【ERROR】请输入程序启动参数...");
            System.exit(1);                        // 程序退出
        }
        for (String arg : args) {                  // 循环输出参数内容
            System.out.print(arg + "、");          // 每一个参数内容
        }
    }
}
```
程序执行结果
（输入java StringDemo <u>one two three</u>）：
one、two、three

本程序在执行时要求程序输入相应的启动参数，如果没有输入参数则会进行错误提示，并且直接结束执行；如果输入了参数则通过 for 循环的形式输出每一个参数内容。

如果读者在输入参数的时候希望参数中间有空格，如"Hello World""Hello Yootk"等形式，则可以在输入参数的时候直接用""定义整体参数即可，如下所示。

程序执行命令：

```
java StringDemo "Hello World!!!" "Hello Yootk" "Li Xing Hua"
```

使用""定义了整体参数，即使中间出现了空格，也是按一个参数计算的。

7.8 本 章 概 要

1. String 类在 Java 中较为特殊，String 类可以通过直接赋值或构造方法进行实例化。前者只产生一个实例化对象，而且此实例化对象可以重用；而后者将产生两个实例化对象，其中一个是垃圾空间。

2. JVM 有两类 String 类常量池：静态常量池、运行时常量池。对于静态常量池，需在编译的时候进行字符串处理，运行时常量池是在程序执行中动态地实例化字符串对象。

3. 在 String 类中比较内容时使用 equals()方法，而"=="比较的只是两个字符串的地址值。

4. 字符串的内容一旦声明则不可改变。字符串变量的修改是通过变更引用地址实现的，但这种方式会产生垃圾空间。

第8章 继　　承

通过本章的学习可以达到以下目标
- ↳ 掌握继承性的主要作用、代码实现及相关使用限制。
- ↳ 掌握方法覆写的操作与相关限制。
- ↳ 掌握 final 关键字的使用，理解常量与全局常量的意义。
- ↳ 掌握多态性的概念与应用，并理解对象转型处理中的限制。
- ↳ 掌握 Object 类的主要特点及实际应用。

　　面向对象程序设计的主要优点是代码的模块化设计及代码重用，而只依靠单一的类和对象是无法实现这些设计要求的。所以为了开发出更好的面向对象程序，还需要进一步学习继承以及多态的概念。本章将为读者详细地讲解面向对象程序设计中继承与多态的相关知识。

8.1　面向对象的继承性

　　在面向对象的设计过程中，类是基本的逻辑单位。但是对于这些基本的逻辑单位需要考虑到代码重用的问题，所以在面向对象的程序设计中提供了类继承的特性，并利用这一特点可以实现类的可重用性定义。

8.1.1　继承问题的引出

　　一个良好的程序设计结构不仅便于维护，还可以提高程序代码的可重用性。之前讲解的面向对象的知识，只是围绕着单一的类进行的，而这样的类中没有重用性的描述。例如，从下面定义的 Person 类与 Student 类就可以发现无重用性代码设计的缺陷。

Person.java	Student.java
```class Person {```	```class Student {```
``` private String name;```	``` private String name;```
``` private int age;```	``` private int age;```
``` public void setName(String name) {```	``` private String school;```
``` this.name = name;```	``` public void setName(String name) {```
``` }```	``` this.name = name;```
``` public void setAge(int age) {```	``` }```

```
      this.age = age;                       public void setAge(int age) {
  }                                             this.age = age;
  public String getName() {                 }
    return this.name;                       public void setSchool(String school) {
  }                                             this.school = school;
  public int getAge() {                     }
    return this.age;                        public String getName() {
  }                                             return this.name;
}                                           }
                                            public int getAge() {
                                              return this.age;
                                            }
                                            public String getSchool() {
                                              return this.school;
                                            }
                                          }
```

通过以上两段代码的比较，相信读者可以清楚地发现，如果按照之前所学习到的概念进行开发的话，程序中就会出现重复代码。而通过分析可以发现，学生本来就属于人，但是学生所表示的范围要比人表示的范围更小，也更加具体。而如果要表示这种情况，只能依靠继承来完成。

8.1.2 类继承的定义

 严格来讲，继承性是指扩充一个类已有的功能。在 Java 中，如果要实现继承的关系，可以使用以下的语法完成。

```
class 子类  extends 父类 {}
```

在继承结构中，很多情况下会把子类称为派生类，把父类称为超类（SuperClass）。

范例： 继承的基本实现

```
class Person {
    private String name;                    // 姓名
    private int age;                        // 年龄
    // setter、getter略
}
class Student extends Person {              // Student是子类
    // 在子类中不定义任何的功能
}
public class JavaDemo {
    public static void main(String args[]) {
```

```
        Student stu = new Student();
        stu.setName("李双双");              // 父类定义
        stu.setAge(18);                    // 父类定义
        System.out.println("姓名: " + stu.getName() + "、年龄: " +
                            stu.getAge());
    }
}
```

程序执行结果:
姓名: 李双双、年龄: 18

本程序在定义 Student 类时并没有定义任何方法,只是让其继承 Person 父类,通过执行可以发现,子类可以继续重用父类中定义的属性与方法。

继承的主要目的是使子类可以重用父类中的结构,也可以根据子类功能的需要进行结构扩充,所以子类往往要比父类描述的范围更小。

范例: 在子类中扩充父类的功能

```
class Person {
    private String name;                  // 姓名
    private int age;                      // 年龄
    // setter、getter略
}
class Student extends Person {            // Student是子类
    private String school ;               // 子类扩充的属性
    public void setSchool(String school) { // 扩充的方法
        this.school = school ;
    }
    public String getSchool() {           // 扩充的方法
        return this.school ;
    }
}
public class JavaDemo {
    public static void main(String args[]) {
        Student stu = new Student();
        stu.setName("李双双");              // 父类定义
        stu.setAge(18);                    // 父类定义
        stu.setSchool("清华大学") ;          // 子类扩充方法
        System.out.println("姓名: " + stu.getName() + ", 年龄: " +
                            stu.getAge()+ ", 学校: " + stu.getSchool());
    }
}
```

程序执行结果:
姓名: 李双双, 年龄: 18, 学校: 清华大学本程序 Student 类在已有 Person 类的基础上扩充了新的属性与方法，相比较 Person 类而言，Student 类的描述范围更加具体。

8.1.3　子类对象实例化流程

　　在继承结构中，子类需要重用父类中的结构，所以在进行子类对象实例化之前往往都会默认调用父类中的无参构造方法，为父类对象实例化（属性初始化），而后再进行子类构造方法的调用，为子类对象实例化（属性初始化）。

范例：子类对象实例化（观察无参构造方法的调用）

```java
class Person {
    public Person() {                    // 父类无参构造方法
        System.out.println("【Person父类】调用Person父类构造方法实例化对象
                        （public Person() ）");
    }
}
class Student extends Person {           // Student类继承父类
    public Student() {                   // 子类无参构造方法
        System.out.println("【Student子类】调用Student子类构造方法实例化对象
                        （public Student() ）");
    }
}
public class JavaDemo {
    public static void main(String args[]) {
        Student stu = new Student();        // 实例化子类对象
    }
}
```

程序执行结果：
【Person父类】调用Person父类构造方法实例化对象（public Person() ）
【Student子类】调用Student子类构造方法实例化对象（public Studenl() ）

本程序在实例化 Student 子类对象时只调用了子类构造方法，而通过执行结果可以发现，父类构造方法会被默认调用，执行完毕后才调用了子类构造方法，所以可以得出结论：子类对象实例化前一定会实例化父类对象，实际上就相当于子类的构造方法里面隐含了一个 super() 的形式。

范例：观察子类构造方法

```java
class Student extends Person {         // Student继承父类
    public Student() {                 // 子类无参构造方法
        // 明确调用父类构造方法，没有时会默认找到父类的无参构造方法
        super() ;
        System.out.println("【Student子类】调用Student子类构造方法实例化对象
```

```
                        (public Student() ） ");
    }
}
```

　　子类中的 super()的作用表示在子类中明确调用父类的无参构造方法，如果不写也默认会调用父类构造方法。super()构造调用的语句只能够在子类的构造方法中定义，并且必须放在子类构造方法的首行。

　　如果父类没有提供无参构造方法时，就可以通过 "super(参数, …)" 的形式调用指定参数的构造方法。

　　范例：明确调用父类指定构造方法

```java
class Person {
    private String name ;                 // 姓名
    private int age ;                     // 年龄
    // 父类不再提供无参构造方法
    public Person(String name, int age) {
        this.name = name ;
        this.age = age ;
    }
}
class Student extends Person {            // Student类继承父类
    private String school ;               // 学校
    // 子类构造方法
    public Student(String name,int age,String school) {
        super(name,age) ;                 // 必须明确调用父类有参构造方法
        this.school = school ;
    }
}
public class JavaDemo {
    public static void main(String args[]) {
        // 实例化子类对象
        Student stu = new Student("李双双", 18, "清华大学");
    }
}
```

　　本程序 Person 父类不再明确提供无参构造方法，这样在子类构造方法中就必须通过 super()明确指明要调用的父类构造方法，并且该语句必须放在子类构造方法的首行。

　　提问：有没有不让子类去调用父类构造方法的可能性？

　　既然 super()和 this()都是调用构造方法，而且都要放在构造方法的首行。如果说 this()出现了，那么 super()就应该不会出现了，所以编写了以下的程序。

范例：疑问的程序

```java
class A {
    public A(String msg) {      // 父类无参构造方法
        System.out.println("msg = " + msg);
    }
}
class B extends A {
    public B(String msg) {      // 子类构造方法
        this("YOOTK", 30);      // 调用当前类的构造方法，无法使用super()
    }
    public B(String msg,int age) {  // 子类构造方法
        this(msg) ;             // 调用当前类的构造方法，无法使用super()
    }
}
public class TestDemo {
    public static void main(String args[]) {
        B b = new B("HELLO",20);    // 实例化子类对象
    }
}
```

在本程序中，子类 B 的每一个构造方法，都使用了 this() 调用本类构造方法，那么这样是不是就表示子类无法调用父类构造呢？

 回答：本程序编译有错误

在之前讲解 this 关键字的时候强调过一句话：如果一个类中有多个构造方法使用 this() 相互调用，那么至少要保留一个构造方法作为出口，而这个出口就一定会去调用父类构造方法。

换一种表达方式：我们每个人都有父母，父母一定都比我们先出生。在程序中，实例化就表示对象的出生，所以子类出生之前（实例化之前），父类对象一定要先出生（默认调用父类构造方法，实例化父类对象）。

8.1.4 继承限制

继承是类重用的一种实现手段，而在 Java 中针对类继承的合理性设置了相关限制。

限制 1： 一个子类只能继承一个父类，存在单继承局限。

这个概念实际上是相对于其他语言而言，在其他语言中，一个子类可以同时继承多个父类，这样就可以同时获取多个父类中的方法，但是在 Java 中是不允许的，以下为错误的继承代码。

```java
class A {}
class B {}
```

```
class C extends A,B {}        // 【错误】一个子类继承了两个父类
```

以上操作称为**多重继承**，实际上以上的做法就是希望一个子类可以同时继承多个父类的功能，但在 Java 中并不支持此类语法，此时可以换种方式完成同样的操作。

范例：正确的程序

```
class A {}
class B extends A {}          // B类继承A类
class C extends B {}          // C类继承B类
```

C 实际上是属于（孙）子类，这样一来就相当于 B 类继承了 A 类的全部方法，而 C 类又继承了 A 类和 B 类的方法，这种操作称为**多层继承**。结论：**Java 中只允许多层继承，不允许多重继承**，Java 存在单继承局限。

注意：继承层次不要过多

类继承虽然可以实现代码的重用，但是如果在编写项目中类的继承结构过多，也会造成代码阅读的困难。对于大部分的程序编写，不建议继承结构超过 3 层。

限制 2： 子类继承会继承父类的所有操作（属性、方法），但需要注意的是，对于所有的非私有（no private）操作属于显式继承（可以直接利用对象操作），而所有的私有（private）操作属于隐式继承（间接完成）。

范例：不允许直接访问非私有操作

```
class Person {
    private String name;          // 姓名
    public void setName(String name) {  // 构造方法设置姓名
        this.name = name;
    }
    public String getName() {     // 获取私有属性
        return this.name;
    }
}
class Student extends Person {
    public Student(String name) {  // 子类构造
        setName(name);             // 调用父类构造，设置name属性内容
    }
    public String getInfo() {
    // 【ERROR】 "System.out.println(name) ;"，父类使用了private，无法访问
        return "姓名：" + getName();  // 间接访问
    }
}
```

```
public class JavaDemo {
    public static void main(String args[]) {
        Student stu = new Student("李双双");      // 实例化子类对象
        System.out.println(stu.getInfo());       // 调用子类方法
    }
}
```

程序执行结果：

姓名：李双双

　　本程序中 Person 父类定义的 name 属性虽然可以被子类使用，但是由于存在 private 定义，所以在子类中是无法直接进行私有属性访问的，只能通过 getter() 方法间接访问，所以该属性属于隐式继承。

8.2 覆　　写

　　在继承关系中，父类作为最基础的类存在，其定义的所有结构都是为了完成本类的需求而设计的，但是在很多时候由于某些特殊的需要，子类有可能会定义与父类名称相同的方法或属性，此类情况在面向对象设计中被称为覆写。

8.2.1　方法覆写

　　在类继承结构中，子类可以继承父类中的全部方法，当父类某些方法无法满足子类设计需求时，子类就可以针对已有的方法进行扩充。在子类中定义与父类中方法名称、返回值类型、参数类型及个数完全相同的方法，称为方法覆写。

　　范例：方法覆写的基本实现

```
class Channel {
    public void connect() {              // 父类定义方法
        System.out.println("【Channel父类】进行资源的连接。");
    }
}
class DatabaseChannel extends Channel { // 要进行数据库连接
    public void connect() {              // 【方法覆写】保留已有方法名称
        System.out.println("【DatabaseChannel子类】进行数据库资源的连接。");
    }
}
public class JavaDemo {
    public static void main(String args[]) {
        // 实例化子类对象
```

```
        DatabaseChannel channel = new DatabaseChannel() ;
        channel.connect() ;                     // 调用被覆写过的方法
    }
}
```
程序执行结果:
　　【DatabaseChannel子类】进行数据库资源的连接。

　　本程序为 Channel 类定义了一个 DatabaseChannel 子类，并且在子类中定义了与父类结构完全相同的 connect()方法，这样在利用子类实例化对象调用 connect()方法时所调用的就是被覆写过的方法。

提示：关于方法覆写的意义

　　方法覆写主要是定义子类个性化的方法体，同时为了保持父类结构的形式，才保留了父类的方法名称。例如，每个人有不同的人生成就，小人物的人生成就在于吃饱喝足，而英雄豪杰的人生成就在于开疆拓土。不管什么样的人物都有自己的追求，因此子类可以通过继承覆写的形式进行扩充，如图 8-1 所示。

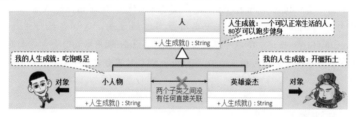

图 8-1　子类与方法覆写

　　当通过子类实例化对象调用方法时所调用的是被覆写过的方法，如果此时需要调用父类已被覆写过的方法，在子类中可以使用"super.方法()"的形式调用。

范例： 子类调用父类已被覆写过的方法

```
class Channel {
    public void connect() {                 // 父类定义方法
        System.out.println("【Channel父类】进行资源的连接。");
    }
}
class DatabaseChannel extends Channel { // 要进行数据库连接
    public void connect() {                 // 【方法覆写】保留已有方法名称
    // 子类调用父类被覆写过的方法，如果没有使用"super.方法()"的形式定义
    // 相当于"this.方法()"调用本类方法，则表示递归调用，程序会出现栈溢出错误
        super.connect();
        System.out.println("【DatabaseChannel子类】进行数据库资源的连接。");
```

```
    }
}
public class JavaDemo {
    public static void main(String args[]) {
        // 实例化子类对象
        DatabaseChannel channel = new DatabaseChannel() ;
        channel.connect() ;                    // 调用被覆写过的方法
    }
}
```

程序执行结果：

【Channel父类】进行资源的连接。

【DatabaseChannel子类】进行数据库资源的连接。

本程序子类覆写了 connect()方法，这样在子类中只能通过 super.connect()
方法调用父类中已经被覆写过的方法。

提示：关于 this 与 super 的调用范围

在本程序 DatabaseChannel.connect()方法中如果使用 this.connect()或者 connect()形
式的语句，所调用的方法就是被子类所覆写过的方法，这样在执行中就会出现
StackOverflowError 错误。所以可以得出一个结论：this 调用结构时会先从本类查找，
如果没有则去寻找父类中的相应结构，而 super 调用时不会查找子类，而是直接调用父
类结构。

8.2.2　方法覆写限制

子类利用方法覆写可以扩充父类方法的功能，但是在进行方法
覆写时有一个核心的问题：**被子类所覆写的方法不能拥有比父类更
严格的访问控制权限，目前已接触到的 3 种访问控制权限的大小关
系为 private < default（默认）< public。**

提示：关于访问控制权限

Java 中共有 4 种访问控制权限（封装性的实现主要依靠访问控制权限），对于这些
访问控制权限，读者暂时不需要有特别多的关注，只需记住已经讲解过的 3 种权限的
大小关系即可。

另外，从实际开发来讲，方法定义使用 public 访问控制权限的情况较多。

如果此时父类中的方法是 default 权限，那么子类覆写的时候只能是 default
或 public 权限；而如果父类的方法是 public 权限，那么子类中方法的访问控制
权限只能是 public 权限。

范例：观察错误的方法覆写

```
class Channel {
    public void connect() {                    // 父类定义方法
        System.out.println("【Channel父类】进行资源的连接。");
    }
}
class DatabaseChannel extends Channel { //  要进行数据库连接
    void connect() {                           // 【错误】方法覆写时权限错误
        System.out.println("【DatabaseChannel子类】进行数据库资源的连接。");
    }
}
```

本程序在 DatabaseChannel 子类中定义了 connect()方法，由于子类在进行方法覆写时缩小了父类中的访问控制权限（父类为 public，子类为 default），所以此时的方法不属于覆写，程序编译时会出现错误提示。

 注意：父类方法的权限定义为 private 时子类无法覆写此方法

按照方法覆写的限制要求，子类方法设置的权限需要大于等于父类的权限，但是如果父类中的方法使用的是 private 权限，则子类无法覆写该方法，这个时候即便子类定义的方法符合覆写要求，对于子类而言也只是定义了一个新的方法而已。

范例：观察 private 权限下的方法覆写

```
class Channel {
    private void connect() {                    // 父类定义方法
        System.out.println("【Channel父类】进行资源的连接。");
    }
    public void handle() {                      // 父类定义方法
        // 如果子类成功覆写了此方法，那么通过子类实例化对象调用时执行的一
        // 定是子类方法
        this.connect();                         // 调用connect()
    }
}
class DatabaseChannel extends Channel {         // 数据库连接
    public void connect() {                     // 未覆写父类方法
        System.out.println("【DatabaseChannel子类】进行数据库资源的连接。");
    }
}
public class JavaDemo {
    public static void main(String args[]) {
        // 实例化子类对象
```

```
        DatabaseChannel channel = new DatabaseChannel() ;
        channel.handle() ;                    // 父类提供的方法
    }
}
```

程序执行结果：
【Channel父类】进行资源的连接。

　　本程序如果从覆写的要求来讲，子类的结构是属于覆写，但是由于父类中的 connect()方法使用了 private 权限定义，所以此方法将无法进行覆写。当子类实例化对象调用 handle()方法时，发现所调用的并非是覆写过的方法（如果成功覆写，调用的一定是子类中的 connect()方法）。所以 private 权限声明的方法无法被子类所覆写。

提示：方法重载与方法覆写的区别

　　方法重载与方法覆写严格意义上来讲都属于面向对象多态性的一种形式，两者的区别如表 8-1 所示。

表 8-1　方法重载与方法覆写的区别

No.	区　　别	重　　载	覆　　写
1	英文单词	Overloading	Overriding
2	定义	方法名称相同、参数的类型及个数不同	方法名称、参数的类型及个数、返回值类型完全相同
3	权限	没有权限要求	被子类覆写的方法不能拥有比父类更严格的访问控制权限
4	范围	发生在一个类中	发生在继承关系类中

　　方法重载时可以改变返回值类型，但一般不会这样去做，即方法的返回值参数尽量统一。构造方法 Constructor 不能被继承，因此不能被覆写（Overriding），但可以被重载（Overloading）。

8.2.3　属性覆盖（非 private 权限）

　　了类除了可以对父类中的方法进行覆写外，也可以对非 private 定义的父类属性进行覆盖，此时只需定义与父类中成员属性相一致的名称即可。

范例：属性覆盖

```
class Channel {
    String info = "www.yootk.com" ;          // 非私有属性
}
class DatabaseChannel extends Channel {     // 数据库连接通道
    int info = 12 ;                          // 名称相同，类型不同
```

```
    public void fun() {
        System.out.println("【父类info成员属性】" + super.info) ;
        System.out.println("【子类info成员属性】" + this.info) ;
    }
}
public class JavaDemo {
    public static void main(String args[]) {
        DatabaseChannel channel = new DatabaseChannel() ;// 实例化子类对象
        channel.fun();                                    // 子类扩充方法
    }
}
```

程序执行结果：
【父类info成员属性】www.yootk.com
【子类info成员属性】12

本程序在子类中定义了一个与父类名称相同，但是类型不同的成员属性 info，所以此时就发生了属性覆盖，在子类中如果要调用父类的成员属性就必须通过 super.info 执行。

 提示：this 与 super 的区别

在程序编写之中，this 和 super 有着相似的用法，但是其区别如表 8-2 所示。

表 8-2　this 与 super 的区别

No.	区　别	this	super
1	定义	表示本类对象	表示父类对象
2	使用	本类操作：this.属性、this.方法()、this()	父类操作：super.属性、super.方法()、super()
3	调用构造	调用本类构造方法，要放在首行	子类调用父类构造方法，要放在首行
4	查找范围	先从本类查找，找不到查找父类	直接由子类查找父类
5	特殊	表示当前对象	—

this 与 super 调用构造方法时必须都放在构造方法的首行，但是不管如何调用，子类一定会有一个构造方法调用父类构造方法。

8.3　final 关键字

final 在程序中描述为终接器，Java 中使用 final 关键字可以实现以下功能：定义不能够被继承的类，定义不能够被覆写的方法，定义常量（全局常量）。

范例：使用 final 关键字定义的类不能有子类

```
final class Channel {}                    // 这个类不能有子类
```

Channel 类由于使用了 final 关键字，所以不允许有子类，实际上 String 类也使用了 final 关键字定义，所以 String 类也无法定义子类。

当子类继承了父类之后实际上是可以覆写父类中的方法的，但如果不希望某一个方法被子类覆写，就可以使用 final 关键字来定义。

范例：使用 final 关键字定义的方法不能被子类覆写

```
class Channel {
    public final void connect() {}        // 方法不允许被子类覆写
}
class DatabaseChannel extends Channel {
    public void connect() {}              // 【错误】该方法无法被覆写
}
```

Channel 类中的 connect()方法使用了 final 关键字定义，这样该方法无法在子类中被覆写。

在有的系统设计中，可能会使用 1 表示开关打开的状态，使用 0 表示开关关闭的状态。如果直接对数字 0 或 1 进行操作，则有可能造成状态的混乱，在这样的情况下就可以通过一些名称来表示 0 或者是 1。在 final 关键字里有一个重要的应用技术：可以利用其定义常量，常量的内容一旦定义则不可修改。

范例：使用 final 关键字定义常量

```
class Channel {
    private final int ON = 1 ;            // 常量ON表示数字1，状态为打开
    private final int OFF = 0 ;           // 常量OFF表示数字0，状态为关闭
}
```

常量在定义时就需要设置对应的内容，并且其内容一旦被定义将不可更改，在 Java 程序中为了将常量与普通成员属性进行区分，要求常量名称的字母全部大写。

大部分的系统设计中，常量往往会作为一些全局的标记使用，所以在进行常量定义时，往往会利用 public static final 的组合来定义全局常量。

范例：定义全局常量

```
class Channel {
    public static final int ON = 1 ;   // 全局常量ON表示数字1，状态为打开
    public static final int OFF = 0 ;  // 全局常量OFF表示数字0，状态为关闭
}
```

static 关键字的主要功能是进行公共数据的定义，同时使用 final 关键字后

表示定义的常量为公共常量，在实际项目开发中会利用此结构定义相关状态码。

 提示：关于常量与字符串连接问题

在第 7 章讲解 String 类时曾经强调过静态常量池的概念，在进行字符串连接时，会在编译时进行常量的定义，其中的常量也可以通过全局常量来表示。

范例：全局常量与字符串连接

```java
public class JavaDemo {
    public static final String INFO = "yootk" ;
    public static void main(String args[]) {
        String strA = "www.yootk.com" ;
        String strB = "www." + INFO + ".cn" ;     // 常量连接
        System.out.println(strA == strB);
    }
}
```

程序执行结果：
```
true
```

本程序通过 INFO 常量实现了字符串连接操作，最终的结果就是两个 String 类都指向同一块堆内存。

8.4　Annotation 注解

Annotation 注解是指通过配置注解简化程序配置代码的一种技术手段，这是从 JDK 1.5 之后兴起的一种新的开发形式，并且在许多的开发框架中都会使用到。

 提示：从 Annotation 注解看开发结构的发展

要想明白 Annotation 注解的产生意义，就必须了解程序开发结构的历史。程序的开发共分为 3 个阶段（以程序开发所需要的服务器信息为例）。

阶段 1： 在程序定义的时候将所有可能使用到的资源全部定义在程序代码中。

如果此时服务器的相关地址发生了改变，那么对于程序而言就需要修改源代码，维护需要由开发人员来完成，显然这样的做法非常不方便。

阶段 2： 引入配置文件，在配置文件中定义全部要使用的服务器资源。

➥　在配置项不多的情况下，配置文件非常好用，而且简单，但是如果这个时候所有的项目都是采用这种结构开发，那么就可能出现一种可怕的场景：配置文件过多，维护困难。

➥　所有的操作都需要通过配置文件完成，开发的难度明显提升。

阶段 3： 将配置信息重新写回到程序里面，利用一些特殊的标记将配置信息与程序代码进行分离，这就是注解的作用，这也是 Annotation 注解提出的基本依据。

但如果全部都采用注解，开发难度太高了，而配置文件虽然有缺点，但也有其优势之处，因而现在的开发基本上采用"配置文件 + 注解"的形式完成。

　　为方便读者理解 Annotation 注解的作用，接下来先讲解 3 个基础 Annotation 注解：@Override、@Deprecated 和@SuppressWarnings。

8.4.1　准确覆写

　　当子类继承某一个父类之后，如果发现父类中某些方法的功能不足，往往会采用覆写的形式对方法进行扩充，此时为了在子类中明确地描述哪些方法是覆写而来的，可以利用@Override 注解标注。

范例： 准确覆写的实现

```
class Channel {
    public void connect() {
        System.out.println("【父类Channel】建立连接通道...");
    }
}
class DatabaseChannel extends Channel {      // 定义子类
    @Override                                // 此方法为覆写
    public void connect() {
        System.out.println("【子类DatabaseChannel】建立数据库连接通道...");
    }
}
public class JavaDemo {
    public static void main(String args[]) {
        new DatabaseChannel().connect();      // 实例化子类对象并调用方法
    }
}
```
程序执行结果：
【子类DatabaseChannel】建立数据库连接通道...

　　本程序在子类覆写父类 connect()方法时使用了@Override 注解，这样就可以在不清楚父类结构的情况下立刻分辨出哪些是覆写方法，哪些是子类扩允方法。同时利用@Override 注解也可以在编译时检测出由于子类拼写问题所造成的方法覆写的错误。

8.4.2　过期声明

　　现代的软件项目开发已经不再是一次编写的过程了，几乎所有的项目都会出现迭代更新的过程。每一次更新都会涉及代码结构、性能与稳定性的提升，所以经常会出现某些程序结构不再适合新版本的情况。在这样的背景下，如果在新版本中直接取消某些类或某些方法也有可能造成部分稳定程序的出错。为了解决此类问题，可以在版本更新时对那些不再推荐使用的操作使用@Deprecated 注解声明，这样在程序编译时会对使用了此类结构的代码提出警告信息。

范例：过期声明的实现

```
class Channel {
    /**
     * 进行通道的连接操作，此操作在新项目中不建议使用，建议使用connection()
方法
     */
    @Deprecated                        // 【过期操作】不建议使用
    // 该操作在其他子系统中可能继续使用，所以不能删除
    public void connect() {
        System.out.println("进行传输通道的连接 ...") ;
    }
    public String connection() {         // 创建了一个新的连接方法
        return "获取了"www.yootk.com"通道连接信息。" ;
    }
}
public class JavaDemo {
    public static void main(String args[]) {
        new Channel().connect();          // 编译时出现警告信息
    }
}
```

编译提示：
注: JavaDemo.java 使用或覆盖了已过时的 API。
注: 有关详细信息，请使用 **-Xlint:deprecation** 重新编译。

本程序在 Channel.connect()方法上使用了@Deprecated 注解，项目开发者在编写新版本程序代码时就可以清楚地知道此为过期操作，并且可以根据注解的描述更换使用的方法。

注意：不要使用@Deprecated 注解定义的结构

在项目开发中，为了保证项目长期的可维护性，不要去使用存在有@Deprecated 注解的类或者方法，这是项目开发中的一项重要标准。

另外，需要提醒读者的是，当某些类或方法上出现了@Deprecated 注解时一定会有相应的提示文字告诉开发者替代类是哪一个，这些信息可以通过相关的 Doc 文档获取。

8.4.3　压制警告

为了代码的严格性，在编译时往往会给出一些错误的提示信息（非致命性错误），但是有些提示信息并不是必要的。为了防止这些提示信息的

出现，Java 提供@SuppressWarnings 注解来进行警告信息的压制，在此注解中可以通过 value 属性设置要压制的警告类型。@SuppressWarnings 注解中 value 可设置的警告信息如表 8-3 所示。

表 8-3　@SuppressWarnings 注解中 value 可设置的警告信息

No.	关　键　字	描　　述
1	deprecation	使用了不赞成使用的类或方法时的警告
2	unchecked	执行了未检查的转换时警告。例如，泛型操作中没有指定泛型类型
3	fallthrough	当 switch 程序块直接执行下一种情况而没有 break 语句时的警告
4	path	在类路径、源文件路径等有不存在的路径时警告
5	serial	当在可序列化的类上缺少 serialVersionUID 定义时的警告
6	finally	任何 finally 子句不能正常完成时的警告
7	all	关于以上所有情况的警告

范例：压制警告信息

```
class Channel {
    @Deprecated                    // 【过期操作】不建议使用
    /**
     * 进行通道的连接操作，此操作在新项目中不建议使用，建议使用connection()方法
     */
    // 该操作在其他子系统中可能继续使用，所以不能删除
    public void connect() {
        System.out.println("进行传输通道的连接 ...") ;
    }
    public String connection() { // 创建了一个新的连接方法
        return "获取了"www.yootk.com"通道连接信息。" ;
    }
}
public class JavaDemo {
    @SuppressWarnings(value = { "deprecation" })
    public static void main(String args[]) {
        new Channel().connect();    // 警告信息将被压制
    }
}
```

由于程序使用了过期操作，这样在程序编译时一定会出现警告信息，此时就可以利用@SuppressWarnings 注解阻止在编译时提示警告信息。

提示：不需要去记住可以压制的警告信息

表 8-3 所示的警告信息类型不需要去强行记忆，从实际开发来讲，往往都利用 IDE（Integrated Development Environment，集成开发环境，如 Eclipse、IDEA 都是著名的 IDE 工具）开发项目，而在这些 IDE 工具中都会有自动提示机制，所以对于这些警告

类型了解即可。

8.5 面向对象的多态性

在面向对象设计中多态性描述的是同一结构在执行时会根据不同的形式展现出不同的效果，在 Java 中多态性可以分为两种不同的展现形式。

展现形式 1：方法的多态性（同样的方法有不同的实现）。

- **方法的重载**：同一个方法可以根据传入参数的类型或个数的不同实现不同功能。
- **方法的覆写**：同一个方法可能根据实现子类的不同有不同的实现。

方法重载（Overloading）	方法覆写（Overriding）

```class Message {```
  ```public void print() { // 方法重载```
 	
  ```System.out.println("www.yootk.com");```
  ```}```
  ```// 方法重载```
  ```public void print(String str) {```
    ```System.out.println(str);```
  ```}```
```}```
	```class Message {```
	  ```public void print() {```
	
	    ```System.out.println("www.yootk.com");```
	  ```}```
	```}```
	```class DatabaseMessage extends Message {```
	  ```public void print() { // 方法覆写```
	    ```System.out.println("YOOTK数据库消息");```
	  ```}```
	```}```
	```class NetworkMessage extends Message {```
	  ```// 方法覆写```
	  ```public void print() {```
	    ```System.out.println("YOOTK网络消息");```
	  ```}```
	```}```

方法重载的多态性体现在一个方法名称有不同的实现；方法覆写的多态性的实现在于，父类的一个方法，不同的子类可以有不同的实现。

展现形式 2：对象的多态性（父类与子类实例之间的转换处理）。

- **对象向上转型**：父类 父类实例 = 子类实例，自动完成转换。
- **对象向下转型**：子类 子类实例 =(子类) 父类实例，强制完成转换。

方法的多态性在之前已经有了详细的阐述，所以本节重点讲述对象的多态性，但是一定要记住一点，对象的多态性和方法覆写是紧密联系在一起的。

8

> **提示：关于对象多态性的转换说明**
>
> 在面向对象程序设计中最难理解的部分就在于对象多态性上，在具体讲解其实现之前，笔者针对对象的向上与向下转型提出一个参考意见：从实际的转型处理来讲，大部分情况下一定是对象的向上转型（使用占比：90%）；而对象的向下转型往往在使用子类特殊功能（子类可以对父类进行功能扩充）的时候采用（使用占比：3%）；还有不考虑转型的部分情况（使用占比：7%），如 String 类就是直接使用的。

8.5.1　对象的向上转型的实现

在子类对象实例化之前一定会自动实例化父类对象，所以此时将子类对象的实例通过父类进行接收即可实现对象的自动向上转型。而此时的本质还是子类实例，一旦子类中覆写了父类方法，并且调用该方法时，所调用的一定是被子类覆写过的方法。

范例：对象向上转型

```java
class Message {
    public void print() {              // 父类定义的print()方法
        System.out.println("www.yootk.com");
    }
}
class DatabaseMessage extends Message {
    public void print() {              // 【方法覆写】子类有不同的方法体
        System.out.println("YOOTK数据库连接信息...");
    }
}
class NetMessage extends Message {
    public void print() {              // 【方法覆写】子类有不同的方法体
        System.out.println("YOOTK网络信息...");
    }
}
public class JavaDemo {
    public static void main(String args[]) {
        Message msgA = new DatabaseMessage();   // 向上转型
        msgA.print();                           // 调用被覆写过的方法
        Message msgB = new NetMessage();        // 向上转型
        msgB.print();                           // 调用被覆写过的方法
    }
}
```

程序执行结果：

YOOTK数据库连接信息...（DatabaseMessage子类覆写print()方法得到的输出）

YOOTK网络信息...（NetMessage子类覆写print()方法得到的输出）

本程序在 Message 类的两个子类中分别覆写了 print()方法（不同的子类对同一方法有不同的实现），随后用对象自动向上转型的原则通过子类为 Message 父类对象实例化，由于 print()方法已经被子类所覆写，所以最终所调用的方法就是被实例化子类所覆写过的方法。

提示：不要看类名称，而是要看实例化对象的类

实际上通过本程序读者已经发现了对象向上转型的特点，整个操作中根本就不需要关心对象的声明类型，关键要清楚实例化新对象时所调用的是哪个子类的构造方法。如果方法被子类所覆写，调用的就是被覆写过的方法，否则就调用父类中定义的方法。这一点与方法覆写的执行原则是完全一样的。

对象向上转型的最大特点在于其可以通过父类对象自动接收子类实例，而在实际的项目开发中，就可以利用这一原则实现方法的接收或参数返回类型的统一。

范例：统一方法参数

```java
class Message {
    public void print() {              // 父类定义的print()方法
        System.out.println("www.yootk.com");
    }
}
class DatabaseMessage extends Message {
    public void print() {              // 【方法覆写】子类有不同的方法体
        System.out.println("YOOTK数据库连接信息...");
    }
}
class NetMessage extends Message {
    public void print() {              // 【方法覆写】子类有不同的方法体
        System.out.println("YOOTK网络信息...");
    }
}
class Channel {
    /**
     * 接收Message类对象，由于存在对象自动向上转型的机制，所以可以接收所有子类
实例
     */
    public static void send(Message msg) {
        msg.print();                           // 消息处理
    }
}
public class JavaDemo {
    public static void main(String args[]) {
```

```
        Channel.send(new DatabaseMessage());   // 【子类实例】发送消息
        Channel.send(new NetMessage());        // 【子类实例】发送消息
    }
}
```

程序执行结果：

YOOTK数据库连接信息...（Channel.send(new DatabaseMessage())代码执行结果）
YOOTK网络信息... （Channel.send(new NetMessage())代码执行结果）

　　本程序定义的 Channel.send()方法，接收的参数类型为 Message，这样就意味着所有的 Message 类及其子类对象都可以接收，相当于统一了方法的参数类型。

 提问：可以使用重载解决问题吗？

　　对于以上范例给出的 Channel.send()方法，如果采用以下重载的形式：

```
class Channel {
    public static void send(DatabaseMessage msg) {
        msg.print();              // 调用方法相同
    }
    public static void send(NetMessage msg) {
        msg.print();              // 调用方法相同
    }
}
```

　　此时的 send()方法也可以接收 Message 子类对象，这样的做法可以吗？

 回答：需要考虑到子类扩充

　　如果现在 Message 类只有两个子类，那么以上的做法是完全可以的。但如果此时 Message 类有 30 万个子类，并且还有可能随时增加，难道要将 send()方法重载 30 万次，并且每增加一个子类都要进行修改 Channel 类源代码的操作吗？显然此方案不可行的。

　　另外，需要提醒读者的是，一旦发生了对象的向上转型，那么父类对象可以使用的方法只能是本类或其父类定义的方法，是无法直接调用子类扩充方法的。所以在项目设计中，父类的功能设计最为重要。

8.5.2　对象向下转型

　　子类继承父类后可以对已有的父类功能进行扩充，除了采用方法覆写这一机制外，子类也可以定义属于自己的新方法。而对于子类扩充的方法只有具体的子类实例才可以调用。在这样的情况下，如果子类已经发生了向上转型后就需要通过强制性向下转型来实现子类扩充方法调用。

范例：子类对象向下转型

```java
class Person {
    public void run() {
        System.out.println("用力奔跑 ……");
    }
}
// 超人（superman）继承自人（person）的功能
class Superman extends Person {
    public void fly() {                    // 子类扩充方法
        System.out.println("超音速飞行 ……");
    }
    public void fire() {                   // 子类扩充方法
        System.out.println("喷出三昧真火 ……");
    }
}
public class JavaDemo {
    public static void main(String args[]) {
        System.out.println("---------- 正常状态下的超人应该是普通人的状
                           态 --------------") ;
        Person per = new Superman() ;   // 超人是一个人，向上转型
        per.run();                       // 调用人的跑步功能
        System.out.println("---------- 外星人骚扰地球，准备消灭人类
                           --------------") ;
        // Person是父类只拥有父类的方法，如果要想调用子类的特殊方法，则必
        // 须强制转换为子类实例
        Superman spm = (Superman) per;  // 强制转为子类实例
        spm.fly();                       // 子类扩充方法
        spm.fire();                      // 子类扩充方法
    }
}
```

程序执行结果：
```
---------- 正常状态下的超人应该是普通人的状态 --------------
【父类方法】用力奔跑 ……
---------- 外星人骚扰地球，准备消灭人类 --------------
【子类扩充方法】超音速飞行 ……
【子类扩充方法】喷出三昧真火 ……
```

  本程序中 Superman 子类利用对象向上转型实例化了 Person 类对象，此时 Person 类只能够调用本类或其父类定义的方法，如果此时需要调用子类中扩充的方法时，就必须强制性地将其转换为指定的子类类型。

注意：必须先发生向上转型，之后才可以进行向下转型

在对象向下转型中，父类实例是不可能强制转换为任意子类实例的，必须先通过子类实例化，利用向上转型让父类对象与具体子类实例之间发生联系后才可以向下转型，否则将出现 ClassCastException 异常。

范例：错误的向下转型

```java
public class JavaDemo {
    public static void main(String args[]) {
        Person per = new Person() ;        // 父类对象实例化
        Superman spm = (Superman) per;     // 强制转为子类实例
    }
}
```

程序执行结果：

```
Exception in thread "main" java.lang.ClassCastException: Person cannot
be cast to Superman
```

本程序实例化 Person 类对象时并没有与 Superman 子类产生联系，所以无法进行强制转换，即向下转换永远都会存在 ClassCastException 异常。

8.5.3　instanceof 关键字

 对象的向下转型存在安全隐患，为了保证转换的安全性，可以在转换前通过 instanceof 关键字进行对象所属类型的判断，该关键字的使用语法如下。

```
对象 instanceof 类
```

该判断将返回一个 boolean 类型数据，如果是 true 则表示实例是指定类对象。

范例：观察 instanceof 关键字的使用

```java
public class JavaDemo {
    public static void main(String args[]) {
        System.out.println("--------------- 不转型时的instanceof判断
                           ---------------");
        Person perA = new Person() ;           // 父类对象实例化
        System.out.println(perA instanceof Person);// 实例类型判断：true
        System.out.println(perA instanceof Superman);// 实例类型判断：false
        System.out.println("--------------- 向上转型时的instanceof判
                           断 ---------------");
        Person perB = new Superman() ;         // 对象向上转型
        System.out.println(perB instanceof Person); // 实例类型判断：true
        System.out.println(perB instanceof Superman);// 实例类型判断：true
```

```
        }
}
```
程序执行结果：
--------------- 不转型时的instanceof判断 ----------------
true（perA **instanceof** Person代码执行结果）
false（perA **instanceof** Superman代码执行结果）
--------------- 向上转型时的instanceof判断 ----------------
true（perB **instanceof** Person代码执行结果）
true（perB **instanceof** Superman代码执行结果）

通过本程序的执行结果可以发现，如果一个父类对象没有通过子类实例化，则使用 instanceof 关键字的判断结果就是 false，所以在实际开发中，就可以采用先判断后转型的方式来回避 ClassCastException 异常。

范例：安全的转型操作

```
public class JavaDemo {
    public static void main(String args[]) {
        System.out.println("---------- 正常状态下的超人应该是普通人的状
                            态 -------------") ;
        Person per = new Superman() ;        // 超人是一个人，向上转型
        per.run();                           // 调用人的跑步功能
        System.out.println("---------- 外星人骚扰地球，准备消灭人类
                            -------------") ;
        if (per instanceof Superman) {       // 判断实例类型
            Superman spm = (Superman) per;   // 强制转换为子类实例
            spm.fly();                       // 子类扩充方法
            spm.fire();                      // 子类扩充方法
        } else {                             // 不是超人
            System.out.println("继续在人间行走 OR 天堂再见");
        }
    }
}
```
程序执行结果：
---------- 正常状态下的超人应该是普通人的状态 --------------
用力奔跑 ……
---------- 外星人骚扰地球，准备消灭人类 --------------
超音速飞行 ……
喷出三昧真火 ……

本程序在进行对象向下转型前，为了防止可能出现的 ClassCastException 异常，使用了 instanceof 关键字进行判断，如果确定为 Superman 子类实例，则进行向下转型后调用子类扩充方法。

提示：null 的实例判断会返回 false

在使用 instanceof 关键字进行实例判断时，如果判断的对象内容为 null，则返回的内容为 false。

范例：null 判断

```java
public class JavaDemo {
    public static void main(String args[]) {
        Person per = null ;
        Superman man = null ;
        System.out.println(per instanceof Person);
        System.out.println(man instanceof Superman);
    }
}
```

程序执行结果：
false（per **instanceof** Person代码执行结果）
false（man **instanceof** Superman 代码执行结果）

由于 null 没有对应的堆内存空间，所以无法确定出具体类型，这样 instanceof 关键字的判断结果就是 false。

8.6　Object 类

在 Java 语言程序设计中，为了方便操作类型的统一，也为了方便为每一个类定义一些公共操作，专门设计了一个公共的 Object 父类（此类是唯一一个没有父类的类，却是所有类的父类），所有利用 class 关键字定义的类都默认继承自 Object 类，即以下两种类的定义效果是相同的。

class Person {}	**class** Person **extends** Object {}

既然所有类都是 Object 类的子类，也就意味着所有类的对象都可以利用向上转型的特点实例化 Object 类对象。

范例：对象向上转型为 Object 类型

```java
class Person {...}                              // 默认为Object的子类
public class JavaDemo {
    public static void main(String args[]) {
        Object obj = new Person() ;             // 向上转型
        if (obj instanceof Person) {            // 实例判断
            Person per = (Person) obj;          // 向下转型
            // 调用Person子类扩充的方法
        }
    }
}
```

本程序给出了 Object 类接收子类实例化对象的操作形式，所有的对象都可以通过 Object 类接收，这样设计的优势在于：当某些操作方法需要接收任意类型时，最合适的参数类型就是 Object 类。

 提示：Object 类可以接收所有的引用数据类型

Object 类除了可以接收类的实例之外，也可以进行数组类型的接收。

范例：利用 Object 类接收数组

```java
public class JavaDemo {
    public static void main(String args[]) {
        Object obj = new int[] { 1, 2, 3 };        // 向上转型
        if (obj instanceof int[]) {                // 是否为整型数组
            int data[] = (int[]) obj;              // 向下转型
            for (int temp : data) {                // for循环输出
                System.out.print(temp + "、");
            }
        }
    }
}
```
程序执行结果：
1、2、3、

本程序利用 Object 类实现了整型数组的接收，随后在向下转型时首先进行类型的判断，如果目标类型是整型数组则进行向下转型，然后用 for 循环输出。

除了类和数组之外，Object 类还可以接收接口实例，关于这一点将在第 9 章为读者讲解。

8.6.1 获取对象信息的实现

在 Object 类中提供有一个 toString()方法，利用此方法可以实现对象信息的获取，而该方法是在直接进行对象输出时默认被调用的。

范例：获取对象信息

```java
class Person {
    private String name;                   // 【成员属性】姓名
    private int age;                       // 【成员属性】年龄
    public Person(String name, int age) { // 【构造方法】初始化成员属性
        this.name = name;
        this.age = age;
    }
    @Override
```

```java
    public String toString() {            // 【方法覆写】获取对象信息
        return "姓名：" + this.name + "、年龄：" + this.age;
    }
    // setter、getter略
}
public class JavaDemo {
    public static void main(String args[]) {
        Person per = new Person("李双双", 20);
        System.out.println(per);    // 直接输出对象调用toString()方法
    }
}
```

程序执行结果：

姓名：李双双、年龄：20

本程序在 Person 类中根据自己的实际需求覆写了 toString()方法，这样当程序进行打印时，就可以直接调用 Person 类覆写过的 toString()方法获取相关对象信息。

> **提示：Object.toString()方法的默认实现**
>
> 实际上之前笔者曾经讲解过，当一个对象被直接输出时，默认输出的是对象编码（或者理解为内存地址数值），这是因为 Object 类是所有类的父类，但是不同的子类可能有不同样式的对象信息获取方法，为此 Object 类使用一个对象编码的形式展示，可以观察 toString()方法的源代码。

```java
    public String toString() {
        return getClass().getName() + "@" + Integer.toHexString(hashCode());
    }
```

此时的 toString()方法利用相应的反射机制和对象编码获取了一个对象信息，所以当子类不覆写 toString()方法时 toString()方法会返回类似"类名称@7b1d7fff"的信息。

8.6.2　对象比较

Object 类中另外一个比较重要的特点就在于对象比较的处理上，对象比较的主要目的是比较两个对象的内容是否完全相同。假设有两个 Person 对象，这两个对象由于分别使用了关键字 new 开辟堆内存空间，所以要想确认这两个对象是否一致，就需要将每一个成员属性依次进行比较。对于这样的比较，Object 类提供了一个标准的方法。

对象比较标准方法：**public boolean** equals(Object obj)。

考虑到设计的公共性，Object 类的 equals()方法中两个对象的比较是基于地址数值判断（"对象 == 对象"地址数值判断）实现的，如果子类有对象比较的需求，那么只需覆写此方法即可。

提示：String 类中的 equals()方法也是覆写自 Object 类中的 equals()方法

String 类是 Object 的子类，所以 String 类中的 equals()方法（方法定义：public boolean equals(Object obj)）实际上就是覆写了 Object 类中的 equals()方法。

范例：覆写 equals()方法

```java
class Person extends Object {
    private String name;                    // 【成员属性】姓名
    private int age;                        // 【成员属性】年龄
    public Person(String name, int age) {   // 【构造方法】初始化成员属性
        this.name = name;
        this.age = age;
    }
    // 这个时候equals()方法会有两个对象：当前对象this、传入的Object对象
    public boolean equals(Object obj) {
        if (!(obj instanceof Person)) {     // 实例类型判断
            return false;
        }
        if (obj == null) {                  // null判断
            return false;
        }
        if (this == obj) {                  // 地址相同，则认为是同一个对象
            return true;
        }
        Person per = (Person) obj;          // 获取子类中的属性
        return this.name.equals(per.name) && this.age == per.age;
    }
    // setter、getter、toString略
}
public class JavaDemo {
    public static void main(String args[]) {
        Person perA = new Person("李双双", 20);
        Person perB = new Person("李双双", 20);
        System.out.println(perA.equals(perB));  // 对象比较
    }
}
```

程序执行结果：

```
true
```

本程序使用正规的 equals()方法完成了对象比较的操作，在进行代码开发的过程中，读者只需按照 Object 类的要求覆写 equals()方法即可实现对象比较。

8.7 本 章 概 要

1．继承可以扩充已有类的功能，通过 extends 关键字实现。可将父类的成员（包含数据成员与方法）继承到子类。

2．Java 在执行子类的构造方法之前，会先调用父类中的无参构造方法，其目的是为了对继承自父类的成员进行初始化，当父类实例构造完毕后再调用子类构造方法。

3．当父类有多个构造方法时，如果要调用特定的构造方法，则可在子类的构造方法中，通过 super 这个关键字来完成。

4．this()是在同一类内调用其他的构造方法，而 super()则是在子类的构造方法中调用其父类的构造方法。

5．调用属性或方法的时候，使用 this()会先从当前类中查找，如果当前类中没有查找到，则再从父类中查找；而使用 super()的话会直接从父类中查找。

6．this()与 super()的相似之处：①当构造方法有重载时，两者均会根据参数的类型与个数，正确执行相对应的构造方法；②两者均必须编写在构造方法内的第一行，也正是这个原因，this()与 super()无法同时在同一个构造方法内存在。

7．重载（Overloading）是指在同一类中定义名称相同、但参数的个数或类型不同的方法。Java 可依据参数的个数或类型调用相应的方法。

8．覆写（Overriding）是指在子类中定义名称、参数个数、类型均与父类相同的方法，用来覆写父类里的方法。

9．如果父类的方法不希望被子类覆写，可在父类的方法之前加上 final 关键字，如此该方法便不会被覆写。

10．final 关键字的另一个功能是把它加在数据成员变量前面，该变量就变成了一个常量，便无法在程序代码中对其再做修改。使用 public static final 可以声明一个全局常量。

11．对象多态性主要分为对象的自动向上转型与强制向下转型，为了防止向下转型时出现 ClassCastException 异常，可以在转型前利用 instanceof 关键字进行实例类型判断。

12．所有的类继承自 Object 类，所有的引用数据类型都可以向 Object 类进行向上转型，利用 Object 类可以实现方法接收参数或返回值类型的统一。

8.8 自 我 检 测

1. 建立一个人类（Person）和学生类（Student），功能要求如下。

（1）Person 中包含 4 个私有型的数据成员 name、addr、sex、age，分别为字符串型、字符串型、字符型及整型，表示姓名、地址、性别和年龄。一个 4 参构造方法、一个双参构造方法、一个无参构造方法、一个输出方法（显示 4 种属性）。

（2）Student 类继承 Person 类，并增加成员 math、english 存放数学和英语成绩。一个 6 参构造方法、一个双参构造方法、一个无参构造方法和输出方法（显示 6 种属性）。

2. 定义员工类，具有姓名、年龄、性别属性，并具有构造方法和显示数据的方法。定义管理层类，继承员工类，并有职务和年薪属性。定义职员类，继承员工类，并有所属部门和月薪属性。

3. 编写程序，统计出字符串 want you to know one thing 中字母 n 和字母 o 的出现次数。

4. 建立一个可以实现整型数组的操作类（Array），类中允许操作的数组大小由外部动态指定，同时在 Array 类中需要提供数组的以下处理方法：进行数据的增加（如果数据满了则无法增加），实现数组的容量扩充，取得数组全部内容。之后在此基础上派生出两个子类。

➥ 数组排序类：返回的数据必须是排序后的结果。

➥ 数组反转类：可以实现内容的首尾交换。

第 9 章 抽象类与接口

通过本章的学习可以达到以下目标

- 掌握抽象类的定义与使用，并认真理解抽象类的组成特点。
- 掌握包装类的特点，并且可以利用包装类实现字符串与基本数据类型间的转换处理。
- 掌握接口的定义与使用，理解接口设计的目的。
- 理解泛型的作用及相关定义的语法。

抽象类与接口是面向对象设计中最为重要的一个中间环节，利用抽象类与接口可以有效地拆分大型系统，避免产生耦合问题。本章将针对抽象类与接口的概念进行阐述。

9.1 抽 象 类

面向对象程序设计中类继承的主要作用是扩充已有类的功能。子类可以根据自己的需要选择是否覆写父类中的方法，所以一个设计完善的父类是无法对子类做出任何强制性的覆写约定。抽象类就是为了解决这样的设计问题而提出的，抽象类与普通类相比唯一增加的就是抽象方法的定义，其使用时要求必须被子类所继承，并且子类必须覆写全部抽象方法。

提示：关于类继承的使用

普通类是指一个设计完善的类，这个类可以直接产生实例化对象并且调用类中的属性或方法；而抽象类最大的特点是必须有子类，并且无法直接进行对象实例化操作。在实际项目的开发中，很少会去继承设计完善的类，大多都会考虑继承抽象类。

9.1.1 抽象类的基本定义

抽象类用 abstract class 进行定义，在一个抽象类中可以利用 abstract 关键字定义若干个抽象方法，这样抽象类的子类就必须在继承抽象类时强制覆写全部抽象方法。

范例：定义抽象类

```
abstract class Message {            // 定义抽象类
    private String type;            // 消息类型
```

```
        public abstract String getConnectInfo(); // 抽象方法
        public void setType(String type) {        // 普通方法
            this.type = type;
        }
        public String getType() {                 // 普通方法
            return this.type;
        }
    }
```

本程序使用 abstract 关键字分别定义了抽象方法与抽象类,在定义抽象方法的时候只需定义方法名称而不需要定义方法体("{}"内的代码为方法体),可以发现,抽象类的定义就是在普通类的基础上追加了抽象方法的结构。

抽象类并不是一个完整的类,对于抽象类的使用需要按照以下原则进行。

- 抽象类必须提供子类,子类使用 extends 继承一个抽象类。
- 抽象类的子类(不是抽象类)一定要覆写抽象类中的全部抽象方法。
- 抽象类的对象实例化可以利用对象的多态性通过子类向上转型的方式完成。

范例:使用抽象类

```java
abstract class Message {                          // 定义抽象类
    private String type;                          // 消息类型
    public abstract String getConnectInfo();      // 抽象方法
    public void setType(String type) {            // 普通方法
        this.type = type;
    }
    public String getType() {                     // 普通方法
        return this.type;
    }
}
class DatabaseMessage extends Message {           // 类的继承关系
    @Override
    public String getConnectInfo() {              // 方法覆写,定义方法体
        return "【" + super.getType() + "】数据库连接信息。";
    }
}
public class JavaDemo {
    public static void main(String args[]) {
        Message msg = new DatabaseMessage() ;     // 子类为父类实例化
        msg.setType("YOOTK") ;                    // 调用父类继承方法
        System.out.println(msg.getConnectInfo()) ; // 调用被覆写的方法
    }
}
```

程序执行结果：
【YOOTK】数据库连接信息。

本程序利用 extends 关键字定义了 Message 抽象类的子类 DatabaseMessage，并且在 DatabaseMessage 子类中按照要求覆写了 getConnectInfo()抽象方法，在主类中利用对象的向上转型原则，通过子类实例化了 Message 类对象，这样当调用 getConnectInfo()方法时执行的就是子类所覆写的方法体。

提示：抽象类的实际使用

抽象类最大的特点就是无法直接进行对象实例化操作，所以在实际项目开发中，抽象类主要是起过渡作用。当使用抽象类进行开发的时候，往往是解决在设计中类继承时带来的代码重复的问题。

9.1.2 抽象类的相关说明

在面向对象设计中，抽象类是一个重要的组成结构，除了其基本的使用形式之外，还有以下的几点注意事项。

（1）抽象类必须由子类继承，所以在定义时不允许使用 final 关键字定义抽象类或抽象方法。

范例：抽象类的错误定义

```
abstract final class Message {              // 【错误】抽象类必须被子类继承
    // 【错误】抽象方法必须被子类覆写
    public final abstract String getConnectInfo();
}
```

（2）抽象类中可以定义成员属性与普通方法，为了对抽象类中的成员属性初始化，可以在抽象类中提供构造方法。子类在继承抽象类时会默认调用父类的无参构造，如果抽象类没有提供无参构造方法，则子类必须通过 super()的形式调用相应参数的构造方法。

范例：在抽象类中定义构造方法

```
abstract class Message {                         // 定义抽象类
    private String type;                         // 消息类型
    // 此时抽象类中没有提供无参构造方法，所以子类中必须明确调用单参构造方法
    public Message(String type) {
        this.type = type ;
    }
    public abstract String getConnectInfo();     // 抽象方法
    // setter、getter略 ...
}
```

```
class DatabaseMessage extends Message {          // 类的继承关系
    public DatabaseMessage(String type) {        // 子类构造
        super(type);                             // 调用单参构造
    }
    @Override
    public String getConnectInfo() {             // 方法覆写，定义方法体
        return "【" + super.getType() + "】数据库连接信息。";
    }
}
public class JavaDemo {
    public static void main(String args[]) {
        Message msg = new DatabaseMessage("YOOTK") ;// 子类为父类实例化
        System.out.println(msg.getConnectInfo()) ; // 调用被覆写的方法
    }
}
```

程序执行结果：

【YOOTK】数据库连接信息。

本程序在 Message 抽象类中定义了一个单参构造方法，由于父类没有提供无参构造方法，所以 DatabaseMessage 子类的构造方法中就必须通过调用 super(type)语句的形式明确调用父类构造。

（3）抽象类中允许没有抽象方法，即便没有抽象方法，也无法直接使用关键字 new 直接实例化抽象类对象。

范例： 定义没有抽象方法的抽象类

```
abstract class Message {           // 定义抽象类
    // 该抽象类中没有定义任何的抽象方法
}
public class JavaDemo {
    public static void main(String args[]) {
        Message msg = new Message(); // 【错误】抽象类对象无法直接实例化
    }
}
```

本程序定义了没有抽象方法的抽象类，通过编译的结果可以发现，即便没有抽象方法，抽象类也无法直接使用关键字 new 实例化对象。

（4）抽象类中可以用 static 关键字定义方法，并且该类方法不受抽象类实例化对象的限制。

范例： 在抽象类中用 static 关键字定义方法

```
abstract class Message {                    // 定义抽象类
    public abstract String getInfo();       // 抽象方法
```

9

```
        public static Message getInstance() {        // 返回Message对象实例
            return new DatabaseMessage();            // 实例化子类对象
        }
    }
    class DatabaseMessage extends Message {          // 类的继承关系
        @Override
        public String getInfo() {                     // 方法覆写
            return "YOOTK数据库连接信息。";
        }
    }
    public class JavaDemo {
        public static void main(String args[]) {
            Message msg = Message.getInstance();// 直接调用static方法
            System.out.println(msg.getInfo());  // 通过实例化对象调用方法
        }
    }
```

程序执行结果：

YOOTK数据库连接信息。

本程序在抽象类 Message 中用 static 关键字定义了 getInstance()方法，此方法的主要目的是返回 Message 类的实例，这样在主类中将通过静态方法获取 Message 类的对象并且实现 getInfo()方法的调用。

9.2 包 装 类

Java 是一门面向对象的编程语言，所有的设计都是围绕对象这一核心概念展开的，但与这一设计相违背的就是基本数据类型（byte、short、int、long、float、double、char、boolean），为了符合这一特点可以利用类的结构对基本数据类型进行包装。

范例： 实现基本数据类型的包装

```
class Int {                                  // 定义包装类
    private int data;                        // 包装了一个基本数据类型
    public Int(int data) {                   // 构造方法设置基本数据类型
        this.data = data;                    // 保存基本数据类型
    }
    public int intValue() {                  // 从包装类中获取基本数据类型
        return this.data;
    }
}
public class JavaDemo {
    public static void main(String args[]) {
```

```
        // 【装箱操作】将基本数据类型保存在包装类中
        Object obj = new Int(10);
        // 【拆箱操作】从包装类对象中获取基本数据类型
        int x = ((Int) obj).intValue();
        System.out.println(x * 2); // 对拆箱后的数据进行计算
    }
}
```

程序执行结果：
20

本程序定义了一个 int 包装类，并且在类中存储了 int 数据信息，利用这样的包装处理就可以使用 Object 类来进行基本数据类型的接收，从而实现参数的完全统一处理。

基本数据类型只有进行包装处理后才可以像对象一样进行引用传递，也可以使用 Object 类来进行接收。Java 为此专门设计了 8 个包装类：byte（Byte）、short（Short）、int（Integer）、long（Long）、float（Float）、double（Double）、boolean（Boolean）、char（Character）。包装类继承结构如图 9-1 所示。

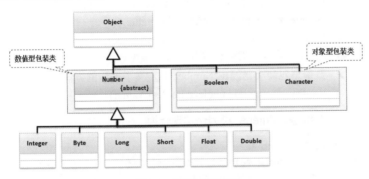

图 9-1　包装类继承结构

通过图 9-1 可以发现，包装类可以分为以下两种类型。

➥ 对象型包装类（Object 直接子类）：Boolean、Character。
➥ 数值型包装类（Number 直接子类）：Byte、Short、Integer、Long、Float、Double。

Number 类描述的是数值型包装类，此类是一个抽象类，在子类中定义了如表 9-1 所示的方法，利用这些方法可以将包装类中包装的基本数据类型直接取出。

表 9-1　Number 类中定义的方法

No.	方　法	类　型	描　述
1	public byte byteValue()	普通	从包装类中获取 byte 数据

续表

No.	方　法	类　型	描　述
2	public short shortValue()	普通	从包装类中获取 short 数据
3	public abstract int intValue()	普通	从包装类中获取 int 数据
4	public abstract long longValue()	普通	从包装类中获取 long 数据
5	public abstract float floatValue()	普通	从包装类中获取 float 数据
6	public abstract double doubleValue()	普通	从包装类中获取 double 数据

9.2.1 装箱与拆箱

　　基本数据类型的包装类都是为了将基本数据类型转换为对象引用而提供的，这样基本数据类型与包装类之间就有了以下的转换操作关系。

➥ **数据装箱**：将基本数据类型保存到包装类中，一般可以利用包装类的构造方法完成。

　　➢ Integer 类：public Integer(int value)。

　　➢ Double 类：public Double(double value)。

　　➢ Boolean 类：public Boolean(boolean value)。

➥ **数据拆箱**：从包装类中获取基本数据类型。

　　➢ 数值型包装类已经由 Number 类定义了拆箱的方法。

　　➢ Boolean 型：public boolean booleanValue()。

范例：以 int 型和 Integer 类为例实现转换

```java
public class JavaDemo {
    public static void main(String args[]) {
        Integer obj = new Integer(10);          // 装箱
        int num = obj.intValue();               // 拆箱
        System.out.println(num * num);          // 数值计算
    }
}
```
程序执行结果：
```
100
```

　　本程序利用 Integer 类提供的构造方法将基本数据类型数字 10 装箱，使基本数据类型成为类对象，随后利用 Number 类提供的 intValue()方法从包装类中获取了保存的 int 型数据。

范例：以 double 型和 Double 类为例实现转换

```java
public class JavaDemo {
    public static void main(String args[]) {
```

```
        Double obj = new Double(10.1) ;          // 装箱
        double num = obj.doubleValue() ;         // 拆箱
        System.out.println(num * num);           // 数值计算
    }
}
```
程序执行结果：
```
102.00999999999999
```

本程序利用 Double 类的构造方法与 Number 类的 doubleValue()方法，实现了浮点型数据的装箱与拆箱操作。

范例：以 boolean 型和 Boolean 类为例实现转换

```
public class JavaDemo {
    public static void main(String args[]) {
        Boolean obj = new Boolean(true);          // 装箱
        boolean flag = obj.booleanValue();        // 拆箱
        System.out.println(flag);
    }
}
```
程序执行结果：
```
true
```

本程序通过利用 Boolean 类的构造方法包装了基本数据类型的内容，并且利用 Boolean 类中提供的 booleanValue()方法实现了布尔型数据的装箱与拆箱操作。

以上的操作是在 JDK 1.5 之前所进行的必须的操作，但是在 JDK 1.5 之后，Java 提供了自动装箱机制，而且包装类的对象可以自动进行数学计算。

注意：关于手动装箱的操作问题

从 JDK 1.5 之后开始提供了自动装箱机制,但并没有废除手动装箱,然而从 JDK 1.9 开始可以发现包装类的构造方法上已经出现了过期声明。

范例：观察 Integer、Boolean 类的构造方法

Integer 类的构造方法	`@Deprecated(since="9")`
	`public Integer(int value) {`
	`    this.value = value;`
	`}`

Boolean 类的构造方法	`@Deprecated(since="9")`
	`public Boolean(boolean value) {`
	`    this.value = value;`
	`}`

通过@Deprecated 注解中的 since 属性可以发现，从 JDK 1.9 之后开始不建议继续使用该构造方法，那就意味着该方法在后续的 JDK 中有可能被取消。因此，在编写代码的过程中，对于基本数据类型转包装类的操作建议通过自动装箱机制来实现。

范例：以 int 型和 Integer 类为例实现自动装箱及拆箱操作

```java
public class JavaDemo {
    public static void main(String args[]) {
        Integer obj = 10;            // 自动装箱，此时不再关心构造方法
        int num = obj;               // 自动拆箱，等价于调用了intValue()方法
        obj++;                       // 包装类对象可以直接参与数学运算
        System.out.println(num * obj);// 直接参与数值计算
    }
}
```

程序执行结果：

```
110
```

本程序利用自动装箱的处理机制，直接将基本数据类型的数字 10 变为 Integer 类对象，而且也可以直接利用包装类的对象实现数学计算。

范例：使用 Object 类接收浮点数据

```java
public class JavaDemo {
    public static void main(String args[]) {
        // double型数据自动装箱为Double类对象，向上转型为Object类
        Object obj = 19.2;
        double num = (Double) obj;   // 向下转型为包装类，再自动拆箱
        System.out.println(num * 2);// 数值计算
    }
}
```

程序执行结果：

```
38.4
```

本程序利用基本数据类型自动装箱的特点，直接利用 Object 类接收了一个浮点数，由于默认的浮点数类型为 double，所以在进行拆箱操作时需要首先将 Object 类型强制向下转为 Double 类才可以正常获取包装的基本数据。

提示：关于 Integer 类自动装箱的数据比较问题

　　由于出现了自动装箱和自动拆箱这一概念，包装类也就和 String 类一样，存在两种实例化类对象的操作：一种是直接赋值；另一种是通过构造方法赋值。而通过直接赋值的方式实例化的包装类对象就可以自动入池了，代码如下所示。

范例：观察入池操作

```java
public class JavaDemo {
    public static void main(String args[]) {
        Integer x = new Integer(10);      // 新空间
        Integer y = 10;                   // 入池
        Integer z = 10;                   // 直接使用
```

```
        System.out.println(x == y);          // false
        System.out.println(x == z);          // false
        System.out.println(z == y);          // true
        System.out.println(x.equals(y));     // true
    }
}
```

程序执行结果：

false（"x == y"代码执行结果）
false（"x == z"代码执行结果）
true（"z == y"代码执行结果）
true（"x.equals(y)"代码执行结果）

通过本程序，读者一定要记住，在使用包装类操作的时候，要注意数据相等比较的问题，即"=="和 equals()方法的区别。

另外，还需要提醒读者的是，在使用 Integer 类自动装箱实现包装类对象实例化操作过程中，如果所赋值的内容的范围在-128～127 之间，则可以自动实现已有堆内存的引用，即可以使用"=="比较；如果不在此范围内，那么就必须依靠 equals()方法来比较。

范例： 使用 Integer 类进行自动装箱与相等判断

```
public class JavaDemo {
    public static void main(String args[]) {
        Integer numA1 = 100 ;                    // 在-128 ～ 127之间
        Integer numA2 = 100 ;                    // 在-128 ～ 127之间
        System.out.println(numA1 == numA2);      // true
        Integer numB1 = 130 ;                    // 不在-128 ～ 127之间
        Integer numB2 = 130 ;                    // 不在-128 ～ 127之间
        System.out.println(numB1 == numB2);      // false
        System.out.println(numB1.equals(numB2)); // true
    }
}
```

程序执行结果：

true（"numA1 == numA2"代码执行结果）
false（"numB1 == numB2"代码执行结果）
true（"numB1.equals(numB2)"代码执行结果）

此时由于设置的内容超过了-128～127 的范围，所以通过"=="比较时返回的就是 false，此时只能够利用 equals()方法实现相等比较。

9.2.2　数据类型转换

在代码编写中往往需要提供交互式的运行环境，即需要根据用户输入内容的不同来进行不同的处理。在 Java 程序中所有输入的内容都会用 String 类型来描述，所以就需要通过包装类来实现各种不同数据类型的转换，以 Integer、

Double、Boolean 类为例，这几个类中都提供了相应的静态方法来实现转换。

- **Integer 类**：public static int parseInt(String s)。
- **Double 类**：public static double parseDouble(String s)。
- **Boolean 类**：public static boolean parseBoolean(String s)。

提示：Character 类没有提供转换方法

Character 这个包装类中并没有提供一个类似的 parseCharacter()方法，因为字符串 String 类中提供了一个 charAt()方法，可以取得指定索引的字符，而且一个字符的长度就是一位。

范例：将字符串型数据转换为 int 型数据

```java
public class JavaDemo {
    public static void main(String args[]) {
        String str = "123";                     // 字符串由数字所组成
        int num = Integer.parseInt(str);        // 字符串转为int型
        System.out.println(num * num);          // 数值计算
    }
}
```

程序执行结果：
```
15129
```

本程序利用 Integer 类中提供的 parseInt()方法对一个由数字组成的字符串型数据进行了转型操作，但是在这类转型中，要求字符串必须由纯数字组成，如果有非数字存在，代码执行时则会出现 NumberFormatException 异常。

范例：将字符串型数据转换为 boolean 型数据

```java
public class JavaDemo {
    public static void main(String args[]) {
        String strA = "true" ;                  // 字符串为boolean型数据
        // 字符串转为boolean型数据
        boolean flagA = Boolean.parseBoolean(strA) ;
        System.out.println(flagA) ;
        // 任意字符串型数据
        String strB = "www.yootk.com、沐言科技" ;
        // 字符串转为boolean型数据
        boolean flagB = Boolean.parseBoolean(strB) ;
        System.out.println(flagB) ;
    }
}
```

程序执行结果：
```
true（字符串为true，转为boolean型结果为true）
false（字符串代码不是true或false，统一按照false处理）
```

本程序定义了两个字符串并且利用 Boolean.parseBoolean()方法实现了类型转换，在转换过程中，如果字符串的组成是 true 或 false，则可以按照要求进行转换；如果不是，为了避免程序出错，则会统一转换为 false。

提示：将基本数据类型数据转换为 String 型数据

通过基本数据类型包装类可以实现 String 类与基本数据类型之间的转换，但是反过来，如果要想将基本数据类型变为 String 类对象，则可以采用以下两种方式。

转换方式 1：任意的基本数据类型与字符串连接后都自动变为 String 型。

范例：连接空字符串实现转换

```java
public class JavaDemo {
    public static void main(String args[]) {
        int num = 100;                        // 基本数据类型
        String str = num + "";                // 字符串连接
        System.out.println(str.length());     // 计算长度
    }
}
```
程序执行结果：
3

本程序利用空字符串的连接处理操作将 int 型的数据转换为了 String 类对象，但是这类的转换需要单独声明字符串常量，所以会有垃圾空间的产生。

转换方式 2：利用 String 类中提供的 valueOf()方法进行转换，该方法定义如下。

转换方法：public static String valueOf(数据类型 变量)，该方法被重载多次。

范例：使用 valueOf()方法实现转换

```java
public class JavaDemo {
    public static void main(String args[]) {
        int num = 100;                         // 基本数据类型
        String str = String.valueOf(num) ;     // 字符串转换
        System.out.println(str.length());      // 计算长度
    }
}
```
程序执行结果：
3

本程序利用 valueOf()方法实现了基本数据类型与 String 类对象的转换，这种转换不会产生垃圾空间，所以在开发中建议采用此类方式。

9.3 接　口

在实际开发中接口是一种比抽象类更为重要的结构，接口的主要特点在于其用于定义开发标准，同时接口在 JDK 1.8 之后也发生了重大的变革，本节将为读者讲解接口的基本使用及扩展定义。

9.3.1　接口的基本定义

在 Java 中接口属于一种特殊的类，需要通过 interface 关键字进行定义，在接口中可以定义全局常量、抽象方法（必须是 public 访问控制权限）、default 方法及用 static 关键字定义的方法。

范例：定义标准接口

```
// 由于类名称与接口名称的定义要求相同，为了区分接口，往往会在接口名称前加入
// 字母I（interface的简写）
interface IMessage {                                       // 定义接口
    public static final String INFO = "www.yootk.com";     // 全局常量
    public abstract String getInfo();                      // 抽象方法
}
```

本程序定义了一个 IMessage 接口，由于接口中存在抽象方法，所以无法被直接实例化，其使用原则如下。

- 接口需要被子类实现，子类利用 implements 关键字可以实现多个父接口。
- 子类如果不是抽象类，那么一定要覆写接口中的全部抽象方法。
- 接口对象可以利用子类对象的向上转型进行实例化。

 提示：关于 extends、implements 关键字的使用顺序

子类可以继承父类也可以实现父接口，其基本语法如下。

```
class 子类 [extends 父类] [implements 接口1,接口2,...] {}
```

如果出现混合应用，则要采用先继承（extends）再实现（implements）的顺序完成，一定要记住，子类接口的最大特点在于可以同时实现多个父接口，而每一个子类只能通过 extends 关键字继承一个父类。

范例：使用接口

```
interface IMessage {                                       // 定义接口
    public static final String INFO = "www.yootk.com";     // 全局常量
```

```
    public abstract String getInfo();                  // 抽象方法
}
class MessageImpl implements IMessage {                 // 实现接口
    @Override
    public String getInfo() {                           // 方法覆写
        return "李兴华高薪就业编程训练营: www.yootk.com" ;   // 获取消息
    }
}
public class JavaDemo {
    public static void main(String args[]) {
        IMessage msg = new MessageImpl() ;              // 子类实例化父接口
        System.out.println(msg.getInfo());              // 调用方法
    }
}
```

程序执行结果:

李兴华高薪就业编程训练营: www.yootk.com

本程序利用 implements 关键字定义了 IMessage 接口的子类,并且利用子类对象的向上转型实例化了接口对象。

范例: 使用子类实现多个父接口

```
interface IMessage {                                          // 定义接口
    public static final String INFO = "www.yootk.com";        // 全局常量
    public abstract String getInfo();                         // 抽象方法
}
interface IChannel {                                          // 定义接口
    public abstract boolean connect() ;                       // 抽象方法
}
class MessageImpl implements IMessage, IChannel {             // 实现多个接口
    @Override
    public String getInfo() {                                 // 方法覆写
        if (this.connect()) {                                 // 连接成功
            return "李兴华高薪就业编程训练营: www.yootk.com" ; // 获取消息
        }
        return "【默认消息】" + IMessage.INFO ;                // 获取消息
    }
    @Override
    public boolean connect() {                                // 方法覆写
        return true;
    }
}
public class JavaDemo {
    public static void main(String args[]) {
```

```
        IMessage msg = new MessageImpl() ;         // 子类实例化父接口
        System.out.println(msg.getInfo());          // 调用方法
    }
}
```

程序执行结果：

李兴华高薪就业编程训练营：**www.yootk.com**

本程序在 MessageImpl 子类上实现了两个父接口，其结构如图 9-2 所示。这样就必须同时覆写两个父接口中的抽象方法，所以 MessageImpl 是 IMessage 接口、IChannel 接口和 Object 类的实例。

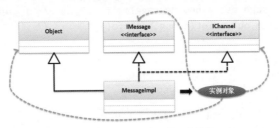

图 9-2　子类实现两个父接口的结构

范例：观察接口实例的转换

```
public class JavaDemo {
    public static void main(String args[]) {
        IMessage msg = new MessageImpl() ;  // 子类实例化父接口
        Object obj = msg ;      // 使用Object类接收引用数据类型
        // 对象强制转为IChannel接口实例
        IChannel channel = (IChannel) obj ;
        System.out.println(channel.connect());// 调用被覆写过的方法
    }
}
```

程序执行结果：

true

如果现在没有 MessageImpl 子类，那么 IMessage 接口、IChannel 接口、Object 类三者之间是没有任何关系的，但是由于 MessageImpl 子类同时实现了这些接口并默认继承了 Object 父类，所以该实例就可以进行任意父接口的转型。

 ### 提示：关于接口的定义的简化

在进行接口定义时，全局常量和抽象方法可以按照以下的形式简化定义。

完整定义	```interface IMessage { public static final String INFO = "www.yootk.com" ; public abstract String getInfo() ;}```

| 简化定义 | ```
interface IMessage {
    String INFO = "www.yootk.com" ;
    String getInfo() ;
}
``` |
|---|---|

以上两种 IMessage 接口的作用完全相同，但从实际的开发来讲，在接口中定义抽象方法时建议保留 public 声明，这样的接口定义会更加清楚。

在面向对象程序设计中，抽象类也是必不可少的一种结构，利用抽象类可以实现一些公共方法的定义。可以利用 extends 关键字先继承父类再利用 implements 关键字实现若干父接口的顺序完成子类定义。

范例： 在子类继承抽象类的同时实现接口

```java
interface IMessage {                                        // 定义接口
    public static final String INFO = "www.yootk.com";     // 全局常量
    public abstract String getInfo();                       // 抽象方法
}
interface IChannel {                                        // 定义接口
    public abstract boolean connect() ;                     // 抽象方法
}
abstract class DatabaseAbstract {                           // 定义一个抽象类
    // abstract关键字不可省略
    public abstract boolean getDatabaseConnection() ;
}
class MessageImpl extends DatabaseAbstract
        implements IMessage, IChannel {                     // 实现多个接口
    @Override
    public String getInfo() {                               // 方法覆写
        if (this.connect()) {                               // 连接成功
            if (this.getDatabaseConnection()) {
                return "【数据库消息】李兴华高薪就业编程训练营：
                        www.yootk.com";    // 获取消息
            } else {
                return "数据库消息无法访问！" ;
            }
        }
        return "【默认消息】" + IMessage.INFO ;              // 获取消息
    }
    @Override
    public boolean connect() {                              // 覆写接口方法
        return true;
    }
    @Override
    public boolean getDatabaseConnection() {                // 覆写抽象类方法
```
```

```
        return true;
    }
}
public class JavaDemo {
    public static void main(String args[]) {
        IMessage msg = new MessageImpl() ;          // 子类实例化父接口
        System.out.println(msg.getInfo());
    }
}
```

程序执行结果：

【数据库消息】李兴华高薪就业编程训练营：**www.yootk.com**

本程序在定义 MessageImpl 子类时继承了 DatabaseAbstract 抽象类，同时实现了 IMessage、IChannel 两个父接口，并且在 getInfo()方法中进行了接口方法的调用整合，需要注意的是在定义抽象类的过程中所有的抽象方法必须由 abstract 关键字定义。

Java 中的 extends 关键字除了具有类继承的作用外，也可以在接口上使用以实现接口的继承关系，并且可以同时实现多个父接口。

范例：使用 extends 关键字继承多个父接口

```
interface IMessage {
    public static final String INFO = "www.yootk.com"; // 全局常量
    public abstract String getInfo() ;
}
interface IChannel {
    public boolean connect() ;                         // 抽象方法
}
// extends关键字在类继承上只能够继承一个父类，但是可以继承多个接口
interface IService extends IMessage,IChannel {         // 接口多继承
    public String service() ;                          // 抽象方法
}
class MessageService implements IService {             // 3个接口子类
    @Override
    public String getInfo() {                          // 方法覆写
        return IMessage.INFO ;
    }
    @Override
    public boolean connect() {                         // 方法覆写
        return true ;
    }
    @Override
    public String service() {                          // 方法覆写
        return "YOOTK消息服务：www.yootk.com" ;
```

本程序在定义 IService 接口时，让其继承了 IMessage、IChannel 两个父接口，这样 IService 接口就有了两个父接口定义的所有抽象方法。

提示：接口的作用分析

接口是面向对象程序设计中最为重要的话题，在实际项目中的核心用处是实现方法名称的暴露与子类的隐藏，如图 9-3 所示。

图 9-3 接口的作用

对于子类的隐藏往往需要通过一些复杂的代码结构来实现，对于这部分的学习读者应该先掌握其基本概念而后再逐步深入。

9.3.2 接口定义的加强

接口是从 Java 语言诞生之初所提出的设计结构，其最初的组成就是抽象方法与全局常量，但是随着技术的发展，在 JDK 1.8 时接口中的组成除了有全局常量与抽象方法之外，还可以使用 default 关键字定义普通方法或者使用 static 定义静态方法。

范例：在接口中使用 default 关键字定义普通方法

```java
interface IMessage {
    public String message();              // 【抽象方法】获取消息内容
    // 定义普通方法，该方法可以被子类继承或覆写
    public default boolean connect() {
        System.out.println("建立YOOTK订阅消息连接通道。");
        return true;
    }
}
class MessageImpl implements IMessage {    // 实现接口
    public String message() {              // 覆写抽象方法
        return "www.yootk.com";
    }
}
public class JavaDemo {
```

```
public static void main(String args[]) {
    IMessage msg = new MessageImpl();        // 通过子类实例化接口
    if (msg.connect()) {                     // 接口定义的default方法
        System.out.println(msg.message());   // 调用被覆写过的方法
    }
}
}
```

程序执行结果：

建立YOOTK订阅消息连接通道。

www.yootk.com

本程序在 IMessage 接口中利用 default 关键字定义了普通方法，这样接口中的组成就不再只有抽象方法，同时这些 default 关键字定义的普通方法也可以直接被子类继承。

 提问：在接口中定义普通方法有什么意义？

在 JDK 1.8 以前接口中的核心组成就是全局常量与抽象方法，为什么在 JDK 1.8 之后却允许用 default 关键字定义方法了？这样做有什么意义吗？

 回答：便于扩充接口功能，同时简化设计结构。

在程序设计中接口的主要功能是进行公共标准的定义，但是随着技术的发展，接口的设计也需要得到更新，假设此时有一个早期版本的接口，并且随着发展已经定义了 1080 个子类，如图 9-4 所示。

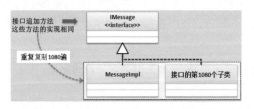

图 9-4　早期的接口的实现模式

如果现在采用了图 9-4 所示的早期的结构设计，那么一旦 IMessage 接口中追加一个新的方法，并且所有的子类对于此方法的实现完全相同时，按照 JDK 1.8 以前的设计模式就需要修改所有定义的子类，重复复制实现方法，这样就会导致代码的可维护性降低。而在 JDK 1.8 以后，为了解决这样的设计问题，往往会在接口和实现子类之间追加一个抽象类，其结构如图 9-5 所示。

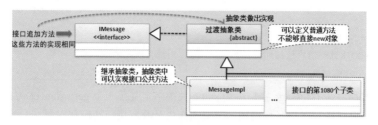

图 9-5　利用抽象类进行过渡设计

采用图 9-5 所示的设计结构之后，当接口再扩充公共方法时就不必修改所有的子类，只需修改抽象类即可。为了解决这样的设计，在 JDK 1.8 后才提供了用 default 关键字定义方法的支持。同时需要提醒读者的是，如果子类发现父接口中公共的、用 default 关键字定义的方法的功能不足时，也可以根据自己的需求进行覆写。

用 default 关键字定义的普通方法需要通过接口实例化对象才可以调用，而为了避免实例化对象的依赖，在接口中也可以用 static 关键字定义方法，此方法可以直接利用接口名称调用。

范例： 在接口中用 static 关键字定义方法

```java
interface IMessage {                            // 定义接口
    public String message() ;                   // 【抽象方法】获取信息
    public default boolean connect() {          // 公共方法被所有子类继承
        System.out.println("建立YOOTK订阅消息连接通道。") ;
        return true ;
    }
    // 用static关键字定义方法，可以通过接口名称调用
    public static IMessage getInstance() {
        return new MessageImpl() ;              // 获得子类对象
    }
}
class MessageImpl implements IMessage {         // 定义接口子类
    public String message() {                   // 覆写抽象方法
        if (this.connect()) {
            return "www.yootk.com" ;
        }
        return "没有消息发送。" ;
    }
}
public class JavaDemo {
    public static void main(String args[]) {
        IMessage msg = IMessage.getInstance() ; // 实例化接口子类对象
        System.out.println(msg.message()) ;     // 调用方法
```

```
        }
    }
```

程序执行结果：

建立**YOOTK**订阅消息连接通道。

www.yootk.com

本程序在 IMessage 接口中用 static 关键字定义了一个 getInstance()方法，此方法可以直接被接口名称调用，主要的作用是获取接口实例化对象。

提示：关于接口和抽象类

通过一系列的分析可以发现，接口中用 default、static 关键字定义的两类方法很大程度上与抽象类的作用有些重叠，所以有些读者可能就会简单地认为开发中可以不再使用抽象类，对于公共方法只需通过 default 或 static 关键字在接口中定义即可，实际上这是一种误区。对于 JDK 1.8 后的接口功能扩充，笔者更偏向这只是一种修补的设计方案，即对于那些设计结构有缺陷的代码的一种补救措施。而在实际的开发中，本书强烈建议读者，当有了自定义接口后不要急于直接定义子类，中间最好设计一个过渡的抽象类，如图 9-6 所示。但是需要清楚的是，这样的设计原则只是一种解决方案，而具体在哪里应用，就需要读者在开发中反复体会了。

图 9-6　接口与子类的继承方案

9.3.3　定义接口标准

对于接口而言，在开发中最为重要的应用就是进行标准的制定。实际上在日常的生活中也会见到许多关于接口的名词，如 USB 接口、PCI 接口、鼠标接口等，这些接口实际上都属于标准的定义与应用。

以 USB 接口的程序为例，计算机上可以插入各种 USB 设备，所以计算机识别的只是 USB 标准，而不关心这个标准的具体实现子类。USB 接口的操作结构如图 9-7 所示。

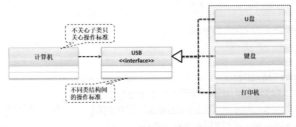

图 9-7　USB 接口的操作结构

范例：利用接口定义标准

```java
interface IUSB {                          // 定义USB接口的标准
    public boolean check();               // 【抽象方法】检查通过可以工作
    public void work();                   // 【抽象方法】设备工作
}
class Computer {                          // 定义计算机类
    public void plugin(IUSB usb) {        // 计算机上使用USB标准设备
        if (usb.check()) {                // 检查设备
            usb.work();                   // 开始工作
        } else {                          // 检查失败
            System.out.println("硬件设备安装出现了问题，无法使用！");
        }
    }
}
class Keyboard implements IUSB {          // USB接口的子类
    public boolean check() {              // 覆写抽象方法
        return true;
    }
    public void work() {                  // 覆写抽象方法
        System.out.println("打开计算机在线学习，输入：www.yootk.com");
    }
}
class Print implements IUSB {             // USB接口的子类
    public boolean check() {              // 覆写抽象方法
        return false;
    }
    public void work() {                  // 覆写抽象方法
        System.out.println("打印沐言科技图标，帅气万分！");
    }
}
public class JavaDemo {
    public static void main(String args[]) {
        Computer computer = new Computer();       // 实例化计算机类对象
        computer.plugin(new Keyboard());          // 插入键盘设备
        computer.plugin(new Print());             // 插入打印机设备
    }
}
```

程序执行结果：

打开计算机在线学习，输入：www.yootk.com
硬件设备安装出现了问题，无法使用！

本程序首先定义了一个公共的 IUSB 结构标准，于是 USB 的具体实现子类与计算机类之间按照此标准进行操作。在主方法调用时，可以向 Computer.plugin()

方法中传递 IUSB 接口子类对象，并且按照既定的模型进行调用。

提示：对于标准的理解

在现实生活中标准的概念无处不在。例如，当一个人肚子饿了的时候，他可能会想到吃包子、吃面条，这些吃的东西都有一个公共的标准：食物。再如，一个人需要乘坐交通工具去机场，那么这个人可能乘坐地铁，也有可能乘坐出租车，所以交通工具也是一个标准。

经过这样的分析可以发现，接口在整体设计上是针对类的进一步抽象，而其设计的层次也要高于抽象类。

9.4 泛 型

泛型是 JDK 1.5 版本后提供的新技术特性，利用泛型的特征可以避免对象强制转型带来的安全隐患问题（即 ClassCastException 异常）。

9.4.1 泛型问题的引出

在 Java 语言中，为了方便接收参数类型的统一，提供了一个核心类 Object，利用此类对象可以接收所有类型的数据（包括基本数据类型与引用数据类型）。但是由于其所描述的数据范围过大，在实际使用中就会出现数据类型的传入错误，从而引发 ClassCastException 异常。例如，现在要设计一个可以描述坐标点的类 Point（包括 x 与 y 坐标信息），对于坐标点允许保存 3 类数据。

- 整型数据：x = 10，y = 20。
- 浮点型数据：x = 10.1，y = 20.9。
- 字符串型数据：x = 东经 120°，y = 北纬 30°。

于是在设计 Point 类的时候就需要去考虑 x 和 y 属性的具体类型，这个类型要求可以保存以上 3 种数据，很明显，最为原始的做法就是利用 Object 类来进行定义，这是因为存在以下的转换关系。

- 整型数据：基本数据类型 → 包装为 Integer 类对象 → 自动向上转型为 Object 类。
- 浮点型数据：基本数据类型 → 包装为 Double 类对象 → 自动向上转型为 Object 类。
- 字符串型数据：String 类对象 → 自动向上转型为 Object 类。

范例：定义 Point 坐标点类

```
class Point {                          // 坐标点
    private Object x;                  // 保存x坐标
```

```
    private Object y;                        // 保存y坐标
    public void setX(Object x) {             // 设置x坐标
        this.x = x;
    }
    public void setY(Object y) {             // 设置y坐标
        this.y = y;
    }
    public Object getX() {                   // 获取x坐标
        return this.x;
    }
    public Object getY() {                   // 获取y坐标
        return this.y;
    }
}
```

Point 类中的 x 与 y 属性都采用了 Object 类作为存储类型，这样就可以接收任意的数据类型，于是此时可能会产生两种情况。

情况 1：使用者按照统一的数据类型设置坐标内容，并且利用向下转型获取坐标原始数据。

```
public class JavaDemo {
    public static void main(String args[]) {
        Point point = new Point() ;
        // 第一步：根据需求进行内容的设置，所有数据都通过Object类接收
        point.setX(10) ;                     // 自动装箱
        point.setY(20) ;                     // 自动装箱
        // 第二步：从里面获取数据，由于返回的是Object类型，所以必须进行强
        // 制性的向下转型
        int x = (Integer) point.getX() ;     // 获取x坐标原始内容
        int y = (Integer) point.getY() ;     // 获取y坐标原始内容
        System.out.println("x坐标: " + x + "、y坐标: " + y) ;
    }
}
```
程序执行结果：
x坐标: 10、y坐标: 20

本程序利用基本数据类型自动装箱为包装类对象的特点向 Point 类对象中传入了 x 与 y 两个坐标信息，并且在获取坐标原始数据时，也依据设置的数据类型进行强制性的向下转型，所以可以得到正确的执行结果。

情况 2：使用者没有按照统一的数据类型设置坐标内容，读取数据时使用了错误的类型进行强制转换。

```
public class JavaDemo {
```

```
    public static void main(String args[]) {
        Point point = new Point() ;
        // 第一步：根据需求进行内容的设置，所有数据都通过Object类接收
        point.setX(10) ;                        // 自动装箱
        // 【提示】与x坐标的数据类型不统一，但由于其符合标准语法，所以在程序
        // 编译时无法发现问题
        point.setY("北纬20度") ;                // 设置类型：String
        // 第二步：从里面获取数据，由于返回的是Object类型，所以必须进行强
        // 制性的向下转型
        int x = (Integer) point.getX() ;        // 获取x坐标原始内容
        // 【提示】在程序执行时会出现ClassCastException异常，有安全隐患
        int y = (Integer) point.getY() ;        // 获取y坐标原始内容
        System.out.println("x坐标: " + x + "、y坐标: " + y) ;
    }
}
```

程序执行结果：

```
Exception in thread "main" java.lang.ClassCastException:
java.base/java.lang.String cannot be cast to
java.base/java.lang.Integer
    at JavaDemo.main(JavaDemo.java:27)
```

　　本程序在设置 Point 类坐标数据时采用了不同的数据类型，所以在获取原始数据信息时就会出现程序运行的异常，即这类错误并不会在编译时告诉开发者，而是在执行过程中才会产生安全隐患。而造成此问题的核心原因就是 Object 类型能够接收的数据范围过大。

9.4.2　泛型的基本定义

　　如果要想解决项目中可能出现的 ClassCastException 异常，最为核心的方案就是避免强制性地进行对象向下转型操作。所以泛型设计的核心思想在于：类中的属性或方法的参数与返回值的类型均采用动态标记，在对象实例化时动态配置要使用的数据类型。

注意：泛型只允许设置引用数据类型

　　泛型在类上标记后，需要通过实例化对象进行类型的设置，而所设置的类型只能是引用数据类型。如果要设置基本数据类型，则必须采用包装类的形式，这也就是为什么 JDK 1.5 之后要引入包装类对象的自动装箱与自动拆箱机制的原因。

范例：使用泛型定义类

```
class Point<T> {                        // 坐标点，T属于类型标记，可以设置多个标记
    private T x;                        // 保存x坐标
    private T y;                        // 保存y坐标
    public void setX(T x) {            // 设置x坐标，类型由实例化对象决定
```

```
        this.x = x;
    }
    public void setY(T y) {        // 设置y坐标，类型由实例化对象决定
        this.y = y;
    }
    public T getX() {              // 获取x坐标，类型由实例化对象决定
        return this.x;
    }
    public T getY() {              // 获取y坐标，类型由实例化对象决定
        return this.y;
    }
}
public class JavaDemo {
    public static void main(String args[]) {
        // 实例化Point类对象，设置泛型标记T的目标数据类型，动态配置属性、
        // 方法参数、返回值的类型
        Point<Integer> point = new Point<Integer>() ;
        // 第一步：根据需求进行内容的设置，所有数据都通过Object接收
        point.setX(10) ;       // 自动装箱，必须是整数
        point.setY(20) ;       // 自动装箱，必须是整数
        // 第二步：从里面获取数据，由于返回的是Object类型，所以必须进行强
        // 制性的向下转型
        int x = point.getX() ; // 【避免强制转型】获取x坐标原始内容
        int y = point.getY() ; // 【避免强制转型】获取y坐标原始内容
        System.out.println("x坐标：" + x + "、y坐标：" + y) ;
    }
}
```

程序执行结果：

x坐标：10、y坐标：20

在本程序中实例化 Point 类对象时采用的泛型类型为 Integer 类，这样当前 Point 类对象中的 x、y 的属性类型就是 Integer，对应的方法参数和返回值也都是 Integer，这样不仅可以在编译的时候明确知道数据类型的错误，也避免了对象的向下转型操作。

提示：JDK 1.5 和 JDK 1.7 在定义泛型时有区别

JDK 1.5 是最早引入泛型的版本，而在 JDK 1.7 后为了方便开发又对泛型操作进行了简化。

范例：JDK 1.5 声明泛型对象的操作

```
Point<String> point = new Point<String>() ;
```

以上是 JDK 1.5 的语法，在声明对象和实例化对象时必须同时设置好泛型类型。

范例： JDK 1.7 之后的简化声明

```
Point<String> point = new Point<>() ;
```

此时实例化对象时的泛型类型就可以在声明时定义了，但是本书还是建议读者使用完整语法进行编写。

在使用泛型类的过程中，JDK 考虑到了最初开发者的使用习惯，允许开发者在实例化对象时不设置泛型类型，这样在编译程序时就会出现相应的警告信息，同时为了保证程序不出错，未设置的泛型类型将使用 Object 类作为默认类型。

范例： 观察默认类型

```
public class JavaDemo {
    public static void main(String args[]) {
        // 实例化Point类对象，没有设置泛型类型，编译时将出现警告，默认使用
        // Object类
        Point point = new Point() ;
        // 第一步：根据需求进行内容的设置，所有数据都通过Object类接收
        point.setX(10) ;                    // 自动装箱，必须是整数
        point.setY(20) ;                    // 自动装箱，必须是整数
        // 第二步：从里面获取数据，由于返回的是Object类，所以必须进行强
        // 制性的向下转型
        // Object类强制转型为Integer类后自动拆箱
        int x = (Integer) point.getX() ;
        // Object类强制转型为Integer类后自动拆箱
        int y = (Integer) point.getY() ;
        System.out.println("x坐标: " + x + "、y坐标: " + y) ;
    }
}
```

编译时警告信息：
注：**JavaDemo.java**使用了未经检查或不安全的操作。
注：有关详细信息，请使用 **-Xlint:unchecked** 重新编译。

本程序在实例化 Point 类对象时没有设置泛型类型，所以将使用 Object 类作为 x、y 属性以及方法参数和返回值的数据类型，这样在进行数据获取时就必须将 Object 类对象实例强制转换为指定类型。之所以这样设计，主要也是为了方便与旧版本 JDK 的程序衔接，但在编写新程序过程中尽量不要使用带有警告的程序代码。

9.4.3 泛型通配符

利用泛型类在实例化对象时进行的动态类型匹配，虽然可以有效地解决对象向下转型的安全隐患，但是在程序中实例化泛型类对

象时，不同泛型类型的对象之间彼此是无法进行引用传递的，如图 9-8 所示。

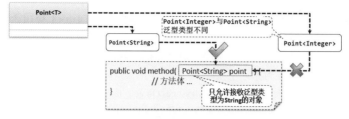

图 9-8　泛型类型与引用传递

所以在进行泛型类型的对象引用时，为了可以适应所有当前类的实例化对象，可以在接收时使用"?"作为泛型通配符使用，利用"?"表示的泛型类型只允许从对象中获取数据，而不允许修改数据。

范例：使用通配符"?"接收数据

```java
class Message<T> {                       // 定义泛型类对象
    private T content;                   // 泛型属性
    public void setContent(T content) {
        this.content = content;
    }
    public T getContent() {
        return this.content;
    }
}
public class JavaDemo {
    public static void main(String args[]) {
        Message<String> msg = new Message<String>() ;// 实例化Message类对象
        msg.setContent("www.yootk.com") ;
        fun(msg) ;                       // 引用传递
    }
    // 输出信息，只允许取出不允许修改
    public static void fun(Message<?> temp){
        // 如果现在需要接收则会使用Object类作为泛型类型，即String str =
        // (String) temp.getContent() ;
        System.out.println(temp.getContent()) ; // 获取数据
    }
}
```

程序执行结果：

```
www.yootk.com
```

本程序在 fun()方法的参数上使用 Message<?>接收 Message 类的引用对象，由于通配符"?"的作用，该方法可以匹配任意的泛型类型（Message<String>

或 Message<Integer>等都可以）。

 提问：如果不设置泛型类型或者设置泛型类型为 Object 类可否解决程序中的问题？

根据之前所讲解的泛型概念，如果此时在 fun()方法上采用以下两类参数声明是否可以接收任意的泛型类型对象？

➥ 形式 1：public static void fun(<u>Message<Object> temp</u>){}。

➥ 形式 2：public static void fun(<u>Message temp</u>){}。

 回答：泛型需要考虑操作类型的统一性。

首先需要清楚一个核心的问题，在面向对象程序设计中，Object 类可以接收一切的数据类型。但是在泛型的概念中：Message<String>与 Message<Object>属于两个不同类型的对象。

如果采用形式 1 的方式定义参数，则表示 fun()方法只能够接收 Message<Object>类型的引用。

如果采用形式 2 的方式定义参数，不在 fun()方法上设置泛型类型，实际上可以解决当前不同泛型类型的对象传递问题，但同时也会有新的问题产生，即允许随意修改数据。

范例：观察不设置泛型类型时方法的参数定义

```java
public class JavaDemo {
    public static void main(String args[]) {
        Message<String> msg = new Message<String>() ;
        msg.setContent("www.yootk.com") ;
        fun(msg) ;                                    // 引用传递
    }
    // 不设置泛型类型，表示可以接收任意的泛型类型对象
    // 默认泛型类型为Object，但不等同于Message<Object>
    public static void fun(Message temp){             // 输出信息
        // 原始类型为String，现在设置为Integer类
        temp.setContent(18);
        System.out.println(temp.getContent()) ;       // 获取数据
    }
}
```

程序执行结果：

18

执行完本程序可以发现，虽然通过不设置泛型的形式可以接收任意的泛型对象引用，但是无法对修改做出控制；而使用了通配符 "?" 的泛型只允许获取，不允许修改。

通配符 "?" 除了可以匹配任意的泛型类型外，也可以通过泛型上限和下限的配置定义更加严格的类的范围。

➥ 【类和方法】设置泛型的上限（? extends 类）：只能使用当前类或当前类的子类设置泛型类型。

extends Number：可以设置 Number 类或 Number 子类（如 Integer、Double 类）。

➘ 【方法】设置泛型的下限（? super 类）：只能设置指定的类或指定类的父类。

super String：只能设置 String 类或 String 类的父类 Object。

范例： 设置泛型上限

```java
class Message<T extends Number> {          // 定义泛型上限为Number类
    private T content;                      // 泛型属性
    public void setContent(T content) {
        this.content = content;
    }
    public T getContent() {
        return this.content;
    }
}
public class JavaDemo {
    public static void main(String args[]) {
        // Integer类为Number类的子类
        Message<Integer> msg = new Message<Integer>() ;
        msg.setContent(10) ;                // 自动装箱
        fun(msg) ;                          // 引用传递
    }
    public static void fun(Message<? extends Number> temp){
        System.out.println(temp.getContent()) ;   // 获取数据
    }
}
```
程序执行结果：
10

本程序在定义 Message 类与 fun()方法接收参数时使用了泛型上限的设置，这样实例化的 Message 对象只允许使用 Number 类或其子类作为泛型类型。

范例： 设置泛型下限

```java
class Message<T> {                         // 定义泛型下限为String类
    private T content;                      // 泛型属性
    public void setContent(T content) {
        this.content = content;
    }
    public T getContent() {
        return this.content;
    }
```

```
}
public class JavaDemo {
    public static void main(String args[]) {
        // Integer类为Number类的子类
        Message<String> msg = new Message<String>() ;
        msg.setContent("沐言科技：www.yootk.com") ;    // 自动装箱
        fun(msg) ;                                    // 引用传递
    }
    public static void fun(Message<? super String> temp){
        System.out.println(temp.getContent()) ; // 获取数据
    }
}
```

程序执行结果：
沐言科技：www.yootk.com

本程序在 fun() 方法上使用泛型下限，设置了可以接收的 Message 对象的泛型类型只能是 String 类或其父类 Object。

9.4.4 泛型接口

 泛型除了可以定义在类上也可以定义在接口上，这样的结构称为泛型接口。

范例： 定义泛型接口

```
interface IMessage<T> {                    // 泛型接口
    public String echo(T msg) ;            // 抽象方法
}
```

对于此时的 IMessage 泛型接口在进行子类定义时就有两种实现方式：在子类中继续声明泛型和在子类中为父类设置泛型类型。

范例： 定义泛型接口的子类（在子类中继续声明泛型）

```
interface IMessage<T> {                    // 泛型接口
    public String echo(T msg) ;            // 抽象方法
}
class MessageImpl<S> implements IMessage<S> { // 子类继续声明泛型类型
    public String echo(S t) {              // 方法覆写
        return "【ECHO】" + t ;
    }
}
public class JavaDemo {
    public static void main(String args[]) {
        // 实例化泛型接口对象，同时设置泛型类型
```

```
        IMessage<String> msg = new MessageImpl<String>();
        System.out.println(msg.echo("www.yootk.com"));    // 调用方法
    }
}
```
程序执行结果：
【ECHO】www.yootk.com

　　本程序定义 MessageImpl 子类时继续声明了一个泛型标记 S，在实例化 MessageImpl 子类对象时设置的泛型类型也会传递到 IMessage 接口中。

　　范例： 定义子类（在子类中为 IMessage 接口设置泛型类型）

```
interface IMessage<T> {                         // 泛型接口
    public String echo(T msg) ;                 // 抽象方法
}
class MessageImpl implements IMessage<String> { // 设置IMessage泛型类型
    public String echo(String t) {              // 类型为String
        return "【ECHO】" + t;
    }
}
public class JavaDemo {
    public static void main(String args[]) {
        IMessage<String> msg = new MessageImpl(); // 实例化子类不设置泛型
        System.out.println(msg.echo("www.yootk.com"));    // 调用方法
    }
}
```
程序执行结果：
【ECHO】www.yootk.com

　　本程序在定义 MessageImpl 子类时没有定义泛型标记，而是把父接口的泛型类型设置为 String，所以在覆写 echo()方法时参数的类型就是 String。

9.4.5 泛型方法

　　对于泛型，除了可以定义在类上之外，也可以在方法上进行定义，而在方法上定义泛型的时候，这个方法不一定非要在泛型类中定义。

　　范例： 定义泛型方法

```
public class JavaDemo {
    public static void main(String args[]) {
        // 传入了整数，泛型类型就是Integer类
        Integer num[] = fun(1, 2, 3);
        for (int temp : num) {                  // foreach输出
            System.out.print(temp + "、");       // 输出数据
```

```
        }
    }
    // 定义泛型方法，由于类中没有设置泛型，所以需要定义一个泛型标记，泛型的
    // 类型就是传递的参数类型
    public static <T> T[] fun(T... args) {    // 可变参数
        return args;                          // 返回数组
    }
}
```

程序执行结果：

1、2、3、

由于此时是在一个没有泛型声明的类中定义了泛型方法，所以在 fun()方法声明处就必须单独定义泛型标记，此时的泛型类型将由传入的参数类型决定。

9.5 本章概要

1．Java 可以创建抽象类当作父类。抽象类的作用相当于"模板"，目的是依据其格式来修改并创建新的类。

2．抽象类的方法分为两种：一种是普通方法；另一种是以 abstract 关键字定义的抽象方法。抽象方法并没有定义方法体，而是由抽象类派生出的新类来进行强制性覆写。

3．抽象类不能直接通过关键字 new 实例化对象，必须通过对象的多态性利用子类对象的向上转型进行实例化操作。

4．接口是方法和全局常量的集合，接口必须被子类实现，一个接口可以使用关键字 extends 同时继承多个接口，一个子类可以通过 implements 关键字实现多个接口。

5．JDK 1.8 版本之后在接口中允许用 default 关键字定义的普通方法及用 static 关键字定义的静态方法。

6．Java 并不允许类的多重继承，但是允许实现多个接口，即用接口来实现多继承的概念。

7．接口与一般类一样，均可通过扩展的技术来派生出新的接口。原来的接口称为基本接口或父接口；派生出的接口称为派生接口或子接口。通过这种机制，派生接口不仅可以保留父接口的成员，同时也可以加入新的成员以满足实际的需要。

8．使用泛型可以避免由 Object 类接收参数带来的 ClassCastException 异常。

9．泛型对象在进行引用类型接收时一定要使用通配符"？"（或相关上限、下限设置）来描述泛型参数。

9.6 自 我 检 测

1．定义一个 ClassName 接口，接口中只有一个抽象方法 getClassName()，设计一个类 Company，该类实现接口 ClassName 中的方法 getClassName()，功能是获取该类的类名称；编写应用程序使用 Company 类。

2．考虑一个表示绘图的标准，并且可以根据不同的图形来进行绘制。

3．定义类 Shape，用来表示一般二维图形。Shape 类具有抽象方法 area()和 perimeter()，分别用来计算图形的面积和周长。试定义一些二维图形类（如矩形、三角形、圆形、椭圆形等），这些类均为 Shape 类的子类。

9

第 10 章　类结构扩展

通过本章的学习可以达到以下目标

➲ 掌握包的主要作用与包的使用。

➲ 理解 jar 文件的主要作用与创建命令。

➲ 掌握 Java 中的 4 种访问控制权限，并且可以深刻理解面向对象的封装性在 Java 中的实现。

➲ 掌握构造方法私有化的意义，深刻理解单例设计模式与多例设计模式的作用。

➲ 理解枚举的主要作用与定义形式。

　　面向对象的核心组成是类与接口，但在项目中也会利用包进行一组相关类的管理，这样适合于程序代码的部分更新，也更加符合面向对象封装性的概念，同时合理地使用封装也可以方便地实现实例化对象数量的控制。本章将为读者详细讲解类结构的一些扩展特性。

10.1　包

　　在 Java 中，可以将一个大型项目中的类独立出来，并分门别类地存到文件中，再将这些文件一起编译执行，这样的程序代码将更易于维护，也可以避免代码开发中因为命名造成的代码冲突问题。软件项目的组成如图 10-1 所示。

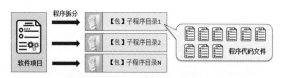

图 10-1　软件项目的组成

10.1.1　包的定义

　　在 Java 程序中，包主要的目的是可以将不同功能的文件进行分割。在之前的代码开发中，所有的程序都保存在同一个目录中，这样带来的问题是如果有同名文件，就会发生覆盖问题，因为在同一个目录中不允许有重名文件，而在不同的目录下可以有重名文件。所谓的包实际上是指文件夹，在 Java 中可以使用 package 定义包名称，此语句必须编写在源代码的首行。

范例：定义包

```
package com.yootk.demo ;          // 定义包，其中 "." 表示子目录（子包）
public class Hello {
    public static void main(String args[]) {
        System.out.println("www.yootk.com") ;
    }
}
```

程序执行结果：

```
www.yootk.com
```

本程序将 Hello 类放在一个自定义的包中，这样在程序编译后就必须将*.class 文件保存在指定的目录中。但是手工建立程序包目录非常麻烦，此时最好的做法是进行打包编译处理，即使用 javac -d . Hello.java 命令，参数作用如下。

➥ -d：表示要生成目录，而目录的结构就是 package 定义的结构。

➥ .：表示在当前所在的目录中生成程序类文件。

在程序打包编译后会有相应的包结构存在，而在使用 java 命令执行程序时，需要编写上完整的 "包.类名称"。例如，以上范例的执行命令：java com.yootk.demo.Hello。

提示：项目中必须提供包

在实际项目编写开发过程中，所有的程序类必须放在一个包中，并且往往要设计一个总包名称和子包名称。在进行包名称命名时所有的字母要求小写。

10.1.2　包的导入

利用包的定义可以将不同功能的类保存在不同的包中以实现分模块开发的需求，但是不同包中的类彼此之间也一定存在相互调用的关系，这时就需要使用 import 语句来导入被调用的其他包中的程序类。

范例：定义一个程序类 com.yootk.util.Message（该类负责获取消息数据）

```
package com.yootk.util;              // com.yootk是父包，util是子包
public class Message {
    public String getContent() {     // 定义方法返回信息
        return "李兴华高薪就业编程训练营：edu.yootk.com";
    }
}
```

本程序定义了一个 Message 类，由于此类需要被其他类引用，所以应该首先编译此程序（命令为 javac -d . Message.java）。

注意：定义时必须使用 public class 声明

　　如果一个包中的类要想被其他包中的类使用，那么这个类一定要用 public class 声明，而不能仅使用 class 声明，因为 class 声明的类只能够在同一个包中使用，这一点在访问控制权限中有详细说明。

　　总结：关于使用 public class 和 class 声明类的区别。

➧ public class：文件名称和类名称要保持一致，在一个*.java 文件中只能存在一个由 public class 声明的类，如果一个类要想被外部的包访问其控制权限必须声明为 public。

➧ class：文件名称可以和类名称不一致，在一个*.java 文件中可以同时存在多个 class 声明，编译完成之后会形成多个*.class 文件，使用 class 声明的类只能够在一个包中访问，不同包无法访问。

范例：定义一个调用 Message 类的测试类 com.yootk.test.TestMessage

```
package com.yootk.test;                    // com.yootk是父包，test是子包
import com.yootk.util.Message;             // 导入其他包的类
public class TestMessage {
    public static void main(String args[]) {
        Message msg = new Message();                   // 实例化类对象
        System.out.println(msg.getContent());          // 调用方法获取信息
    }
}
```

程序执行结果：
李兴华高薪就业编程训练营：edu.yootk.com

　　本程序实现了不同包中类的引用，在 TestMessage 类中需要使用 import 语句导入指定的类，这样就可以直接实例化类对象并且进行相应方法的调用。

提问：如何理解编译顺序？

　　在以上程序中由于 TestMessage 类需要实例化 Message 类对象，所以利用 import 语句进行了指定类的导入，同时需要先编译 Message.java，再编译 TestMessage.java，如果类文件很多时，这样的编译顺序是不是过于烦琐了？

回答：可以使用*.java 的匹配模式自动编译。

　　在开发中如果所有的程序源代码都按照顺序编译，那么这实在是一件非常可怕的事情，在 Java 采用*.java 的匹配模式进行编译可以解决这样的问题。对于以上程序，可以直接使用 javac -d . *.java 命令由 JDK 帮助开发者区分调用顺序并自动编译。

　　在导入不同包时，除了使用 "import 包.类" 形式外，还可以使用 "import 包.*" 的通配符形式进行自动导入处理。

提示： "import 包.*" 的导入模式不影响程序性能

在 Java 中使用 "import 包.*" 导入或者是单独导入，从实际的操作性能上来讲是没有任何区别的，因为即使使用了 "*" 也表示只导入所需要的类，不需要的并不导入。

范例：使用自动导入处理修改 com.yootk.test.TestMessage 类

```
package com.yootk.test;
import com.yootk.util.*;                          // 导入其他包的类
public class TestMessage {
    public static void main(String args[]) {
        Message msg = new Message();              // 实例化类对象
        System.out.println(msg.getContent());     // 调用方法获取信息
    }
}
```

程序执行结果：

李兴华高薪就业编程训练营：edu.yootk.com

本程序在编写 import 语句时使用了 "包.*" 的形式进行自动导入处理，这样在 TestMessage 类引用 com.yootk.util 包中的多个类时就可以减少 import 语句的编写数量。

10.1.3 静态导入

当一个类中的全部组成方法都是用 static 关键字定义时，就可以利用 JDK 1.5 后提供的新机制进行静态导入操作。

范例：定义一个由静态方法组成的类

```
package com.yootk.util;
public class MyMath {        // 该类中的方法全部是用static关键字定义的
    public static int add(int... args) {      // 数据累加
        int sum = 0;
        for (int temp : args) {
            sum += temp;
        }
        return sum;
    }
    public static int sub(int x, int y) {    // 减法操作
        return x - y;
    }
}
```

本程序提供的方法全部是由 static 关键字定义的，按照传统的导入形式，需要先使用 import 语句导入指定类，随后再利用类名称进行调用。但是在静

态导入中则可以直接采用"import static 包.类.*"的形式进行静态方法导入。

范例：使用静态导入

```
package com.yootk.test;
import static com.yootk.util.MyMath.*;        // 静态导入
public class TestMath {
    public static void main(String args[]) {
        System.out.println(add(10, 20, 30));// 直接调用方法
        System.out.println(sub(30, 20));     // 直接调用方法
    }
}
```
程序执行结果：
60（"add(10, 20, 30)"代码执行结果）
10（"sub(30, 20)"代码执行结果）

利用静态导入的优点在于不同类的静态方法就好像在主类中定义一样，不需要类名称就可以直接进行调用。

10.1.4 jar 文件

jar（Java Archive，Java 归档文件）是 Java 给出的一种压缩格式文件，即可以将*.class 文件以*.jar 压缩包的方式给用户，这样方便程序的维护。如果要使用 jar，则可以直接利用 JDK 给出的 jar 命令完成，如果要确定使用参数则可以输入命令 jar--help 来查看相关参数，如图 10-2 所示。在实际开发中，jar 最常用的 3 个参数如下。

➥ **-c**：创建一个新的文件。

➥ **-v**：生成标准的压缩信息。

➥ **-f**：由用户自己指定一个*.jar 的文件名称。

```
C:\Windows\system32\cmd.exe                                     □ ×
D:\yootk>jar --help
非法选项： -
用法： jar {ctxui}[vfmn0PMe] [jar-file] [manifest-file] [entry-point] [-C dir] files ...
选项：
    -c  创建新档案
    -t  列出档案目录
    -x  从档案中提取指定的（或所有）文件
    -u  更新现有档案
    -v  在标准输出中生成详细输出
    -f  指定档案文件名
    -m  包含指定清单文件中的清单信息
    -n  创建新档案后执行 Pack200 规范化
    -e  为捆绑到可执行 jar 文件的独立应用程序
```
图 10-2　jar--help 命令的相关参数

范例：定义一个类并将其打包为 jar 文件

```
package com.yootk.util;
public class Message {
    public String getContent() {
        return "www.yootk.com";
```

```
    }
}
```

源代码需要首先编译为*.class 文件后才可以打包为*.jar 文件，可以按照以下步骤进行。

- ➘ 对程序打包编译：javac -d . Message.java。
- ➘ 此时会形成 com 的包，包里有相应的子包与*.class 文件，将其打包为 yootk.jar，命令为 jar -cvf yootk.jar com。
- ➘ 每一个*.jar 文件都是一个独立的程序路径，如果要想在 Java 程序中使用此路径，则必须通过 CLASSPATH 变量进行配置。

```
SET CLASSPATH=.;d:\yootk\yootk.jar
```

范例： 编写测试类用以引入 yootk.jar 中的 Message 类

```java
package com.yootk.test;
public class TestMessage {
    public static void main(String args[]) {
        com.yootk.util.Message msg = new com.yootk.util.Message();
        System.out.println(msg.getContent());    // 调用方法获取信息
    }
}
```
程序执行结果：
```
www.yootk.com
```

此时程序就可以直接调用*.jar 文件中的程序类。

提示：变量 CLASSPATH 的错误配置

在引用*.jar 文件的过程中，CLASSPATH 变量是一个重要选项，如果没有正确配置，则在程序使用时会出现 Exception in thread "main" java.lang.NoClassDefFoundError: com/yootk/util/Message 异常信息，该异常在实际开发中比较常见。

10.1.5 系统常用包

Java 语言最大的特点是提供了大量的开发支持，尤其是经过了这么多年的发展，只要是想做的技术，Java 几乎都可以完成，而且有大量的开发包支撑着。对于 Java SE 部分 Java 也提供了一些常用的系统包，如表 10-1 所示。

表 10-1　系统常用包

No.	包 名 称	作　　用
1	java.lang	基本包，像 String 这样的类都保存在此包中。在 JDK 1.0 时如果想编写程序，则必须手动导入此包，但是之后的 JDK 解决了此问题，所以此包现在为自动导入

No.	包 名 称	作 用
2	java.lang.reflect	反射机制的包，是 java.lang 的子包
3	java.util	工具包，一些常用的类库、日期操作等都在此包中。如果精通此包，则可以更好地理解各种设计思路
4	java.text	提供了一些文本的处理类库
5	java.sql	数据库操作包，提供了各种数据库操作的类和接口
6	java.net	完成网络编程
7	java.io	输入、输出处理
8	java.awt	包含了构成抽象窗口工具集（abstract window toolkits）的多个类，这些类被用来构建和管理应用程序的图形用户界面（GUI）
9	javax.swing	此包用于建立图形用户界面，此包中的组件相对于 java.awt 包而言是轻量级组件
10	java.applet	小应用程序开发包

表 10-1 所示的包只是 Java 开发过程中很小的一部分，随着读者开发经验的提升，对这些开发包的知识也会慢慢有所积累，当积累到一定程度后就可以开始编写实际的程序了。

 提示：JDK 1.9 之后 jar 文件的变化

➡ 在 JDK 1.9 以前的版本中实际上提供的是一个所有类的 *.jar 文件（rt.jar、tools.jar），在传统的开发中只要启动了 Java 虚拟机，就需要加载这些类文件。

➡ 在 JDK 1.9 之后提供了一个模块化的设计，将原本要加载的一个 *.jar 文件变成了若干个模块文件，这样在启动的时候可以根据程序加载指定的模块（模块中有包），以提高启动速度。

10.2 访问控制权限

对于封装性实际上在之前只讲解了 private 权限，要想完整掌握封装性，必须结合 4 种访问控制权限来看。4 种访问控制权限如表 10-2 所示。

表 10-2　4 种访问控制权限

No.	范　围	private	default	protected	public
1	同一包的同一类	√	√	√	√
2	同一包的不同类		√	√	√
3	不同包的子类			√	√
4	不同包的非子类				√

private、default、public 的相关特点在之前的讲解中已经通过举例进行了详细的说明，本节的重点在于讲解 protected 权限，该权限的主要特点是允许本包以及不同包的子类进行访问。

范例：定义 com.yootk.a.Message 类（在此类中使用 protected 访问控制权限定义成员属性）

```
package com.yootk.a;
public class Message {
    // 只允许被包和不同包子类访问
    protected String info = "www.yootk.cn";
}
```

范例：定义 com.yootk.b.NetMessage 类（在此类中直接访问使用 protected 访问控制权限定义的成员属性）

```
package com.yootk.b;
import com.yootk.a.Message;
public class NetMessage extends Message {    // 继承父类Message
    public void print() {
        System.out.println(super.info);        // 访问protected属性
    }
}
```

此时 Message 父类与 NetMessage 子类不在同一个包中，在 NetMessage 子类中利用 super 关键字访问了父类中 protected 权限的 info 属性。

范例：编写测试类

```
package com.yootk.test;
import com.yootk.b.*;                        // 导入子类所在包
public class TestMessage {
    public static void main(String args[]) {
        new NetMessage().print();            // 实例化子类对象并调用方法
    }
}
```

程序执行结果：

```
www.yootk.com
```

本程序通过 com.yootk.test.TestMessage 测试类直接实例化了子类对象实例，输出了 Message 父类中的 protected 成员属性内容。如果此时尝试在 TestMessage 类中直接访问 Message 中的 info 成员属性，则会在编译时提示 protected 权限访问错误。

提示：关于访问控制权限的使用

对于访问控制权限，初学者把握住以下的原则即可。

↘ 属性声明以 private 为主。

↘ 方法声明以 public 为主。

封装性实际有 3 种表示方式：private、default、protected。

10.3 构造方法私有化

在类结构中每当使用关键字 new 都会调用构造方法并实例化新的对象，然而在设计中，也可以利用构造方法的私有化形式来实现实例化对象的控制，本节将为读者分析构造方法私有化的相关范例。

10.3.1 单例设计模式

单例设计模式是指在整个系统中一个类只允许提供一个实例化对象，为实现此要求可以通过使用 private 进行构造方法的封装，这样该类将无法在类的外部利用关键字 new 实例化新的对象。同时为了方便使用本类的方法，可以在内部提供一个全局实例化对象供用户使用。

范例：单例设计模式

```java
package com.yootk.demo;
class Singleton {          // 单例程序类
    // 在类内部进行Single类对象实例化，为了防止可能出现重复实例化，使用final
    // 关键字标记
    private static final Singleton INSTANCE = new Singleton();
    private Singleton() {} // 构造方法私有化，外部无法通过关键字new实例化
    /**
     * 获取本类实例化对象方法，用static关键字定义的方法可以不受实例化对象的限制
     * @return INSTANCE内部实例化对象，不管调用多少次此方法都只返回同一个
实例化对象
     */
    public static Singleton getInstance() {
        return INSTANCE;
    }
    public void print() {  // 信息输出
        System.out.println("www.yootk.com");
    }
}
public class JavaDemo {
    public static void main(String args[]) {
```

```
        // 在外部不管有多少个Singleton类对象,实质上最终都只调用唯一的一个
        // Singleton类实例
        Singleton instance = null;          // 声明对象
        instance = Singleton.getInstance(); // 获取实例化对象
        instance.print();                    // 通过实例化对象调用方法
    }
}
```

程序执行结果:

www.yootk.com

　　本程序将 Singleton 类的构造方法用 private 进行了私有化封装,这样将无法在类外部通过关键字 new 实例化本类对象。同时为了方便使用 Singleton 类对象,在类内部提供了公共的 INSTANCE 对象作为本类成员属性,并利用用 static 关键字定义的方法可以直接获取本类实例以实现相关方法的调用。

　　单例设计模式分为两种:饿汉式单例设计和懒汉式单例设计,两种模式的主要差别在于对对象进行实例化的时机。在之前所讲解的单例设计中可以发现,在类中定义成员属性时就直接进行了对象实例化处理,这种结构就属于饿汉式单例设计。而懒汉式单例设计是在第一次使用类的时候才会进行对象实例化。

范例:定义懒汉式单例设计模式

```
package com.yootk.demo;
class Singleton {                            // 单例程序类
    // 定义公共的instance属性,由于需要在第一次使用时实例化,所以无法通过关
    // 键字final定义
    private static Singleton instance;       // 声明本类对象
    private Singleton() {} // 构造方法私有化,外部无法通过关键字new实例化
    /**
     * 获取本类实例化对象方法,static方法可以不受实例化对象的限制进行调用
     * @return 返回唯一的一个Singleton类的实例化对象
     */
    public static Singleton getInstance() {
        if (instance == null) {              // 第一次使用时对象未实例化
            instance = new Singleton() ;     // 实例化对象
        }
        return instance ;                    // 返回实例化对象
    }
    public void print() {                    // 信息输出
        System.out.println("www.yootk.com");
    }
}
public class JavaDemo {
    public static void main(String args[]) {
```

```
        // 在外部不管有多少个Singleton类对象,实质上最终都只调用唯一的一个
        // Singleton类实例
        Singleton instance = null;          // 声明对象
        instance = Singleton.getInstance(); // 获取实例化对象
        instance.print();                   // 通过实例化对象调用方法
    }
}
```

程序执行结果:
www.yootk.com

　　本程序在 Singleton 类内部定义 instance 成员属性时并没有进行对象实例化,而是在第一次调用 getInstance()方法时才进行了对象实例化处理,这样可以节约程序启动时的资源。

10.3.2　多例设计模式

　　单例设计模式只有一个类的实例化对象,而多例设计模式会定义出多个对象。例如,定义一个表示星期的操作类,这个类的对象有 7 个实例化对象（星期一至星期日）;定义一个表示性别的操作类,有两个实例化对象（男、女）;定义一个表示颜色基色的操作类,有 3 个实例化对象（红、绿、蓝）。这种情况下,这样的类就不应该由用户无限制地去创造实例化对象,而应该只使用有限的几个,这就属于多例设计模式。

范例: 实现多例设计模式

```
package com.yootk.demo;
class Color {                                   // 定义描述颜色的类
    // 在类内部提供若干个实例化对象,为了方便管理也可以通过对象数组的形式定义
    private static final Color RED = new Color("红色"); // 实例化对象
    private static final Color GREEN = new Color("绿色");// 实例化对象
    private static final Color BLUE = new Color("蓝色");// 实例化对象
    private String title;                       // 成员属性
    private Color(String title) {               // 构造方法私有化
        this.title = title;                     // 成员属性初始化
    }
    public static Color getInstance(String color) {// 获取实例化对象
        switch (color) {                        // 判断对象类型
            case "red":
                return RED;
            case "green":
                return GREEN;
            case "blue":
                return BLUE;
```

```
                default:
                    return null;
            }
        }
    public String toString() {              // 对象打印时调用
        return this.title;
    }
}
public class JavaDemo {
    public static void main(String args[]) {
        Color c = Color.getInstance("green");   // 获取实例化对象
        System.out.println(c);                  // 对象输出
    }
}
```

程序执行结果：
绿色

　　由于需要控制实例化对象的产生个数，本程序将构造方法进行私有化定义后在内部提供了 3 个实例化对象，为了方便外部类使用，可以通过 getInstance() 方法利用对象标记获取实例化对象。

10.4　枚　举

　　Java 语言在设计之初并没有提供枚举的概念，所以开发者不得不使用多例设计模式来代替枚举的解决方案，而从 JDK 1.5 开始，Java 支持了枚举结构的定义，通过枚举可以简化多例设计模式的实现。

10.4.1　定义枚举类

　　JDK 1.5 开始，Java 提供了一个新的关键字：enum，利用此关键字可以实现枚举类型的定义，利用枚举可以简化多例设计模式的实现。

　　范例：定义枚举类型

```
package com.yootk.demo;
enum Color {                            // 枚举类
    RED, GREEN, BLUE;                   // 实例化对象
}
public class JavaDemo {
    public static void main(String args[]) {
        Color c = Color.RED;            // 获取实例化对象
        System.out.println(c);          // 输出对象
    }
```

```
}
```

程序执行结果：

```
RED
```

　　本程序定义了一个 Color 的枚举类，并在类的内部提供有 Color 类的 3 个实例化对象，在外部调用处可以直接利用枚举名称进行对象的调用。

🎸 提示：关于枚举名称的定义

　　在本程序中，所有枚举类的对象名称全部采用了大写字母定义，这一点是符合多例设计模式要求的，同时枚举对象的名称也可以采用中文的形式进行定义。

范例：使用中文定义枚举对象名称

```
enum Color {                              // 枚举类
    红色，绿色，蓝色;                        // 实例化对象
}
```

　　如果现在要引用"蓝色"对象，直接使用"Color.蓝色"即可，通过此程序也可以发现枚举最重要的特点就是可以简化多例设计模式的结构。

　　枚举除了简化多例设计模式之外，也提供了方便的信息获取操作，利用"枚举类.values()"结构就可以以对象数组的形式获取枚举中的全部对象。

范例：输出枚举中的全部内容

```
package com.yootk.demo;
enum Color {                              // 枚举类
    RED, GREEN, BLUE;                     // 实例化对象
}
public class JavaDemo {
    public static void main(String args[]) {
        for (Color c : Color.values()) {   // foreach输出全部枚举对象
            System.out.print(c + "、");    // 输出枚举对象信息
        }
    }
}
```

程序执行结果：

```
RED、GREEN、BLUE、
```

　　本程序利用 values() 方法获取了 Color 中的全部枚举对象，随后利用 foreach 循环获取每一个对象并进行输出。

　　之所以采用枚举来代替多例设计模式的一个很重要的原因在于，可以直接在 switch 开关语句中进行枚举对象类型判断。

范例： 在 switch 开关语句中判断枚举类型

```java
package com.yootk.demo;
enum Color {                              // 枚举类
    RED, GREEN, BLUE;                     // 实例化对象
}
public class JavaDemo {
    public static void main(String args[]) {
        Color c = Color.RED;
        switch (c) {                      // 支持枚举判断
            case RED:                     // 匹配内容
                System.out.println("红色");
                break;
            case GREEN:                   // 匹配内容
                System.out.println("绿色");
                break;
            case BLUE:                    // 匹配内容
                System.out.println("蓝色");
                break;
        }
    }
}
```
程序执行结果：
红色

　　本程序直接在 switch 开关语句中实现了枚举对象的匹配，而如果使用多例设计模式，则只能通过大量的 if 语句判断来进行内容的匹配与结果输出。

 提示：关于 switch 开关语句允许操作的数据类型

　　switch 开关语句支持判断的数据类型的数量，随着 JDK 版本的升级也越来越多。
- 在 JDK 1.5 之前，只支持 int 或 char 型。
- 在 JDK 1.5 之后，增加了 Enum 型。
- 在 JDK 1.7 之后，增加了 String 型。

10.4.2　Enum 类

　　枚举并不是一个新的类型，它只是提供了一种更为方便的结构。严格来讲，每一个使用 enum 定义的类实际上都属于一个类继承了 Enum 父类而已，java.lang.Enum 类的定义如下。

```java
public abstract class Enum<E extends Enum<E>>
    extends Object implements Comparable<E>, Serializable {}
```

在 Enum 类中可以定义其支持的泛型上限，同时在 Enum 类中提供了如表 10-3 所示的常用方法。

表 10-3　Enum 类的常用方法

No.	方法名称	类型	描述
1	protected Enum(String name, int ordinal)	构造	传入名字和序号
2	public final String name()	普通	获得对象名字
3	public final int ordinal()	普通	获得对象序号

通过表 10-3 可以发现 Enum 类中的构造方法使用了 protected 访问控制权限，实际上这也属于构造方法的封装实现，在实例化每一个枚举类对象时可以自动传递一个对象名称及序号。

范例：观察 enum 关键字与 Enum 类之间的联系

```
package com.yootk.demo;
enum Color {                                    // 枚举类
    RED, GREEN, BLUE;                           // 实例化对象
}
public class JavaDemo {
    public static void main(String args[]) {
        for (Color c : Color.values()) {        // 获取枚举信息
            System.out.println(c.ordinal() + " - " + c.name());
        }
    }
}
程序执行结果：
0 - RED
1 - GREEN
2 - BLUE
```

在本程序中每输出一个枚举类对象时都调用了 Enum 类中定义的 ordinal() 方法与 name()方法来获取相应的信息，所以可以证明，enum 关键字定义的枚举类将默认继承父类 Enum。

10.4.3　定义枚举结构

在枚举类中除了可以定义若干个实例化对象之外，也可以像普通类那样定义成员属性、构造方法、普通方法，但是需要记住的是，枚举的本质是多例设计模式，所以构造方法不允许使用 public 进行定义。如果类中没有提供无参构造方法，则必须在定义每一个枚举对象时明确传入的参数内容。

226

范例：在枚举类中定义成员属性与方法

```java
package com.yootk.demo;
enum Color {                                    // 枚举类
    RED("红色"), GREEN("绿色"), BLUE("蓝色");    // 枚举对象要写在首行
    private String title;                       // 成员属性
    private Color(String title) {               // 构造方法初始化属性
        this.title = title;
    }
    @Override
    public String toString() {                  // 输出对象信息
        return this.title;
    }
}
public class JavaDemo {
    public static void main(String args[]) {
        for (Color c : Color.values()) {                // 获取枚举信息
            System.out.println(c.ordinal() + " - " + c.name() + " - " + c);
        }
    }
}
```

本程序在枚举结构中定义了构造方法并且覆写了 Object 类中的 toString() 方法，可以发现在 Java 中已经将枚举结构的功能进行了扩大，使其与类结构更加贴近。

范例：通过使用枚举类实现接口

```java
package com.yootk.demo;
interface IMessage {
    public String getMessage();                 // 获取信息
}
enum Color implements IMessage {                // 枚举类实现接口
    RED("红色"), GREEN("绿色"), BLUE("蓝色");    // 枚举对象要写在首行
    private String title;                       // 成员属性
    private Color(String title) {               // 构造方法初始化属性
        this.title = title;
    }
    @Override
    public String toString() {                  // 输出对象信息
        return this.title;
    }
    @Override
    public String getMessage() {                // 方法覆写
```

```
            return this.title ;
        }
    }
    public class JavaDemo {
        public static void main(String args[]) {
            IMessage msg = Color.RED ;                    // 对象向上转型
            System.out.println(msg.getMessage());
        }
    }
```
程序执行结果：
红色

本程序让枚举类实现了 IMessage 接口，这样就需要在枚举类中覆写接口中的抽象方法，由于 Color 类是 IMessage 接口的子类，所以每一个枚举类对象都可以通过对象的向上转型实现 IMessage 接口对象实例化。

枚举还有一个特别的功能就是可以直接进行抽象方法的定义，此时可以在每一个枚举对象中分别实现此抽象方法。

范例：在枚举类中定义抽象方法

```
package com.yootk.demo;
enum Color {                                            // 枚举类
    RED("红色") {
        @Override
        public String getMessage() {                    // 覆写抽象方法
            return "【RED】" + this;
        }
    }, GREEN("绿色") {
        @Override
        public String getMessage() {                    // 覆写抽象方法
            return "【GREEN】" + this;
        }
    }, BLUE("蓝色") {
        @Override
        public String getMessage() {                    // 覆写抽象方法
            return "【BLUE】" + this;
        }
    };                                                  // 枚举对象要写在首行
    private String title;                               // 成员属性
    private Color(String title) {                       // 构造方法初始化属性
        this.title = title;
    }
    @Override
```

10

```java
    public String toString() {                          // 输出对象信息
        return this.title;
    }
    public abstract String getMessage();                // 直接定义抽象方法
}
public class JavaDemo {
    public static void main(String args[]) {
        System.out.println(Color.RED.getMessage());
    }
}
```

程序执行结果：

【RED】红色

本程序在枚举中利用 abstract 关键字定义了一个抽象方法，这样就必须在每一个枚举类对象中覆写此抽象方法。

10.4.4 枚举应用案例

枚举主要是定义了实例化对象的使用范围，枚举类型也可以作为成员属性类型。例如，定义一个 Person 类，里面有性别属性，而性别的值肯定不希望用户随意输入，所以使用枚举类型最合适。

范例： 枚举类型的应用

```java
package com.yootk.demo;
enum Sex {                                          // 性别
    MALE("男"), FEMALE("女");                        // 枚举对象
    private String title;                           // 成员属性
    private Sex(String title) {                     // 构造方法
        this.title = title;
    }
    @Override
    public String toString() {                      // 获取对象信息
        return this.title;
    }
}
class Person {                                       // 普通类
    private String name;                            // 姓名
    private int age;                                // 年龄
    private Sex sex;                                // 性别
    public Person(String name, int age, Sex sex) {  // 构造方法
        this.name = name;                           // 属性初始化
        this.age = age;                             // 属性初始化
        this.sex = sex;                             // 属性初始化
```

```
        }
    public String toString() {
        return "姓名：" + this.name + "、年龄：" + this.age + "、性别："
                + this.sex;
    }
}
public class JavaDemo {
    public static void main(String args[]) {
        System.out.println(new Person("张三", 20, Sex.MALE));
    }
}
```

程序执行结果：

姓名：张三、年龄：20、性别：男

本程序定义 Person 类时使用了枚举类型，在实例化 Person 类对象时就可以限制 Sex 类对象的取值范围。

10.5　本章概要

1．在 Java 中使用包进行各个功能类的结构划分，可以解决在多人开发时产生的类名称重复的问题。

2．在 Java 中使用 package 关键字将一个类放入一个包中，包的本质就是一个目录，在开发中往往需要依据自身的开发环境定义父包名称和子包名称，在标准开发中所有的类都必须放在一个包内。

3．在 Java 中使用 import 语句，可以导入一个已有的包。

4．如果在一个程序中导入了不同包的同名类，在使用时一定要明确指出包的名称，即"包.类名称"。

5．Java 的访问控制权限分为 4 种：private、default、protected、public。

6．使用 jar 命令可以将一个包打成一个 jar 文件，供用户使用。

7．单例设计模式与多例设计模式都必须要求构造方法私有化，同时需要在类的内部提供实例化对象，利用引用传递交给外部类进行使用。

8．JDK 1.5 之后提供的枚举类型可以简化多例设计模式的定义，同时可以提供更加丰富的类结构定义。

9．使用 enum 关键字定义的枚举将默认继承父类 Enum，Enum 类的构造方法使用 protected 访问控制权限定义，并且可以接收枚举名称与序号（根据枚举对象定义的顺序自动生成）。

第 11 章　异常的捕获与处理

通过本章的学习可以达到以下目标

- 了解 Java 中异常对程序正常执行的影响。
- 掌握异常处理语句的基本格式，熟悉 try、catch、finally 关键字的作用。
- 掌握 throw、throws 关键字的作用。
- 了解 Exception 与 RuntimeException 的区别和联系。
- 掌握自定义异常的意义与实现。
- 了解 assert 关键字的作用。

在程序开发中，程序的编译与运行是两个不同的阶段，编译主要针对的是语法检测，而在程序运行时却有可能出现各种各样的错误导致程序中断执行，这些错误在 Java 中统一称为异常。Java 对异常的处理提供了非常方便的操作。本章将介绍异常的基本概念以及相关的处理方式。

11.1　认　识　异　常

异常是指在程序执行时由于程序处理逻辑的错误而导致程序中断的一种指令流，下面通过两个程序来为读者分析异常带来的影响。

范例：不产生异常的代码

```java
package com.yootk.demo;
public class JavaDemo {
    public static void main(String args[]) {
        System.out.println("【1】****** 程序开始执行 ******");
        // 执行除法计算
        System.out.println("【2】****** 数学计算: " + (10 / 2));
        System.out.println("【3】****** 程序执行完毕 ******");
    }
}
```
程序执行结果：
【1】****** 程序开始执行 ******
【2】****** 数学计算：5
【3】****** 程序执行完毕 ******

　　本程序并没有异常产生，所以程序会按照既定的逻辑顺序执行完毕。然而在有异常产生的情况下，程序的执行就会在异常产生处中断。

范例：产生异常的代码

```
package com.yootk.demo;
public class JavaDemo {
    public static void main(String args[]) {
        System.out.println("【1】****** 程序开始执行 ******");
        // 执行除法计算
        System.out.println("【2】****** 数学计算: " + (10 / 0));
        System.out.println("【3】****** 程序执行完毕 ******");
    }
}
```

程序执行结果：

```
【1】****** 程序开始执行 ******
Exception in thread "main" java.lang.ArithmeticException: / by zero
    at com.yootk.demo.JavaDemo.main(JavaDemo.java:6)
```

　　在本程序中产生了数学异常（"10/0"的计算将产生 ArithmeticException 异常），由于程序没有进行异常的任何处理，所以默认情况下会进行异常信息打印，同时将终止执行异常产生之后的代码。

　　通过观察可以发现，如果没有正确地处理异常，程序会出现中断执行的情况。为了让程序在出现异常后依然可以正常执行，必须引入异常处理语句来完善代码编写。

11.2　异　常　处　理

　　在 Java 中，针对异常的处理有 3 个核心的关键字：try、catch、finally，利用这几个关键字就可以组成以下的异常处理格式。

```
try {
    // 有可能出现异常的语句
} [ catch (异常类型 对象) {
    // 异常处理 ;
} catch (异常类型 对象) {
    // 异常处理 ;
} catch (异常类型 对象) {
    // 异常处理 ;
} ... ] [finally {
    ; //不管是否出现异常，都统一执行的代码
}]
```

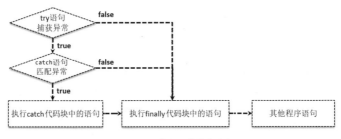

在格式中已经明确表示，在 try 语句中捕获可能出现的异常代码。如果在 try 语句中产生了异常，则程序会自动跳转到 catch 语句中寻找匹配的异常类型进行相应的处理。最后不管程序是否会产生异常，则肯定会执行到 finally 语句，finally 语句就作为异常的统一出口。需要注意的是，finally 语句代码块是可以省略的。如果省略了 finally 语句代码块不写，则在 catch 语句代码块执行结束后，程序将继续向下执行。异常处理的基本流程如图 11-1 所示。

图 11-1　异常处理的基本流程

提示：异常处理的格式组合

在以上格式中发现 catch 语句与 finally 语句都是可选的，实际上这并不是表示这两个语句可以同时消失。异常格式的组合，往往有以下几种结构形式：try...catch、try...catch...finally、try...finally。

范例：异常处理的实现

```java
package com.yootk.demo;
public class JavaDemo {
    public static void main(String args[]) {
        System.out.println("【1】****** 程序开始执行 ******");
        try {
            // 执行除法计算
            System.out.println("【2】****** 数学计算: " + (10 / 0));
        } catch (ArithmeticException e) {            // 捕获算术异常
            System.out.println("【C】处理异常: " + e);// 处理异常
        }
        System.out.println("【3】****** 程序执行完毕 ******");
    }
}
```
程序执行结果：
【1】****** 程序开始执行 ******
【C】处理异常: **java.lang.ArithmeticException: / by zero**（catch处理语句）
【3】****** 程序执行完毕 ******

本程序使用了异常处理语句格式，当程序中的数学计算出现异常之后，异常会被 try 语句捕获，而后交给 catch 语句进行处理，这个时候程序会正常结束，而不会出现中断执行的情况。

以上的范例在出现异常之后，采用输出提示信息的方式进行处理。但是这样的处理方式不能够明确地描述出异常类型，而输出异常的目的是为了解决异常。所以为了能够进行异常的处理，可以使用异常类中提供的 printStackTrace() 方法进行异常信息的完整输出。

范例：获取完整异常信息

```java
package com.yootk.demo;
public class JavaDemo {
    public static void main(String args[]) {
        System.out.println("【1】****** 程序开始执行 ******");
        try {
            // 执行除法计算
            System.out.println("【2】****** 数学计算：" + (10 / 0));
        } catch (ArithmeticException e) {            // 捕获算术异常
            e.printStackTrace();                     // 输出异常信息
        }
        System.out.println("【3】****** 程序执行完毕 ******");
    }
}
```

程序执行结果：
```
【1】****** 程序开始执行 ******
java.lang.ArithmeticException: / by zero
    at com.yootk.demo.JavaDemo.main(JavaDemo.java:7)
【3】****** 程序执行完毕 ******
```

所有的异常类中都会提供 printStackTrace() 方法，而利用这个方法输出的异常信息，会明确地告诉用户是哪一行代码出现了异常，以便用户进行代码的调试与异常排除操作。

除了使用 try…catch 的异常处理结构外，也可以使用 try…catch…finally 异常处理结构，利用 finally 语句代码块作为程序的执行出口，不管代码中是否出现异常都会执行此语句代码块。

范例：使用 finally 语句代码块

```java
package com.yootk.demo;
public class JavaDemo {
    public static void main(String args[]) {
        System.out.println("【1】****** 程序开始执行 ******");
        try {
            System.out.println("【2】****** 数学计算：" + (10 / 0));
```

```
        // 执行除法计算
        } catch (ArithmeticException e) {         // 捕获算术异常
            e.printStackTrace();                   // 输出异常信息
        } finally {                                // 最终出口，必然执行
            System.out.println("【F】不管是否出现异常，我都会执行。");
        }
        System.out.println("【3】****** 程序执行完毕 ******");
    }
}
```

程序执行结果：

【1】****** 程序开始执行 ******
java.lang.ArithmeticException: / by zero
  at com.yootk.demo.JavaDemo.main(JavaDemo.java:7)
【F】不管是否出现异常，我都会执行。
【3】****** 程序执行完毕 ******

  本程序增加了一个 finally 语句代码块，这样在异常处理过程中，不管是否出现异常最终都会执行 finally 语句代码块中的代码。

 提问：finally 语句代码块的作用是不是较小？

  通过测试发现，异常处理语句后的提示输出操作代码"System.out.println("【3】****** 程序执行完毕 ******")"，不管是否出现了异常都可以正常进行处理，那么使用 finally 语句代码块是不是有些多余了？

 回答：两者的执行机制不同。

  实际上在本程序中只是处理了一个简单的数学计算异常，并不能正常处理其他异常。而对于不能够正常进行处理的代码，程序依然会中断执行，而一旦中断执行了，其后的输出语句肯定不会执行，但是 finally 语句代码块依然会执行。这一区别在随后的代码中可以发现。

  finally 语句代码块的作用往往是在开发中进行一些资源释放操作。

11.3　处理多个异常

  在进行异常捕获与处理时，每一个 try 语句后可以设置多个 catch 语句，用于进行各种不同类型的异常捕获。

范例：捕获多个异常

```
package com.yootk.demo;
public class JavaDemo {
    public static void main(String args[]) {
        System.out.println("【1】****** 程序开始执行 ******");
```

```
    try {
        int x = Integer.parseInt(args[0]);   // 初始化参数转为数字
        int y = Integer.parseInt(args[1]);   // 初始化参数转为数字
        // 除法计算
        System.out.println("【2】****** 数学计算: " + (x / y)) ;
    } catch (ArithmeticException e) {          // 算术异常
        e.printStackTrace() ;
    } catch (NumberFormatException e) {        // 数字格式化异常
        e.printStackTrace() ;
    } catch (ArrayIndexOutOfBoundsException e) {   // 数组越界异常
        e.printStackTrace() ;
    } finally {                                // 最终出口，必然执行
        System.out.println("【F】不管是否出现异常，我都会执行。") ;
    }
    System.out.println("【3】****** 程序执行完毕 ******");
    }
}
```

执行**[1]**：
没有输入初始化参数：Java JavaDemo
java.lang.ArrayIndexOutOfBoundsException: 0
执行**[2]**：
输入的参数不是数字：java JavaDemo a b
java.lang.NumberFormatException: For input string: "a"
执行**[3]**：
输入的被除数为0：java JavaDemo 10 0
java.lang.ArithmeticException: / by zero

    本程序利用初始化参数的形式输入了两个要参与除法计算的数字，由于需要考虑到未输入初始化参数、数字转型以及算术异常等问题，所以程序中使用了多个 catch 语句进行异常处理。

11.4　异常处理流程

    通过前面章节的分析，相信读者已经清楚如何进行异常处理以及异常处理对于程序正常完整执行的重要性。然而非常遗憾的是，此时会出现这样一个问题：如果每次处理异常的时候都要去考虑所有的异常种类，那么直接使用判断来进行处理不是更好吗？为了能够正确地处理异常，必须清楚 Java 中的异常处理流程。异常处理流程如图 11-2 所示。

    （1）Java 中可以处理的异常全部都是在程序运行中产生的异常，当程序运行到某行代码并且此代码执行出现异常时，会由 JVM 帮助用户去判断此异常的类型，并且自动进行指定类型的异常类对象实例化处理。

（2）如果此时程序中并没有提供异常处理的支持，则会采用 JVM 默认异常处理方式，首先进行异常信息的打印；然后直接退出当前的程序。

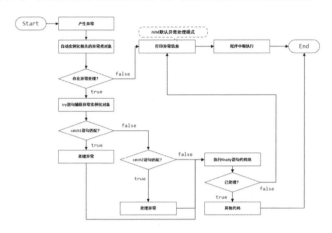

图 11-2　异常处理流程

（3）如果此时程序中存在异常处理，那么这个产生异常类的实例化对象将会被 try 语句所捕获。

（4）try 语句捕获到异常之后与 catch 语句中的异常类型依次进行比对，如果此时与 catch 语句中的异常类型相同，则认为应该使用此 catch 语句进行异常处理；如果不匹配则继续比对后续的 catch 语句类型；如果没有任何的 catch 语句匹配成功，那么就表示该异常无法进行处理。

（5）不管异常是否处理最终都要执行 finally 代码块语句，但是当执行完 finally 语句代码块的程序之后会进一步判断当前的异常是否已经处理过了，如果处理过了，则继续向后执行其他代码；如果没有处理则交由 JVM 进行默认处理。

通过分析可以发现在整个异常处理流程中实际上操作的还是一个异常类的实例化对象，那么这个异常类的实例化对象的类型就成为理解异常处理的关键所在，以之前接触过的两种异常继承关系为例。

ArithmeticException	ArrayIndexOutOfBoundsException

`java.lang.Object`
` |- java.lang.Throwable`
`   |- java.lang.Exception`
`    |-`
`java.lang.RuntimeException`
`    |-`
`java.lang.ArithmeticException`
	`java.lang.Object`
	` |- java.lang.Throwable`
	`    |- java.lang.Exception`
	`      |- java.lang.RuntimeException`
	`      |-`
	`java.lang.IndexOutOfBoundsException`
	`      |-`
	`java.lang.ArrayIndexOutOfBoundsException`

可以发现所有的异常类最高的继承类是 Throwable，并且通过 JavaDoc 文档可以发现在 Throwable 类下有两个子类。

- Error：JVM 错误，这个时候的程序并没有执行，无法处理。
- Exception：程序运行中产生的异常，用户可以使用异常处理格式处理。

提示：注意 Java 中的命名

读者可以发现，在 Java 中进行异常类、子类命名时都会使用 XxxError 或 XxxException 的形式，目的是从名称上帮助开发者区分。

通过分析可以发现异常产生时会实例化异常的对象，按照对象的引用原则，可以自动向父类转型，按照这样的逻辑，实际上所有的异常都可以使用 Exception 类来处理。

提问：为什么不使用 Throwable 类？

在以上的分析中，为什么不考虑 Throwable 类，而只是说使用 Exception 类来进行接收？

回答：Throwable 类表示的范围要比 Exception 类大。

实际上本程序如果使用 Throwable 类来进行处理，没有任何的语法问题，但却会存在逻辑问题。因为此时出现的（或者说用户能够处理的）只有 Exception 类型，而如果使用 Throwable 类接收，那么还会表示可以处理 Error 类的错误，而用户是处理不了 Error 类错误的，所以在开发中用户可以处理的异常都要求以 Exception 类为主。

范例：简化异常处理

```java
package com.yootk.demo;
public class JavaDemo {
    public static void main(String args[]) {
        System.out.println("【1】****** 程序开始执行 ******");
        try {
            int x = Integer.parseInt(args[0]);   // 初始化参数转为数字
            int y = Integer.parseInt(args[1]);   // 初始化参数转为数字
            // 除法计算
            System.out.println("【2】****** 数学计算：" + (x / y)) ;
        } catch (Exception e) {                   // 处理所有异常
            e.printStackTrace() ;
        } finally {                               // 最终出口，必然执行
            System.out.println("【F】不管是否出现异常，我都会执行。") ;
        }
        System.out.println("【3】****** 程序执行完毕 ******");
    }
}
```

此时的异常统一使用 Exception 类进行处理，这样不管程序中出现了何种异常问题，程序都可以捕获并处理。

提问：异常是一起处理好还是分开处理好？

虽然可以使用 Exception 类简化异常的处理操作，但是从实际的开发上来讲，产生的所有异常都统一处理好，还是每种异常分开处理好？

 回答：根据实际的开发要求是否严格来决定。

在实际的项目开发工作中，所有的异常是统一使用 Exception 类处理还是分开处理，完全是由项目的具体开发标准来决定的。如果项目的开发环境严谨，就会要求针对每一种异常分别进行处理，并且详细记录异常产生的时间以及位置，这样就可以方便程序员进行代码的维护。而考虑到篇幅问题，本书讲解的所有的异常统一使用 Exception 类来进行处理。

同时，读者还可能有一种疑问：如何知道会产生哪些异常？实际上用户所能够处理的大部分异常，Java 都已经记录好了。在 11.5 小节讲解 throws 关键字时读者会知道如何声明已知异常，并且在后续的讲解中也会了解更多的异常。

 注意：处理多个异常时捕获范围小的异常要放在捕获范围大的异常之前处理

如果说现在项目代码中既要处理 ArithmeticException 异常，又要处理 Exception 异常，按照继承的关系来讲，ArithmeticException 类一定是 Exception 类的子类，所以在编写异常处理时，Exception 异常的处理一定要写在 ArithmeticException 异常处理之后，否则将出现语法错误。

范例：错误的异常捕获顺序

```java
package com.yootk.demo;
public class JavaDemo {
    public static void main(String args[]) {
        System.out.println("【1】****** 程序开始执行 ******");
        try {
            int x = Integer.parseInt(args[0]);     // 初始化参数转为数字
            int y = Integer.parseInt(args[1]);     // 初始化参数转为数字
            // 除法计算
            System.out.println("【2】****** 数学计算: " + (x / y));
        } catch (Exception e) {                    // 处理所有异常
            e.printStackTrace() ;
        } catch (ArithmeticException e) { // 【错误】Exception已处理完
            e.printStackTrace();
        } finally {                                // 最终出口，必然执行
            System.out.println("【F】不管是否出现异常，我都会执行。") ;
        }
        System.out.println("【3】****** 程序执行完毕 ******");
    }
```

```
}
```

编译错误提示：

JavaDemo.java:11: 错误: 已捕获到异常错误ArithmeticException
    } catch (ArithmeticException e) { // 【错误】Exception已处理完
          ^

1 个错误

    此时 Exception 异常的捕获范围一定大于 ArithmeticException 异常，所以编写的 **catch** (ArithmeticException e)语句永远不可能被执行，编译就会出现错误。

11.5 throws 关键字

    在程序执行的过程中往往会涉及不同类中方法的调用，而为了方便调用者进行异常的处理，往往会在这些方法声明时对可能产生的异常进行标记，此时就需要通过 throws 关键字来实现。

    范例： 观察 throws 关键字的使用

```java
package com.yootk.demo;
class MyMath {
    /**
     * 定义数学除法计算，该执行时可能会产生异常
     * @param x 除数
     * @param y 被除数
     * @return 除法计算结果
     * @throws Exception 计算过程中产生的异常，可以是具体异常类型也可以简
化使用Exception
     */
    public static int div(int x, int y) throws Exception {
        return x / y;
    }
}
public class JavaDemo {
    public static void main(String args[]) {
        try {                          // 调用div方法时需要进行异常处理
            System.out.println(MyMath.div(10, 2));
        } catch (Exception e) {
            e.printStackTrace();
        }
    }
}
```

程序执行结果：

5

本程序在主类中调用 MyMath.div(10, 2)方法实现了除法操作，由于此方法上使用 throws 关键字抛出了异常，这样在调用此方法时就必须明确使用异常处理语句处理该语句可能发生的异常。

 提问：计算没有错误时为什么还必须强制使用异常处理机制？

在执行 MyMath.div(10, 2)语句时一定不会出现任何异常，但是为什么还必须使用异常处理机制？

 回答：设计方法的需要。

可以换个思路：现在编写的计算操作可能没有问题，但是如果换了另外一个人调用这个方法的时候，就有可能将被除数设置为 0。考虑到代码的统一性，所以不管调用方法时是否会产生异常，都必须进行异常处理操作。

主方法本身也属于一个 Java 中的方法，所以在主方法上如果使用了 throws 关键字抛出，就表示在主方法里面可以不用强制性地进行异常处理。如果出现了异常，则将交给 JVM 进行默认处理，此时会导致程序中断执行。

范例：在主方法中继续抛出异常

```
public class JavaDemo {
    // 主方法中使用throws关键字继续抛出可能产生的异常，一旦出现异常则交由
    // JVM进行默认异常处理
    public static void main(String args[]) throws Exception {
        System.out.println(MyMath.div(10, 0));
    }
}
```

程序执行结果：

```
Exception in thread "main" java.lang.ArithmeticException: / by zero
    at com.yootk.demo.MyMath.div(JavaDemo.java:12)
    at com.yootk.demo.JavaDemo.main(JavaDemo.java:19)
```

本程序在主方法上使用 throws 关键字抛出异常，这样当程序代码出现异常时，由于主方法没有编写相应的异常处理语句，所以最终会交由 JVM 默认进行处理。同时需要提醒读者的是，在实际的项目开发中，主方法往往是作为程序的起点存在，所有的异常应该在主方法中全部处理完成，而不应该选择向上抛出。

11.6　throw 关键字

在默认情况下，所有的异常类的实例化对象都会由 JVM 默认实例化并且自动抛出。为了方便用户手动进行异常的抛出，JVM 提供了一个 throw 关键字。

范例：手动异常抛出

```java
package com.yootk.demo;
public class JavaDemo {
    public static void main(String args[]) {
        try {                       // 异常对象不再由系统生成，可以手动实例化
            throw new Exception("自己抛着玩的对象。");
        } catch (Exception e) {
            e.printStackTrace();
        }
    }
}
```

程序执行结果：

java.lang.Exception：自己抛着玩的对象。
    at com.yootk.demo.JavaDemo.main(JavaDemo.java:6)

本程序通过利用 throw 关键字和 Exception 类的构造方法实例化了一个异常对象，为了保证程序正确执行就必须进行此异常对象的捕获与处理。

提示：throw 与 throws 关键字的区别

- ↘ throw：是在代码块中使用的，主要是手动进行异常对象的抛出。
- ↘ throws：是在方法定义中使用，表示将此方法中可能产生的异常明确告诉给调用处，由调用处进行处理。

11.7 异常处理模型

在实际的项目开发中，为了保证程序的正常执行需要设计出结构合理的异常处理模型，本节将综合使用 try、catch、finally、throw、throws 这些异常处理关键字，并通过具体的范例为读者分析项目开发中是如何有效进行异常处理的。现在假设要定义一个可以实现除法计算的方法，该方法的开发要求如下。

- ↘ 在进行数学计算的开始与结束的时候进行信息提示。
- ↘ 如果在进行计算的过程中产生了异常，则要交给调用处来处理。

范例：实现合理的异常处理

```java
package com.yootk.demo;
class MyMath {
    public static int div(int x, int y) throws Exception {  // 异常抛出
        int temp = 0;
        System.out.println("*** 【START】除法计算开始 ***");// 开始提示信息
        try {
            temp = x / y;                                   // 除法计算
```

```
        } catch (Exception e) {
            throw e;                      // 抛出捕获到的异常对象
        } finally {
            System.out.println("*** 【END】除法计算结束 ***");
        // 结束提示信息
        }
        return temp;                      // 返回计算结果
    }
}
public class JavaDemo {
    public static void main(String args[]) {
        try {
            System.out.println(MyMath.div(10, 0));   // 调用计算方法
        } catch (Exception e) {
            e.printStackTrace();
        }
    }
}
```

程序执行结果:

```
*** 【START】除法计算开始 ***
*** 【END】除法计算结束 ***
java.lang.ArithmeticException: / by zero
    at com.yootk.demo.MyMath.div(JavaDemo.java:8)
    at com.yootk.demo.JavaDemo.main(JavaDemo.java:21)
```

本程序利用几个异常处理关键字实现了一个标准的异常处理流程,在 div()
方法中不管是否产生异常都会按照既定的结构执行,并且会将产生的异常交给
调用处来进行处理。

 提问:为什么一定要将异常交给调用处处理?

在整体设计中 div() 方法来进行异常的处理不是更方便吗?为什么此时必须强调将
产生的异常继续抛给调用处来处理?

 回答:将此程序中的开始提示信息和结束提示信息想象为资源的打开与关闭。

为了解释这个问题,首先来研究两个现实中的场景。

场景 1(异常抛给调用处执行的意义): 小明所在的公司要求小明进行一些高难度的
工作,在完成这些工作的过程中小明突然不幸摔伤,请问,这种异常的状态是由公司来
负责还是小明个人来负责?要是由公司来负责,就必须将小明的问题抛给公司来解决。

场景 2(资源的打开与关闭): 现在假设需要打开自来水管洗手,在洗手的过程中可
能会发生一些临时的小问题导致洗手暂时中断,然而不管最终是否成功处理了这些问
题,总要有人来关闭自来水管。

理解了以上两个生活场景之后,再回到程序设计的角度,例如,现实的项目开发都

是基于数据库实现的，在这种情况下往往需要以下 3 个核心步骤。

步骤 1：打开数据库的连接（等价于"【START】..."代码）。

步骤 2：进行数据库操作，如果操作出现问题则应该交给调用处进行异常的处理，所以需要将异常进行抛出。

步骤 3：关闭数据库的连接（等价于"【END】..."代码）。

以上所采用的是标准的处理结构，实质上这种结构里面，在有需要的前提下，每一个 catch 语句除了简单地抛出异常对象之外，也可以进行一些简单的异常处理。但是如果此时的代码确定不再需要本程序做任何的异常处理，也可以直接使用 try ... finally 结构捕获执行 finally 语句代码块后直接抛出。

范例：使用简化异常模型

```java
class MyMath {
    public static int div(int x, int y) throws Exception {   // 异常抛出
        int temp = 0;
        System.out.println("*** 【START】除法计算开始 ***");// 开始提示信息
        try {
            temp = x / y;                                    // 除法计算
        } finally {
            // 结束提示信息
            System.out.println("*** 【END】除法计算结束 ***");
        }
        return temp;                                         // 返回计算结果
    }
}
```

本程序取消了 catch 语句，即本方法没有任何的异常处理语句，这样一旦产生异常，在执行完 finally 语句代码块之后，会将异常直接交给在方法声明时用 throws 关键字声明的 Exception 类进行处理。

11.8　RuntimeException 类

为了方便用户编写代码，Java 专门提供了一种 RuntimeException 类，这种异常类的最大特征在于：程序在编译的时候不会强制性地要求用户处理异常，用户可以根据自己的需要进行选择性处理。但是如果异常没有处理又发生了，将交给 JVM 默认处理。也就是说，RuntimeException 类的子异常类可以由用户根据需要选择性地进行处理。

如果要将字符串型数据转变为 int 型，那么可以利用 Integer 类进行处理，因为在 Integer 类定义了以下方法。

字符串型数据转换 int 型：public static int parseInt(String s) **throws NumberFormatException**。

此时 parseInt()方法抛出了一个 NumberFormatException 异常，而这个异常类就属于 RuntimeException 类的子类。

```
java.lang.Object
 |- java.lang.Throwable
    |- java.lang.Exception
       |- java.lang.RuntimeException        →        运行时异常
          |- java.lang.IllegalArgumentException
             |- java.lang.NumberFormatException
```

所有的 RuntimeException 类的对象都可以根据用户的需要进行选择性处理，所以调用时不处理也不会有任何的编译语法错误，这样可以使得程序开发变得更加灵活。

范例：使用 parseInt()方法

```java
package com.yootk.demo;
public class JavaDemo {
    public static void main(String args[]) {
        int num = Integer.parseInt("123");        // 字符串转数字
        System.out.println(num);                   // 输出转换结果
    }
}
```

本程序在没有处理 parseInt()方法的异常的情况下依然实现了正常的编译与运行，若出现了异常，将交给 JVM 进行默认处理。

 提示：RuntimeException 类和 Exception 类的区别

↘ RuntimeException 类是 Exception 类的子类。

↘ Exception 类定义了必须处理的异常，而 RuntimeException 类定义的异常可以选择性地处理。

↘ 常见的 RuntimeException 异常：NumberFormatException 异常、ClassCastException 异常、NullPointerException 异常、ArithmeticException 异常、ArrayIndexOutOfBoundsException 异常。

11.9　自定义异常类

Java 本身已经提供了大量的异常类，但是这些异常类在实际的工作中往往并不够使用。例如，当要执行数据增加操作的时候，有可能会出现一些错误的数据，而这些错误的数据一旦出现就应该抛出异常（如 BombException 异常），但是这样的异常 Java 并没有，这时就需要由用户自己定义一个异常类。要想实现自定义异常类，只需继承父类 Exception（强制性异常处理）或 RuntimeException（选择性异常处理）即可。

范例： 实现自定义异常

```
package com.yootk.demo;
class BombException extends Exception {          // 自定义强制性异常处理
    public BombException(String msg) {
        super(msg);                              // 调用父类构造
    }
}
class Food {
    // 吃饭有可能会吃爆肚子
    public static void eat(int num) throws BombException {
        if (num > 9999) {                        // 吃了多碗米饭
            throw new BombException("米饭吃太多了，肚子爆了。");
        } else {
            System.out.println("正常开始吃，不怕吃胖。");
        }
    }
}
public class JavaDemo {
    public static void main(String args[]) {
        try {
            Food.eat(11);                        // 传入要吃的数量
        } catch (BombException e) {
            e.printStackTrace();
        }
    }
}
```

程序执行结果：

正常开始吃，不怕吃胖。

本程序设计了一个自定义异常类，当满足指定条件时就可以手动抛出异常。利用自定义异常机制可以更加清晰地描述当前的业务场景，所以在实际项目开发时都会根据自身的业务需求自定义大量的异常类。

11.10　assert 关键字

assert 关键字是在 JDK 1.4 的时候引入的，其主要的功能是进行断言。断言是指程序执行到某行之后，其结果一定是预期的结果。

范例： 观察断言的使用

```
package com.yootk.demo;
public class JavaDemo {
```

```java
public static void main(String args[]) throws Exception {
    int x = 10;
    // 中间可能会经过许多条程序语句,导致变量x的内容发生改变
    assert x == 100 : "x的内容不是100";
    System.out.println(x);
}
}
```

　　本程序中使用了断言进行操作,很明显程序中断言的判断条件并不满足,但是依然没有任何的错误产生,这是因为 Java 默认情况下是不开启断言的。要想启用断言,则应该增加一些选项。

```
java -ea com.yootk.demo.JavaDemo
```

　　而增加了“-ea”参数之后,本程序就会出现以下错误信息。

```
Exception in thread "main" java.lang.AssertionError: x 的内容不是 100
        at com.yootk.demo.JavaDemo.main(JavaDemo.java:6)
```

　　如果在运行时不增加“-ea”的选项,则不会出现错误。换言之,断言并不是自动启动的,需要由用户控制启动,但是这种技术在 Java 中并非重点知识,读者了解即可。

11.11　本 章 概 要

　　1. 异常是导致程序中断运行的一种指令流,当异常发生时,如果没有进行良好的处理,程序将会中断执行。

　　2. 异常处理可以使用 try…catch 结构进行处理,也可以使用 try…catch…finally 结构进行处理。在 try 语句中捕获异常,之后在 catch 语句中处理异常,finally 作为异常的统一出口,不管是否发生异常都要执行此段代码。

　　3. 异常的最大父类是 Throwable,其分为两个子类:Exception 类和 Error 类。Exception 类表示程序处理的异常,而 Error 类表示 JVM 错误,一般不由程序开发人员处理。

　　4. 发生异常之后,JVM 会自动产生一个异常类的实例化对象,并匹配相应的 catch 语句中的异常类型,也可以利用对象的向上转型关系,直接捕获 Exception 异常。

　　5. throws 关键字用在方法声明处,表示本方法不处理异常。

　　6. throw 关键字表示在方法中手动抛出一个异常。

　　7. 自定义异常类的时候,只需继承 Exception 类或 RuntimeException 类即可。

　　8. 断言(assert)是 JDK 1.4 之后提供的新功能,可以用来检测程序的执行结果,但开发中并不提倡使用断言进行检测。

第12章 内 部 类

通过本章的学习可以达到以下目标

➥ 掌握内部类的主要作用与对象实例化的形式。

➥ 掌握用 static 关键字定义内部类的语法格式。

➥ 掌握匿名内部类的定义与使用。

➥ 掌握 Lambda 表达式的语法。

➥ 理解方法引用的作用，并且可以利用内建函数式接口实现方法引用。

　　内部类是一种常见的嵌套结构，利用这样的结构使得内部类可以与外部类共存，并且方便地进行私有操作的访问。内部类又可以进一步扩展到匿名内部类的使用，在 JDK 1.8 后所提供的 Lambda 表达式和方法引用也可以简化代码结构。

12.1 内部类基本概念

　　内部类（内部定义普通类、抽象类、接口的统称）是指一种嵌套的结构关系，即在一个类的内部除了属性和方法外还可以继续定义一个类结构，这样就使得程序的结构定义更加灵活。

范例： 定义内部类

```
package com.yootk.demo;
class Outer {                            // 外部类
    private String msg = "www.yootk.com";    // 私有成员属性
    public void fun() {                  // 普通方法
        Inner in = new Inner();          // 实例化内部类对象
        in.print();                      // 调用内部类方法
    }
    class Inner {                        // 在Outer类的内部定义了Inner类
        public void print() {
            System.out.println(Outer.this.msg); // Outer类中的属性
        }
    }
}
public class JavaDemo {
```

```java
    public static void main(String args[]) {
        Outer out = new Outer();              // 实例化外部类对象
        out.fun();                            // 调用外部类方法
    }
}
```
程序执行结果：

www.yootk.com

本程序从代码理解上难度不大，其核心的结构就是在 Outer.fun()方法里实例化了内部类的对象，并且利用内部类中的print()方法直接输出了外部类中 msg 私有成员属性。

 提问：内部类的结构较差吗？

从类的组成来讲主要就是成员属性与方法，但是在一个类的内部又定义了若干个内部类结构，使得程序代码的结构非常混乱，为什么要这么定义？

回答：内部类方便访问私有属性。

实质上内部类在整体设计中最大的缺点就是破坏了良好的程序结构，但是其最大的优点在于可以方便地访问外部类中的私有成员。为了证明这一点，下面将之前的范例拆分为两个独立的类结构。

范例：拆分内部类结构以形成两个不同类

```java
package com.yootk.demo;
class Outer {                                 // 外部类
    private String msg = "www.yootk.com" ;    // 私有成员属性
    public void fun() {                       // 普通方法
        // 思考5：需要将当前对象Outer传递到Inner类中
        Inner in = new Inner(this) ;          // 实例化内部类对象
        in.print() ;                          // 调用内部类方法
    }
    // 思考1：msg属性如果要被外部访问需要提供getter方法
    public String getMsg() {
        return this.msg ;
    }
}
class Inner {
    // 思考3：Inner这个类对象实例化的时候需要Outer类的引用
    private Outer out ;
    // 思考4：应该通过Inner类的构造方法获取Outer类对象
    public Inner(Outer out) {
        this.out = out ;
    }
```

```
    public void print() {
// 思考2: 要调用外部类中的getter方法，一定要有Outer类对象
        System.out.println(this.out.getMsg()) ;
    }
}
public class JavaDemo {
    public static void main(String args[]) {
        Outer out = new Outer();          // 实例化外部类对象
        out.fun();                        // 调用外部类方法
    }
}
```

为了方便读者理解，在程序中给出了问题的思考过程。综合来讲：在没有使用内部类的情况下，如果要进行外部类私有成员的访问会非常麻烦。

12.2　内部类相关说明

在内部类的结构中，不仅内部类可以方便地访问外部类的私有成员，外部类也同样可以访问内部类的私有成员。内部类本身是一个独立的结构，这样在进行普通成员属性访问时，为了明确地标记出属性是外部类所提供的，可以采用"外部类.this.属性"的形式进行标注。

范例：外部类访问内部类私有成员

```
package com.yootk.demo;
class Outer {                                   // 外部类
    private String msg = "www.yootk.com" ;      // 私有成员属性
    public void fun() {                         // 普通方法
        Inner in = new Inner() ;                // 实例化内部类对象
        in.print() ;                            // 调用内部类方法
        System.out.println(in.info) ;           // 访问内部类的私有属性
    }
    class Inner {                               // Inner内部类
        private String info = "李兴华高薪就业编程训练营";// 内部类私有成员
        public void print() {
            System.out.println(Outer.this.msg) ;// Outer类中的私有成员属性
        }
    }
}
public class JavaDemo {
    public static void main(String args[]) {
        Outer out = new Outer() ;               // 实例化外部类对象
        out.fun() ;                             // 调用外部类中的方法
```

12

```
    }
}
```
程序执行结果：

www.yootk.com（"in.print()"代码执行结果，外部类msg成员属性）

李兴华高薪就业编程训练营（"in.info"代码执行结果，内部类info成员属性）

本程序在内部类中利用 Outer.this.msg 的形式调用了外部类中的私有成员属性，而在外部类中也可以直接利用内部类的对象访问内部类私有成员。

需要注意的是，内部类虽然被外部类所包裹，但是其本身也属于一个完整类，所以也可以直接进行内部类对象的实例化，此时可以采用以下的语法格式。

外部类.内部类 内部类对象 = new 外部类().new 内部类() ;

在此语法格式中，要求必须先获取相应的外部类实例化对象后，才可以利用外部类的实例化对象进行内部类对象实例化操作。

提示：关于内部类的字节码文件名称

当进行内部类源代码编译后，读者会发现有一个 Outer$Inner.class 字节码文件，其中所使用的标识符 "$" 在程序中会转变为 "."，所以内部类的全称就是 "外部类.内部类"，由于内部类与外部类之间可以直接进行私有成员的访问，这样就必须保证在实例化内部类对象前首先实例化外部类对象。

范例：实例化内部类对象

```
package com.yootk.demo;
class Outer {                                    // 外部类
    private String msg = "www.yootk.com" ;       // 私有成员属性
    class Inner {                                // Inner内部类
        public void print() {
            System.out.println(Outer.this.msg) ;// Outer类中的私有成员属性
        }
    }
}
public class JavaDemo {
    public static void main(String args[]) {
        Outer.Inner in = new Outer().new Inner() ;   // 实例化内部类对象
        in.print() ;                             // 直接调用内部类方法
    }
}
```
程序执行结果：

www.yootk.com

本程序在外部实例化内部类对象，由于内部类有可能要进行外部类的私有成员访问，所以在实例化内部类对象之前一定要实例化外部类对象。

提示：使用 private 关键字可以将内部类私有化

如果说现在一个内部类不希望被其他类所使用，那么也可以使用 private 关键字将这个内部类定义为私有内部类。

范例：内部类私有化的实现

```java
class Outer {                                  // 外部类
    private String msg = "www.yootk.com" ;     // 私有成员属性
    private class Inner {                       // Inner内部类
        public void print() {
            System.out.println(Outer.this.msg) ;// Outer类中的私有成员属性
        }
    }
}
```

此时 Inner 类使用了 private 关键字定义，表示此类只允许被 Outer 一个类使用。另外，需要提醒读者的是，private、protected 关键字定义类的结构只允许出现在内部类声明处。

内部类不仅可以在类中定义，也可以应用在接口和抽象类之中，即可以定义内部接口或内部抽象类。

范例：定义内部接口

```java
package com.yootk.demo;
interface IChannel {                           // 外部接口
    public void send(IMessage msg);            // 【抽象方法】发送消息
    interface IMessage {                        // 内部接口
        public String getContent();            // 【抽象方法】获取消息内容
    }
}
class ChannelImpl implements IChannel {        // 外部接口实现子类
    public void send(IMessage msg) {           // 覆写方法
        System.out.println("发送消息：" + msg.getContent());
    }
    class MessageImpl implements IMessage {  // 内部接口实现子类，不是必须实现
        public String getContent() {           // 覆写方法
            return "www.yootk.com";
        }
    }
}
public class JavaDemo {
    public static void main(String args[]) {
        IChannel channel = new ChannelImpl();// 实例化外部类接口对象
        // 实例化内部类接口对象前需要先获取外部类实例化对象
```

```
        channel.send((((ChannelImpl) channel).new MessageImpl());
    }
}
```
程序执行结果：
发送消息：www.yootk.com

　　本程序利用内部类的形式定义了内部接口，并且分别为外部接口和内部接口定义了各自的子类。由于 IMessage 接口是内部接口，所以在定义 MessageImpl 子类的时候也采用了内部类的定义形式。

范例：在接口中定义内部抽象类

```
package com.yootk.demo;
interface IChannel {                        // 外部接口
    public void send();                     // 【抽象方法】发送消息
    abstract class AbstractMessage {        // 内部抽象类
        public abstract String getContent(); // 【抽象方法】获取信息内容
    }
}
class ChannelImpl implements IChannel {     // 外部接口实现子类
    class MessageImpl extends AbstractMessage {// 内部抽象类子类
        public String getContent() {        // 覆写方法
            return "www.yootk.com";
        }
    }
    public void send() {                    // 覆写方法
        AbstractMessage msg = new MessageImpl();// 实例化内部抽象类对象
        System.out.println(msg.getContent()); // 调用方法
    }
}
public class JavaDemo {
    public static void main(String args[]) {
        IChannel channel = new ChannelImpl(); // 实例化外部接口对象
        channel.send();                     // 消息发送
    }
}
```
程序执行结果：
www.yootk.com

　　本程序在 IChannel 外部接口内部定义了内部抽象类，在定义 ChannelImpl 子类的 send()方法时，利用内部抽象类的子类为父类对象实例化，实现了消息的发送。

　　在 JDK 1.8 之后由于接口中可以用 static 关键字定义方法，这样就可以利用内部类的概念，直接在接口中进行该接口子类的定义，并利用该方法返回此接口实例。

范例：将接口子类定义为自身内部类

```java
package com.yootk.demo;
interface IChannel {                        // 外部接口
    public void send();                     // 发送消息
    class ChannelImpl implements IChannel {  // 内部类实现本接口
        public void send() {                // 覆写方法
            System.out.println("www.yootk.com");
        }
    }
    public static IChannel getInstance() {// 定义该方法用于获取本接口实例
        return new ChannelImpl();           // 返回接口子类实例
    }
}
public class JavaDemo {
    public static void main(String args[]) {
        IChannel channel = IChannel.getInstance();   // 获取接口对象
        channel.send();                     // 消息发送
    }
}
```

程序执行结果：

```
www.yootk.com
```

本程序定义 IChannel 接口时直接在内部定义了其实现子类，同时为了方便用户获取接口实例，使用 static 关键字定义了一个静态方法，这样用户就可以在不关心子类的前提下直接使用接口对象。

12.3　内部类的定义

在进行内部类定义的时候，也可以通过 static 关键字来定义，此时的内部类不再受到外部类实例化对象的影响，所以等同于是一个"外部类"，内部类的名称为"外部类.内部类"。使用 static 关键字定义的内部类只能够调用外部类中用 static 关键字定义的结构，并且在进行内部类实例化的时候也不再需要先获取外部类实例化对象，使用 static 关键字实例化内部类对象的语法格式如下。

```
外部类.内部类 内部类对象 = new 外部类.内部类() ;
```

范例：使用 static 关键字定义内部类

```java
package com.yootk.demo;
class Outer {
    private static final String MSG = "www.yootk.com"; // 定义属性
    static class Inner {                                // 定义内部类
```

```
        public void print() {
            System.out.println(Outer.MSG);        // 访问属性
        }
    }
}
public class JavaDemo {
    public static void main(String args[]) {
        Outer.Inner in = new Outer.Inner();       // 实例化内部类对象
        in.print();                               // 调用方法
    }
}
```
程序执行结果：

www.yootk.com

本程序在 Outer 类的内部使用 static 关键字定义了 Inner 内部类，这样内部类就成为一个独立的外部类，在外部实例化对象时内部类的完整名称将为 Outer.Inner。

范例：使用 static 关键字定义内部接口

```
package com.yootk.demo;
interface IMessageWarp {                          // 消息包装接口
    static interface IMessage {                   // 定义消息接口
        public String getContent();               // 【抽象方法】获取消息内容
    }
    static interface IChannel {                    // 消息通道接口
        public boolean connect();                  // 【抽象方法】通道连接
    }
    /**
     * 实现消息发送处理，在通道确定后就可以进行消息的发送
     * @param msg 要发送的消息内容
     * @param channel 消息发送通道
     */
    public static void send(IMessage msg, IChannel channel) {
        if (channel.connect()) {                   // 通道已连接
            System.out.println(msg.getContent());
        } else {
            System.out.println("消息通道无法建立，消息发送失败！");
        }
    }
}
// 消息实现子类
class DefaultMessage implements IMessageWarp.IMessage {
    public String getContent() {
```

```
            return "www.yootk.com";
    }
}
class NetChannel implements IMessageWarp.IChannel {// 消息通道实现子类
    public boolean connect() {
        return true;
    }
}
public class JavaDemo {
    public static void main(String args[]) {
        IMessageWarp.send(new DefaultMessage(), new NetChannel());
    }
}
```
程序执行结果：
www.yootk.com

本程序在 IMessageWrap 接口中定义了两个"外部接口"：
IMessageWarp.IMessage（消息内容）、IMessageWarp.IChannel（消息发送通道），
随后在外部分别实现了这两个内部接口，以实现消息的发送。

注意：实例化内部类对象的格式比较

对于实例化内部类的操作现在已经给出了两种格式，分别如下。

➥ **格式 1（非 static 关键字定义的内部类）**：外部类.内部类 内部类对象 = new 外
部类().new 内部类()。

➥ **格式 2（用 static 关键字定义的内部类）**：外部类.内部类 内部类对象 = new 外
部类.内部类()。

通过这两种格式可以发现，使用了 static 关键字定义的内部类，其完整的名称就是"外
部类.内部类"，在实例化对象的时候也不再需要先实例化外部类再实例化内部类了。

12.4　在方法中定义内部类

内部类理论上可以在类的任意位置进行定义，这就包括代码块中或者是普
通方法中，而在实际开发过程中，在普通方法里面定义内部类的情况是比较常
见的。

范例：在方法中定义内部类

```
package com.yootk.demo;
class Outer {
    private String msg = "www.yootk.com";          // 外部类属性
    public void fun(long time) {                    // 外部类方法
        class Inner {                               // 方法中定义内部类
```

```
        public void print() {
            System.out.println(Outer.this.msg);// 外部类属性
            System.out.println(time);         // 方法参数
        }
    }
    new Inner().print();                      // 方法中直接实例化内部类对象
    }
}
public class JavaDemo {
    public static void main(String args[]) {
        new Outer().fun(2390239023L);   // 调用外部类方法
    }
}
```

程序执行结果：
```
www.yootk.com
2390239023
```

本程序在 Outer.fun()方法中定义了内部类 Inner，并且在 Inner 内部类中实现了外部类中成员属性与 fun()方法中的参数访问。

提示：内部类中访问方法定义的参数

在上述程序中可以发现，方法定义的参数可以直接被内部类访问，这一特点是在 JDK 1.8 之后才开始支持的。但是在 JDK 1.8 以前，如果方法中定义的内部类要想访问参数或局部变量，那么就需要使用 final 关键字进行定义。

范例：JDK 1.8 以前在方法中定义内部类的模式

```
class Outer {
    private String msg = "www.yootk.com";          // 外部类属性
    public void fun(final long time) {             // 外部类方法
        final String info = "沐言科技" ;
        class Inner {                              // 方法中定义内部类
            public void print() {
                System.out.println(Outer.this.msg);// 外部类属性
                System.out.println(time);          // 方法参数
                System.out.println(info);          // 局部变量
            }
        }
        new Inner().print();                       // 直接实例化内部类对象
    }
}
```

本程序属于 JDK 1.8 以前的定义模式，可以发现要在方法的参数和局部变量上加入 final 关键字后内部类才可以访问。之所以提供这样的支持，主要是为了支持 Lambda 表达式。

12.5 匿名内部类

在一个接口或抽象类定义完成后，在使用前都需要定义专门的子类，随后利用子类对象的向上转型才可以使用接口或抽象类。但是在很多时候某些子类可能只使用一次，那么单独为其创建一个类文件就会非常浪费，此时就可以利用匿名内部类的概念来解决此类问题。

范例：使用匿名内部类

```
package com.yootk.demo;
interface IMessage {                            // 定义接口
    public void send(String str);               // 抽象方法
}
public class JavaDemo {
    public static void main(String args[]) {
        // 接口对象无法直接实例化，而使用匿名内部类后就可以利用对象的实例
        // 化格式获取接口实例
        IMessage msg = new IMessage()           // 直接实例化接口对象
        {                                       // 匿名内部类
            public void send(String str) {      // 覆写方法
                System.out.println(str);
            }
        };
        msg.send("www.yootk.com");              // 调用接口方法
    }
}
```
程序执行结果：
```
www.yootk.com
```

本程序利用匿名内部类的概念实现了 IMessage 接口的实例化处理操作，但是匿名内部类由于没有具体的名称，所以只能够使用一次，而使用它的优势在于减少类的定义数量。

提示：关于匿名内部类的说明

之所以强调匿名内部类可以减少一个类的定义，主要的原因在于：实际项目开发中一个*.java 文件往往只会使用 public class 定义一个类，如果现在不使用匿名内部类，并且在 IMessage 接口子类只使用一次的情况下，那么就需要定义一个 MessageImpl.java 源代码文件，这样就会显得比较浪费了。

另外，匿名内部类大部分情况下都是结合接口、抽象类来使用的，因为这两种结构中都包含有抽象方法，普通类也可以使用匿名内部类进行方法覆写，但是这样做的意义不大。

如果现在结合接口中用 static 关键字定义的方法，也可以直接将匿名内部类定义在接口中，这样也可以方便地进行引用。

范例：在接口中利用匿名内部类实现接口

```java
package com.yootk.demo;
interface IMessage {
    public void send(String str);          // 抽象方法
    public static IMessage getInstance() {  // 该方法可以直接调用
        return new IMessage()              // 实例化接口对象
        {                                  // 匿名内部类
            public void send(String str) { // 方法覆写
                System.out.println(str);
            }
        };
    }
}
public class JavaDemo {
    public static void main(String args[]) {
        IMessage.getInstance().send("www.yootk.com"); // 调用接口方法
    }
}
```
程序执行结果：
www.yootk.com

本程序利用匿名内部类直接在接口中实现了自身，这样的操作形式适合于接口只有一个子类的时候，并且也可以对外部调用处隐藏子类。

12.6　Lambda 表达式

Lambda 表达式是 JDK 1.8 中引入的重要技术特征。所谓 Lambda 表达式，是指应用在 SAM（Single Abstract Method，含有一个抽象方法的接口）环境下的一种简化定义形式，用于解决匿名内部类复杂的定义问题。在 Java 中 Lambda 表达式的基本语法形式如下。

定义方法体	(参数,参数,...) -> {方法体}
直接返回结果	(参数,参数,...) -> 语句

在给定的格式中，参数要与覆写的抽象方法的参数对应，抽象方法的具体操作通过方法体来进行定义。

范例：编写第一个 Lambda 表达式

```java
package com.yootk.demo;
```

```
interface IMessage {                              // 定义接口
    public void send(String str);                 // 抽象方法
}
public class JavaDemo {
    public static void main(String args[]) {
        // Lambda表达式简化了匿名内部类的定义结构
        IMessage msg = (str) -> {
            System.out.println("发送消息：" + str);// 方法体
        };
        msg.send("www.yootk.com");                 // 调用接口方法
    }
}
```

程序执行结果：

发送消息：www.yootk.com

本程序利用 Lambda 表达式定义了 IMessage 接口的实现类，可以发现利用 Lambda 表达式进一步简化了匿名内部类的定义结构。

> **提示：Lambda 表达式中单个方法的定义**
>
> 在进行 Lambda 表达式定义的过程中，如果要实现的方法体只有一行，则可以省略"{}"。
>
> **范例：省略"{}"定义 Lambda 表达式**

```
public class JavaDemo {
    public static void main(String args[]) {
        IMessage msg = (str) -> System.out.println("发送消息：" + str);
// Lambda
        msg.send("www.yootk.com");
    }
}
```

> 此时可以实现的功能与之前的相同，但是此种写法仅限于单行语句的形式。

在 Lambda 表达式中已经明确要求 Lambda 表达式是应用在接口上的一种操作，并且接口中只允许定义一个抽象方法。但是在一个项目开发中往往会定义大量的接口，而为了分辨出 Lambda 表达式的使用接口，可以在接口上使用@FunctionalInterface 注解声明，这样表示此为函数式接口，里面只允许定义一个抽象方法。

范例：使用@FunctionalInterface 注解

```
@FunctionalInterface                   // 该接口只允许定义一个抽象方法
interface IMessage {                   // 定义接口
    public void send(String str);      // 抽象方法
}
```

理论上讲，如果一个接口只有一个抽象方法，写与不写@FunctionalInterface
注解是没有区别的；但是从标准上来讲，还是建议读者写上此注解。同时需要
注意的是，在函数式接口中依然可以定义普通方法与静态方法。

范例：定义单行返回语句

```java
package com.yootk.demo;
@FunctionalInterface                            // 函数式接口
interface IMath {
    public int add(int x, int y);               // 数据相加
}
public class JavaDemo {
    public static void main(String args[]) {
        // 此时由于只是单行计算并返回，所以可以直接编写语句
        // 如果觉得此类形式难以理解，也可以使用(t1, t2) -> { return t1 +
        // t2 ; }
        IMath math = (t1, t2) -> t1 + t2;   // 定义参数并直接返回结果
        System.out.println(math.add(10, 20)); // 输出计算结果
    }
}
```
程序执行结果：
```
30
```

本程序只是简单地进行两个数字的加法计算，所以直接在方法体处编写语
句即可将计算的结果返回。

12.7 方 法 引 用

在 Java 中利用对象的引用传递可以实现用不同的对象名称操作同一块堆
内存空间的操作，而从 JDK 1.8 开始，方法也支持引用操作，这样就相当于为
方法定义了别名。方法引用的形式共有以下 4 种。

- 引用静态方法的格式——类名称:: static 方法名称。
- 引用某个对象的方法的格式——实例化对象:: 普通方法。
- 引用特定类型的方法的格式——特定类:: 普通方法。
- 引用构造方法的格式——类名称:: new。

范例：引用静态方法

本次将引用 String 类的 valueOf()静态方法（public static String valueOf(int x)）。

```java
package com.yootk.demo;
@FunctionalInterface                    // 函数式接口
interface IFunction<P, R> {             // P描述的是参数，R描述的是返回值
```

```
        public R change(P p);                    // 随意定义一个方法名称，进行方法引用
    }
    public class JavaDemo {
        public static void main(String args[]) {
            // 引用String类提供的静态方法
            IFunction<Integer, String> fun = String::valueOf;
            String str = fun.change(100);// 用change()方法表示valueOf()方法
            System.out.println(str.length()); // 调用String类方法
        }
    }
```
程序执行结果：
```
3
```

本程序定义了一个 IFunction 的函数式接口，随后利用方法引用的概念引用了 String.valueOf()方法，并且利用此方法的功能将 int 型常量转为 String 类对象。

范例：引用普通方法

本次将引用String类中的字符串转大写的方法：public String toUpperCase()。

```
package com.yootk.demo;
@FunctionalInterface                         // 函数式接口
interface IFunction<R> {                     // toUpperCase()方法没有参数
    public R upper();
}
public class JavaDemo {
    public static void main(String args[]) {
        // 引用一个实例化对象中的普通方法
        IFunction<String> fun = "www.yootk.com"::toUpperCase;
        System.out.println(fun.upper()); // 转大写
    }
}
```
程序执行结果：
```
WWW.YOOTK.COM
```

String 类中提供的 toUpperCase()方法一般都是需要通过 String 类的实例化对象才可以调用，所以本程序使用实例化对象引用的类中的普通方法（"www.yootk.com"::toUpperCase）为 IFunction 接口的 upper()方法，即调用 upper()方法就可以得到 toUpperCase()方法的执行结果。

方法的引用还有另外一种形式，它需要特定类的对象支持。正常情况下如果使用了"**类::方法**"，引用的一定是类中的静态方法，但是这种形式也可以引用普通方法。例如，在 String 类中有一个方法：public int compareTo(String anotherString)。如果要进行比较的操作，则可以采用的代码形式：字符串 1 对

象.compareTo(字符串 2 对象)，也就是说，如果真要引用这个方法就需要两个实例化对象。

范例：引用特定类的普通方法

本次将引用 String 类的字符串大小比较方法：public int compareTo(String anotherString)。

```
package com.yootk.demo;
@FunctionalInterface                    // 函数式接口
interface IFunction<P> {                // compareTo()参数类型必须统一
    public int compare(P p1, P p2);     // 方法引用
}
public class JavaDemo {
    public static void main(String args[]) {
        // 引用特定类的方法，此时就需要开发者传入实例化对象与参数
        IFunction<String> fun = String::compareTo;
        System.out.println(fun.compare("YOOTK", "yootk"));// 大小比较
    }
}
```
程序执行结果：
-32（"Y"比"y"的编码少了32位）

本程序直接引用了 String 类中的 compareTo()方法，由于调用此方法时需要通过指定对象才可以，所以在引用方法 compare()的时候必须传递两个参数。与之前的引用操作相比，方法引用前不再需要定义具体的类对象，而是可以理解为将需要调用方法的对象作为参数进行传递。

范例：引用构造方法

```
package com.yootk.demo;
class Person {                          // 随意定义一个类
    private String name;
    private int age;
    public Person(String name, int age) {   // 双参构造为属性初始化
        this.name = name;
        this.age = age;
    }
    public String toString() {
        return "姓名: " + this.name + "、年龄: " + this.age;
    }
}
@FunctionalInterface                    // 函数式接口
interface IFunction<R> {
```

```
    public R create(String s, int a);          // 方法引用
}
public class JavaDemo {
    public static void main(String args[]) {
        // 调用create()方法就等价于调用new Person()，所以必须传入两个参数
        IFunction<Person> fun = Person::new;  // 引用构造方法
        // 直接输出实例化对象
        System.out.println(fun.create("张三", 20));
    }
}
```

程序执行结果:

姓名：张三、年龄：20

在本程序中利用 IFunction.create()方法实现了 Person 类中双参构造方法的引用，所以在调用此方法时就必须按照 Person 类提供的构造方法传递指定的参数。构造方法的引用在实际开发中可以实现类中构造方法的对外隐藏，更加彰显了面向对象的封装性。

12.8　内建函数式接口

在方法引用的操作过程中，读者可以发现，不管如何进行操作，可能出现的函数式接口的方法最多只有 4 类：有参数有返回值、有参数无返回值、无参数有返回值、判断真假。为了简化开发者的定义以及操作的统一，Java 从 JDK 1.8 开始提供了一个新的开发包：java.util.function，在此包中提供了许多内置的函数式接口，下面通过具体的范例来为读者解释 4 个核心函数式接口的使用。

> **提示：java.util.function 包中存在大量类似功能的其他接口**
>
> 本次所讲解的 4 个函数式接口内部除了指定的抽象方法之外，还提供了一些用 default 或 static 关键字定义的方法，这些方法不在本书的讨论范围之内。另外，需要提醒读者的是，本次讲解的接口是 java.util.function 包中的核心接口，而在这些核心接口之上也定义了接收更多参数的函数式接口，有兴趣的读者可以自行查阅。

（1）**功能型函数式接口**：该接口的主要功能是进行指定参数的接收并且返回处理结果。

```
@FunctionalInterface
public interface Function<T, R> {// 定义功能型接口，设置参数与返回结果类型
    public R apply(T t);                // 接收参数并返回处理结果
}
```

范例：使用功能型函数式接口

本次将引用 String 类中判断是否以指定字符串开头的方法：public boolean startsWith(String str)。

```
package com.yootk.demo;
import java.util.function.*;
public class JavaDemo {
    public static void main(String args[]) {
        // 引用startsWith()方法，该方法将接收一个String型参数，并返回
        // Boolean类型
        Function<String, Boolean> fun = "**YOOTK"::startsWith;
        System.out.println(fun.apply("**"));       // 调用方法
    }
}
```

程序执行结果：

```
true
```

如果要使用功能型函数式接口，必须保证有一个输入参数并且有返回值，由于映射的是 String 类的 startsWith() 方法，所以此方法使用时必须传入参数（String 型），同时要返回一个判断结果（boolean 型）。

（2）消费型函数式接口：该接口主要功能是进行参数的接收与处理，但是不会有返回结果。

```
@FunctionalInterface
public interface Consumer<T> { // 消费型函数式接口，只需设置参数类型即可
    // 接收一个参数，并且不需要返回处理结果，适用于引用类型操作
    public void accept(T t);
}
```

范例：使用消费型函数式接口

本次将引用 System.out.println() 方法进行内容输出。

```
package com.yootk.demo;
import java.util.function.*;
public class JavaDemo {
    public static void main(String args[]) {
        // System是一个类，out是里面的成员属性，println()是out对象中的方法
        Consumer<String> con = System.out::println;
        // 输出方法只需接收参数，不需要返回值
        con.accept("www.yootk.com");                    // 信息输出
    }
}
```

12

程序执行结果：

```
www.yootk.com
```

本程序利用消费型函数式接口接收了 System.out.println()方法的引用，此方法定义中需要接收一个 String 型数据，但是不会返回任何结果。

（3）供给型函数式接口： 该接口的主要功能是方法不需要接收参数，并且可以进行数据返回。

```
@FunctionalInterface
public interface Supplier<T> {          // 供给型函数式接口，设置返回值类型
    public T get();                     // 不接收参数，但是会返回数据
}
```

范例： 使用供给型函数式接口

本次将引用 String 类中的字符串转小写的方法：public String toLowerCase()。

```
package com.yootk.demo;
import java.util.function.*;
public class JavaDemo {
    public static void main(String args[]) {
        // toLowerCase()方法不需要接收参数，会将当前String类对象的内容进行转换
        Supplier<String> sup = "www.YOOTK.com"::toLowerCase;
        System.out.println(sup.get());      // 获取数据
    }
}
```

程序执行结果：

```
www.yootk.com
```

本程序使用了供给型函数式接口，此接口不需要接收参数，所以直接利用 String 类的实例化对象引用了 toLowerCase()方法，当调用了 get()方法后可以实现大写转换操作。

（4）断言型函数式接口： 断言型函数式接口主要是进行判断操作，本身需要接收一个参数，同时会返回一个 boolean 型结果。

```
@FunctionalInterface
// 断言型函数式接口，需要设置判断的数据类型
public interface Predicate<T> {
    public boolean test(T t);          // 逻辑判断
}
```

范例： 使用断言型函数式接口

本次将引用 String 类中忽略大小写的比较方法：public boolean equalsIgnoreCase(String str)。

```
package com.yootk.demo;
import java.util.function.*;
public class JavaDemo {
    public static void main(String args[]) {
        // equalsIgnoreCase()方法接收一个字符串型数据，然后与当前String
        // 类对象内容进行比较
        Predicate<String> pre = "yootk"::equalsIgnoreCase;
        System.out.println(pre.test("YOOTK"));          // 判断调用
    }
}
```

程序执行结果：
true

本程序直接将 String 类的 equalsIgnoreCase()方法利用断言型函数式接口进行引用，而后进行忽略大小写的比较。

12.9 本 章 概 要

1. 内部类的最大作用在于可以与外部类直接进行私有属性的相互访问，避免对象引用带来的麻烦。

2. 使用 static 关键字定义的内部类表示外部类，可以在没有外部类实例化对象的情况下使用，同时只能够访问外部类中的使用 static 关键字定义的结构。

3. 匿名内部类主要是在抽象类和接口上的扩展应用，利用匿名内部类可以有效地减少子类定义的数量。

4. Lambda 表达式是函数式编程，是在匿名内部类的基础上发展起来的，但是 Lambda 表达式的使用前提为该接口只允许有一个抽象方法，或者使用 @FunctionalInterface 注解定义。

5. 方法引用与对象引用概念类似，指的是可以为方法进行别名定义。

6. JDK 提供 4 个内建函数式接口：Function、Consumer、Supplier、Predicate。

第 3 篇
Java 应用编程

第 13 章　多线程编程

通过本章的学习可以达到以下目标

- 理解进程与线程的联系及区别。
- 掌握 Java 中多线程的两种实现方式及区别。
- 掌握线程的基本操作方法，可以实现线程的休眠、礼让等操作。
- 理解多线程同步与死锁的概念。
- 掌握用 synchronized 关键字实现同步处理的操作。
- 理解 Object 类对多线程的支持。
- 理解线程生命周期。

多线程编程是 Java 语言最为重要的特性之一，利用多线程技术可以提升单位时间内的程序处理性能，也是现代程序开发中高并发的主要设计形式。本章将为读者讲解多线程的实现与设计结构，并且详细分析了多线程的数据同步处理的意义及死锁产生的原因。

13.1　进程与线程

进程是程序的一次动态执行过程，它经历了从代码加载、执行到执行完毕的一个完整过程，这个过程也是进程本身从产生、发展到最终消亡的过程。多进程操作系统能同时运行多个进程（程序），由于 CPU 具备分时机制，所以每个进程都能循环获得自己的 CPU 时间片。由于 CPU 执行速度非常快，使得所有程序好像是在"同时"运行一样。

提示：关于多进程处理操作的简单理解

早期的单进程 DOS 系统有一个特点：只允许一个程序执行，所以计算机中一旦出现了病毒，将导致其他的进程无法执行，这样就会出现无法操作的问题。到了 Windows 操作系统时代，计算机即使存在了病毒（非致命），也可以正常使用（只是慢一些而已），因为 Windows 属于多进程的操作系统。但是这个时候的计算机依然只有一组资源，所以在同一个时间段上会有多个程序共同执行，而在一个时间点上只能有一个进程在执行。

虽然多进程可以提高硬件资源的利用率，但是进程的启动与销毁依然需要消耗大量的系统性能，这将导致程序的执行性能下降。为了进一步提升并发操作的处理能力，在进程的基础上又划分出了多线程的概念，这些线程依

附于指定的进程，并且可以快速启动以及并发执行。进程与线程的区别如图
13-1 所示。

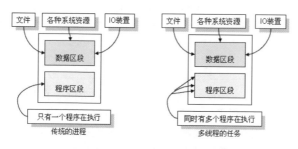

图 13-1　进程与线程的区别

提示：以 Word 的使用为例了解进程与线程的区别

　　读者应该都有过使用 Word 的经验，在 Word 中如果出现了单词拼写的错误，Word
则会在出错的单词下方标出红线。对于操作系统而言每次启动 Word 就相当于启动了一
个系统的进程，而在这个进程之上又有许多其他程序在运行（如拼写检查等），那么这
些程序就是一个个的线程。如果 Word 关闭了，则这些拼写检查的线程也肯定会消失，
但是如果拼写检查的线程消失了，并不一定会让 Word 的进程消失。

13.2　Java 多线程实现

　　在 Java 中，如果要想实现多线程，那么就必须依靠一个线程的主体类（就
好比主类的概念一样，表示的是一个线程的主类），但是这个线程的主体类在定
义的时候也需要一些特殊的要求：这个类可以继承 Thread 类、实现 Runnable
接口或实现 Callable 接口。

13.2.1　使用 Thread 类实现多线程

　　java.lang.Thread 是一个负责线程操作的类，任何类只要继承了 Thread 类就
可以成为一个线程的主类。同时线程类中需要明确覆写父类中的 run()方法（方
法定义：public void run ()），当产生了若干个线程类对象时，这些对象就会并
发执行 run()方法中的代码。

　　范例：定义线程类

```
class MyThread extends Thread {          // 线程的主体类
    private String title;                // 成员属性
    public MyThread(String title) {      // 属性初始化
        this.title = title;
    }
```

```
@Override
public void run() {                          // 【方法覆写】线程方法
    for (int x = 0; x < 10; x++) {
        System.out.println(this.title + "运行, x = " + x);
    }
}
}
```

本程序定义了一个线程类 MyThread，同时该类覆写了 Thread 类中的 run() 方法，在此方法中实现了信息的循环输出。虽然多线程的执行方法都在 run() 中定义，但是在实际进行多线程启动时并不能直接调用此方法。由于多线程需要并发执行，所以需要通过操作系统的资源调度才可以执行，这样对于多线程的启动就必须利用 Thread 类中的 start() 方法（方法定义：public void start()）完成，调用此方法时会间接调用 run() 方法。

范例：多线程启动

```
public class ThreadDemo {
    public static void main(String[] args) {
        new MyThread("线程A").start() ;      // 实例化线程对象并启动
        new MyThread("线程B").start() ;      // 实例化线程对象并启动
        new MyThread("线程C").start() ;      // 实例化线程对象并启动
    }
}
```
程序执行结果（随机抽取）：
线程A运行, x = 1
线程C运行, x = 0
线程B运行, x = 1
线程C运行, x = 1
（其他执行结果略）

此时可以发现，多个线程之间彼此交替执行，但是每次的执行结果肯定是不一样的。通过以上代码就可以得出结论：线程启动必须依靠 Thread 类的 start() 方法，线程启动后会默认调用 run() 方法。

 提问：为什么线程启动时必须调用 start() 方法而不是直接调用 run() 方法？

在本程序中，程序调用了 Thread 类继承而来的 start() 方法后，实际上它执行的还是覆写后的 run() 方法，为什么不直接调用 run() 方法呢？

 回答：多线程需要操作系统支持。

解释此问题需要打开 Thread 类的源代码，观察一下 start() 方法的定义。

13

范例：打开 Thread 类中 start()方法的源代码

```
public synchronized void start() {
    if (threadStatus != 0)
        throw new IllegalThreadStateException();
    group.add(this);
    boolean started = false;
    try {
        start0();          // 在start()方法中调用了start0()方法
        started = true;
    } finally {
        try {
            if (!started) {
                group.threadStartFailed(this);
            }
        } catch (Throwable ignore) {
        }
    }
}
private native void start0();
```

通过以上源代码可以发现在 start()方法中有一个最为关键的部分就是 start0()方法，而且这个方法使用了 native 关键字修饰。

native 关键字是指 Java 本地接口调用（Java Native Interface），即使用 Java 调用本机操作系统的函数功能完成一些特殊的操作，而这样的代码开发在 Java 中很少出现。因为 Java 的最大特点是可移植性，如果一个程序只能在固定的操作系统上使用，那么可移植性就将彻底丧失。

多线程的实现一定需要操作系统的支持。start0()方法实际上和抽象方法类似，但没有方法体，其具体执行过程是交给 JVM 去实现，即在 Windows 下的 JVM 可能使用 A 方法实现了 start0()方法，而在 Linux 下的 JVM 可能使用 B 方法实现了 start0()方法，但是在调用的时候并不会关心实现 start0()方法的具体方式，只会关心最终的操作结果。图 13-2 所示是多线程启动分析的示意图。

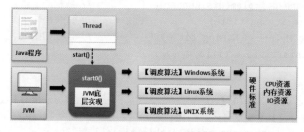

图 13-2　多线程启动分析的示意图

因而在多线程操作中，使用 start()方法启动多线程的操作是需要进行操作系统函数调用的。

另外需要提醒读者的是，在 start()方法中会抛出一个 IllegalThreadStateException 异常。按照之前所学习的方式来讲，如果一个方法中使用 throw 关键字抛出一个异常对象，那么这个异常应该使用 try...catch 捕获，或者是在方法的声明上使用 throws 关键字抛出，但是这里都没有，因为这个异常类属于运行时异常（RuntimeException）的子类。

```
java.lang.Object
    |- java.lang.Throwable
        |- java.lang.Exception
            |- java.lang.RuntimeException
                |- java.lang.IllegalArgumentException
                    |- java.lang.IllegalThreadStateException
```

当一个线程对象被重复启动后会抛出此异常，即一个线程对象只能启动唯一的一次。

13.2.2　使用 Runnable 接口实现多线程

使用 Thread 类的确可以方便地实现多线程，但是这种方式最大的缺点就是单继承局限。为此在 Java 中也可以利用 Runnable 接口来实现多线程，此接口的定义如下。

```
@FunctionalInterface  // 从JDK 1.8引入了Lambda表达式后就变为了函数式接口
public interface Runnable {
    public void run() ;
}
```

Runnable 接口从 JDK 1.8 开始成为一个函数式的接口，这样就可以在代码中直接利用 Lambda 表达式来实现线程主体代码，同时在该接口中提供有 run() 方法进行线程功能定义。

范例：通过使用 Runnable 接口实现多线程

```
class MyThread implements Runnable {           // 线程的主体类
    private String title;                      // 成员属性
    public MyThread(String title) {            // 属性初始化
        this.title = title;
    }
    @Override
    public void run() {                        // 【方法覆写】线程方法
        for (int x = 0; x < 10; x++) {
            System.out.println(this.title + "运行，x = " + x);
        }
```

```
        }
    }
```

利用 Thread 类定义的线程类可以直接在子类继承 Thread 类中所提供的 start()方法进行多线程的启动,但是一旦实现了 Runnable 接口 MyThread 类中将不再提供 start()方法,所以为了继续使用 Thread 类启动多线程,此时就可以利用 Thread 类中的构造方法进行线程对象的包裹。

Thread 类构造方法: public Thread(Runnable target)。

在 Thread 类的构造方法中可以明确地接收 Runnable 子类对象,这样就可以使用 Thread.start()方法启动多线程。

范例:启动多线程

```java
public class ThreadDemo {
    public static void main(String[] args) {
        Thread threadA = new Thread(new MyThread("线程对象A")) ;
        Thread threadB = new Thread(new MyThread("线程对象B")) ;
        Thread threadC = new Thread(new MyThread("线程对象C")) ;
        threadA.start();                        // 启动多线程
        threadB.start();                        // 启动多线程
        threadC.start();                        // 启动多线程
    }
}
```

本程序利用 Thread 类构造了 3 个线程类对象(线程的主体方法由 Runnable 接口子类实现),随后利用 start()方法分别启动 3 个线程对象并发执行 run()方法。

除了明确地定义 Runnable 接口子类外,也可以利用 Lambda 表达式直接定义线程的方法体。

范例:通过使用 Lambda 表达式定义线程方法体

```java
package com.yootk.demo;
public class ThreadDemo {
    public static void main(String[] args) {
        for (int x = 0; x < 3; x++) {
            String title = "线程对象-" + x;
            // 通过使用Lambda表达式实现线程体
            new Thread(() -> {
                for (int y = 0; y < 10; y++) {
                    System.out.println(title + "运行, y = " + y);
                }
            }).start();                         // 启动线程对象
        }
    }
}
```

本程序直接利用 Lambda 表达式替换了 MyThread 子类，使得代码更加简洁。

13.2.3 Thread 类与 Runnable 接口的区别

    Thread 类和 Runnable 接口都可以实现同一功能的多线程，从 Java 的实际开发来讲，肯定优先使用 Runnable 接口，因为采用这种方式可以有效地避免单继承的局限，但是从结构上也需要来观察 Thread 类与 Runnable 接口的联系。首先来观察 Thread 类的定义：

```
public class Thread extends Object implements Runnable {}
```

可以发现 Thread 类也是 Runnable 接口的子类，那么在之前继承 Thread 类的时候实际上覆写的还是 Runnable 接口的 run()方法。Runnable 接口实现线程的类结构如图 13-3 所示。

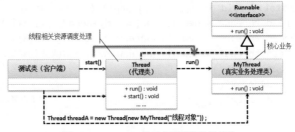

图 13-3　Runnable 接口实现线程的类结构

通过图 13-3 的类结构图可以发现，Runnable 接口的两个实现子类的功能分析是：Thread 类负责资源调度，而 MyThread 类负责处理真实业务。这样的设计结构类似于代理设计模式。

> 💡 **提示：关于 Thread 类中 run()方法的覆写**
>
> 为了进一步帮助读者理解 Thread 类与 MyThread 子类之间的关系，下面将对部分 Thread 类的实现源代码进行说明。

范例：Thread 类的部分源代码

```java
public class Thread implements Runnable {
    private Runnable target;          // 真实主题
    public Thread(Runnable target) {} // 构造方法保存target属性
    @Override
    public void run() {               // 覆写run()方法
        if (target != null) {         // target属性不为空
            target.run();             // 调用真实主题对象
        }
    }
}
```

在 Thread 类中定义了 target 属性,该属性保存的是 Runnable 的核心业务主题对象,该对象将通过 Thread 类的构造方法进行传递。当调用 Thread.start()方法启动多线程时也会调用 Thread.run()方法,而在 Thread.run()方法中会判断是否提供有 target 实例,如果有提供,则调用真实主题的方法。

在实际项目中,多线程开发的本质是多个线程可以进行同一资源的抢占与处理,而在此种结构中 Thread 类描述的是线程对象,而并发资源的描述可以通过 Runnable 接口定义。并发访问设计如图 13-4 所示。

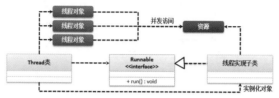

图 13-4　并发访问设计

范例: 并发资源访问

```java
package com.yootk.demo;
class MyThread implements Runnable {          // 线程的主体类
    private int ticket = 5;                   // 定义总票数
    @Override
    public void run() {                       // 线程的主体方法
        for (int x = 0; x < 100; x++) {       // 进行100次的卖票处理
            if (this.ticket > 0) {            // 有剩余票数
                System.out.println("卖票, ticket = " + this.ticket--);
            }
        }
    }
}
public class ThreadDemo {
    public static void main(String[] args) {
        MyThread mt = new MyThread();         // 定义资源对象
        new Thread(mt).start();               // 第1个线程启动
        new Thread(mt).start();               // 第2个线程启动
        new Thread(mt).start();               // 第3个线程启动
    }
}
程序执行结果
(随机抽取):
卖票, ticket = 5
卖票, ticket = 4
卖票, ticket = 3
```

卖票，ticket = 1
卖票，ticket = 2

本程序利用多线程的并发资源访问实现了一个卖票程序，在程序中准备了 5 张票，同时设置了 3 个卖票的线程，当票数有剩余时（this.ticket > 0），进行售票处理。内存关系图如图 13-5 所示。

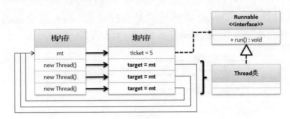

图 13-5　内存关系图

 提问：为什么不使用 Thread 类实现资源共享呢？

　　Thread 类是 Runnable 接口的子类，如果在本程序中 MyThread 类直接继承父类 Thread 实现多线程也可以实现同样的功能，代码如下。

```
class MyThread extends Thread {}
```

　　此时只需修改一个继承关系就可以实现完全相同的效果，为什么非要使用 Runnable 接口实现呢？

 回答：Thread 类和 Runnable 接口都可以实现多线程资源共享，但是相比较而言，Runnable 接口的实现会更加合理。

　　本程序使用 Runnable 接口与使用 Thread 类的实现效果是相同的，但是此时在继承关系上使用 Thread 类就不这么合理了。Thread 类实现资源共享的结构如图 13-6 所示。

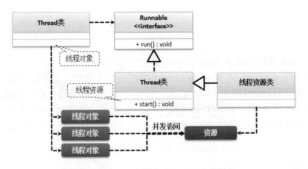

图 13-6　Thread 类实现资源共享的结构

　　此时可以发现，如果线程资源类直接继承 Thread 类，那么资源本身就是一个线程对象，这样再依靠其他类来启动线程的设计就不那么合理了。

13.2.4 使用 Callable 接口实现多线程

使用 Runnable 接口实现的多线程可以避免单继承局限，但是 Runnable 接口实现的多线程会存在一个问题：Runnable 接口里面的 run() 方法不能返回操作结果。所以为了解决这样的问题，从 JDK 1.5 开始对于多线程的实现提供了一个新的接口：java.util.concurrent.Callable，此接口定义如下。

```
@FunctionalInterface
public interface Callable<V> {
    public V call() throws Exception ;
}
```

Callable 接口定义的时候可以设置一个泛型，此泛型的类型就是 call() 方法的返回数据类型，这样设置的好处是可以避免向下转型带来的安全隐患。

范例： 定义线程主体类

```
class MyThread implements Callable<String> {        // 定义线程主体类
    @Override
    public String call() throws Exception {          // 线程执行方法
        for (int x = 0; x < 10; x++) {
            System.out.println("********* 线程执行、x = " + x);
        }
        return "www.yootk.com";                       // 返回结果
    }
}
```

本程序利用 Callable 接口实现了一个多线程的主体类，并且在 call() 方法中定义了线程执行完毕后的返回结果。线程类定义完成后如果要进行多线程的启动依然需要通过 Thread 类实现，所以此时可以通过 java.util.concurrent.FutureTask 类实现 Callable 接口与 Thread 类之间的联系，并且也可以利用 FutureTask 类获取 Callable 接口中 call() 方法的返回值。Callable 接口与 FutureTask 类的结构关系如图 13-7 所示。

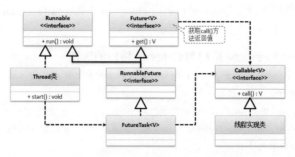

图 13-7　Callable 接口与 FutureTask 类的结构关系

清楚了 FutureTask 类结构后，下面再来研究一下 FutureTask 类的常用方法，如表 13-1 所示。

表 13-1　FutureTask 类的常用方法

No.	方　　法	类　型	描　　述
1	public FutureTask(Callable<V> callable)	构造	接收 Callable 接口实例
2	public FutureTask(Runnable runnable, V result)	构造	接收 Runnable 接口实例，并指定返回结果类型
3	public V get() throws InterruptedException, ExecutionException	普通	取得线程操作结果，此方法为 Future 接口定义

通过 FutureTask 类继承结构可以发现它是 Runnable 接口的子类，并且 FutureTask 类可以接收 Callable 接口实例，这样依然可以利用 Thread 类来实现多线程的启动，而如果要想接收返回结果，则利用 Future 接口中的 get()方法即可。

范例： 启动线程并获取 Callable 接口的返回值

```java
public class ThreadDemo {
    public static void main(String[] args) throws Exception {
        // 将Callable接口对象的实例包装在FutureTask类中，这样就可以与
        // Runnable接口关联
        FutureTask<String> task = new FutureTask<>(new MyThread()) ;
        new Thread(task).start();                    // 线程启动
        System.out.println("【线程返回数据】" + task.get()); // 获取返回结果
    }
}
```
程序执行结果：
```
********* 线程执行、x = 0
... 线程执行输出部分省略 ...
********* 线程执行、x = 9
【线程返回数据】www.yootk.com
```

本程序将 Callable 接口的子类利用 FutureTask 类对象进行包装，由于 FutureTask 是 Runnable 接口的子类，所以可以利用 Thread 类的 start()方法启动多线程，当线程执行完毕后，可以利用 Future 接口中的 get()方法返回线程的执行结果。

 提示：Runnable 接口与 Callable 接口的区别

➥ Runnable 接口是在 JDK 1.0 的时候提出的多线程的实现接口，而 Callable 接口是在 JDK 1.5 之后提出的。

➥ java.lang.Runnable 接口中只提供了一个 run()方法，并且没有返回值。

➥ java.util.concurrent.Callable 接口提供了 call()方法，可以有返回值（通过 Future 接口获取）。

13.2.5 多线程运行状态

要想实现多线程，就必须在主线程中创建新的线程对象。线程一般有 5 种基本状态：创建、就绪、运行、阻塞、终止。线程状态的转移如图 13-8 所示。

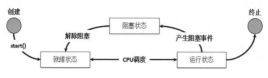

图 13-8　线程状态的转移

1．创建状态

在程序中用构造方法创建一个线程对象后，线程对象便处于创建状态，此时，它已经有了相应的内存空间和其他资源，但还处于不可运行状态。新建一个线程对象可采用 Thread 类的构造方法来实现，例如，Thread thread = new Thread();。

2．就绪状态

新建线程对象后，调用该线程的 start()方法就可以启动线程。当线程启动时，线程进入就绪状态。此时，线程将进入线程队列排队，等待 CPU 调度，这表明它已经具备了运行条件。

3．运行状态

当就绪状态的线程被调用并获得处理器资源时，线程就进入了运行状态。此时将自动调用该线程对象的 run()方法，run()方法定义了该线程的操作和功能。

4．阻塞状态

一个正在运行的线程在某些特殊情况下，如被人为挂起或需要运行耗时的输入/输出操作时，将让出 CPU 并暂时中止自己的运行，进入阻塞状态。在可运行状态下，如果调用 sleep()、suspend()、wait()等方法，线程都将进入阻塞状态。阻塞时，线程不能进入排队队列，只有当引起阻塞的原因被消除后，线程才可以转入就绪状态。

5．终止状态

当线程体中的 run()方法运行结束后，线程即处于终止状态，处于终止状态的线程不具有继续运行的能力。

13.3 多线程常用操作方法

在多线程开发中需要对每一个线程对象都进行相应的控制才可以实现良好的程序结构，而针对线程的控制主要可以通过 Thread 类来实现。

13.3.1 线程的命名和取得

线程本身属于不可见的运行状态，即每次操作的时间是无法预料的，所以如果要想在程序中操作线程，唯一依靠的就是线程名称，而设置和取得线程的名称可以使用表 13-2 所示的方法。

表 13-2　线程命名和取得的方法

No.	方　　法	类　　型	描　　述
1	public Thread(Runnable target, String name)	构造	实例化线程对象，接收 Runnable 接口子类对象，同时设置线程名称
2	public final void setName(String name)	普通	设置线程名字
3	public final String getName()	普通	取得线程名字

由于多线程的状态不确定，线程的名字就成为唯一的区分标记，所以一定要在线程启动前设置线程名称，而且尽量不要重名，尽量不要为已经启动的线程修改名称。

由于线程的状态不确定，所以每次可以操作的都是正在执行 run()方法的线程实例，依靠 Thread 类的以下方法实现。

取得当前线程对象：**public static Thread currentThread()**

范例：观察线程的命名操作

```
package com.yootk.demo;
class MyThread implements Runnable {
    @Override
    public void run() {
        // 当前线程名称
        System.out.println(Thread.currentThread().getName());
    }
}
public class ThreadDemo {
    public static void main(String[] args) throws Exception {
        MyThread mt = new MyThread();
```

```
new Thread(mt, "线程A").start();        // 设置了线程的名称
new Thread(mt).start();                 // 未设置线程名称
new Thread(mt, "线程B").start();        // 设置了线程的名称
    }
}
```

程序执行结果：
线程A（线程手动命名）
线程B（线程手动命名）
Thread-0（线程自动命名）

　　通过本程序读者可以发现，如果已经为线程设置了名称，那么会使用用户定义的名称；而如果没有设置线程名称，系统会自动为其分配一个名称，名称的形式是"Thread-xxx"。

提示：关于线程的自动命名

```
public class Thread {
    private static int threadInitNumber;        // 记录线程初始化个数
    public Thread(Runnable target) {
        // 线程自动命名
        init(null, target, "Thread-" + nextThreadNum(), 0);
    }
    public Thread(Runnable target, String name) {
        init(null, target, name, 0);            // 线程手动命名
    }
    private static synchronized int nextThreadNum() {
        return threadInitNumber++;              // 线程对象个数增长
    }
}
```

　　通过源代码可以发现，每当实例化 Thread 类对象时都会调用 init()方法，并且在没有为线程设置名称时会自动为其命名。

　　所有的线程都是在程序启动后在主方法中进行启动的，所以主方法本身也属于一个线程，而这样的线程就称为主线程，下面通过一段代码来观察主线程的存在。

范例：观察主线程的存在

```
package com.yootk.demo;
class MyThread implements Runnable {
    @Override
    public void run() {
        // 获取线程名称
        System.out.println(Thread.currentThread().getName());
```

```
        }
    }
public class ThreadDemo {
    public static void main(String[] args) throws Exception {
        MyThread mt = new MyThread();           // 线程类对象
        new Thread(mt, "线程对象").start();        // 设置了线程的名字
        mt.run();                                // 对象直接调用run()方法
    }
}
```
程序执行结果（随机抽取）：
main（主线程，mt.run()执行结果）
线程对象（子线程）

本程序在主方法中直接利用线程实例化对象调用了 run() 方法，这样获取到的对象就是 main 线程对象。

 提问：进程在哪里？

所有的线程都是在进程的基础上划分的，如果说主方法是一个线程，那么进程在哪里？

 回答：运行的每一个 JVM 就是进程。

当用户使用 java 命令执行一个类的时候就表示启动了一个 JVM 的进程，而主方法是这个进程上的一个线程，而当一个类执行完毕后，此进程会自动消失。

通过以上的分析就可以发现实际开发过程中所有的子线程都是通过主线程来创建的，这样的处理机制主要是可以利用多线程来实现一些资源耗费较多的复杂业务，如图 13-9 所示。

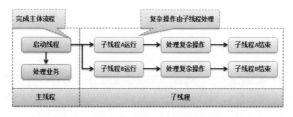

图 13-9　子线程执行示意图

通过图 13-9 可以发现，当程序中存在多线程机制后，就可以将一些耗费时间和资源较多的操作交由子线程处理，这样就不会因为执行速度而影响主线程的执行。

范例：子线程处理复杂逻辑

```
package com.yootk.demo;
```

```java
public class ThreadDemo {
    public static void main(String[] args) throws Exception {
        System.out.println("1、执行操作任务一。");// 主线程执行
        new Thread(()->{                       // 子线程负责统计
            int temp = 0 ;
            for (int x = 0 ; x < Integer.MAX_VALUE ; x ++) {
                temp += x ;                     // 【模拟】执行耗时操作
            }
        }).start();
        System.out.println("2、执行操作任务二。");// 主线程执行
        System.out.println("N、执行操作任务N。"); // 主线程执行
    }
}
```

本程序启动了一个子线程执行耗时操作的业务,在子线程的执行过程中,主线程中的其他代码将不会受到该耗时任务的影响。

 提问:如何等待子线程完成?

在以上的程序中,假设主线程的第 N 个操作任务需要子线程处理后的结果,这种情况下该如何实现?

 回答:需要引入线程等待与唤醒机制。

要想实现不同线程间的任务顺序指派,就需要为线程对象引入等待机制,并且设置好合适的唤醒时间。而最简洁有效的线程交互操作,推荐使用从 JDK 1.5 后引入的 JUC 机制处理完成。

13.3.2 线程休眠

当一个线程启动后会按照既定的结构快速执行完毕,如果需要暂缓线程的执行速度,就可以利用 Thread 类中提供的休眠方法完成。线程休眠的方法如表 13-3 所示。

表 13-3 线程休眠的方法

No.	方　法	类　型	描　述
1	public static void sleep(long millis) throws InterruptedException	普通	设置线程休眠的毫秒数,时间一到自动唤醒
2	public static void sleep(long millis, int nanos) throws InterruptedException	普通	设置线程休眠的毫秒数与纳秒数,时间一到自动唤醒

在进行休眠的时候有可能会产生中断异常 InterruptedException,中断异常属于 Exception 的子类,程序中必须强制性进行该异常的捕获与处理。

范例：线程休眠的实现

```java
package com.yootk.demo;
public class ThreadDemo {
    public static void main(String[] args) throws Exception {
        Runnable run = () -> {                      // Runnable接口实例
            for (int x = 0; x < 10; x++) {
                System.out.println(Thread.currentThread().getName()
                                + "、x = " + x);
                try {
                    Thread.sleep(1000);      // 暂缓1秒（1000毫秒）执行
                } catch (InterruptedException e) { // 强制性异常处理
                    e.printStackTrace();
                }
            }
        } ;
        for (int num = 0; num < 5; num++) {
            new Thread(run, "线程对象 - " + num).start();   // 启动线程
        }
    }
}
```

　　本程序设计了 5 个线程对象，并且每一个线程对象执行时都需要暂停 1 秒。但是需要提醒读者的是，多线程的启动与执行都是由操作系统随机分配的，虽然看起来这 5 个线程的休眠是同时进行的，但是也有先后顺序（图 13-10 所示分析了多个线程对象执行一次 run()方法的调试执行过程），只不过由于代码的执行速度较快，不易观察到。

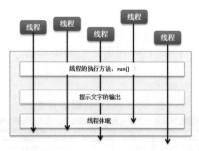

图 13-10　多个线程对象执行一次 run()方法的调度执行过程

13.3.3　线程中断

　　在 Thread 类提供的线程操作方法中很多都会抛出 InterruptedException 中断异常，所以线程在执行过程中也可以被另外一个线程中断执行。线程中断的方法如表 13-4 所示。

表 13-4　线程中断的方法

No.	方　　法	类　型	描　　述
1	public boolean isInterrupted()	普通	判断线程是否被中断
2	public void interrupt()	普通	中断线程执行

范例：线程中断的实现

```java
package com.yootk.demo;
public class ThreadDemo {
    public static void main(String[] args) throws Exception {
        Thread thread = new Thread(() -> {
            System.out.println("【BEFORE】准备睡10秒钟，不要打扰我！");
            try {
                Thread.sleep(10000);                    // 准备休眠10秒
                System.out.println("【FINISH】睡醒了，开始工作和学习！");
            } catch (InterruptedException e) {
                System.out.println("【EXCEPTION】睡觉被打扰了，坏脾气\n                        像火山爆发一样！");
            }
        });
        thread.start();                               // 线程启动
        Thread.sleep(1000);                           // 保证子线程先运行1秒
        if (!thread.isInterrupted()) {                // 判断该线程是否被中断
            System.out.println("【INTERRUPT】敲锣打鼓欢天喜地地路过你睡\n                        觉的地方！");
            thread.interrupt();                       // 中断执行
        }
    }
}
```
程序执行结果：
【BEFORE】准备睡10秒钟，不要打扰我！
【INTERRUPT】敲锣打鼓欢天喜地地路过你睡觉的地方！
【EXCEPTION】睡觉被打扰了，坏脾气像火山爆发一样！

　　本程序实现了线程执行的中断操作，可以发现线程的中断是被动完成的，每当被中断执行后就会产生 InterruptedException 异常。

13.3.4　线程强制执行

　　在多线程并发执行中每一个线程对象都会交替执行，如果此时某个线程对象需要优先完成，则可以设置为强制执行，待其执行完毕后其他线程再继续执行，Thread 类定义的线程强制执行方法如下。

线程强制执行：public final void join() throws InterruptedException

范例：线程强制执行的实现

```java
package com.yootk.demo;
public class ThreadDemo {
    public static void main(String[] args) throws Exception {
        Thread mainThread = Thread.currentThread() ;     // 获得主线程
        Thread thread = new Thread(() -> {
            for (int x = 0 ; x < 100 ; x ++) {
                if (x == 3) {                           // 设置强制执行条件
                    try {
                        mainThread.join();     // 强制执行线程任务
                    } catch (InterruptedException e) {
                        e.printStackTrace();
                    }
                }
                try {
                    Thread.sleep(100);              // 延缓执行
                } catch (InterruptedException e) {
                    e.printStackTrace();
                }
                System.out.println(Thread.currentThread().getName()
                                + "执行、x = " + x);
            }
        },"玩耍的线程") ;
        thread.start();
        for (int x = 0 ; x < 100 ; x ++) {          // 主线程
            Thread.sleep(100);
            System.out.println("【霸道的main线程】number = " + x);
        }
    }
}
```

本程序启动了两个线程：main 线程和子线程，在不满足强制执行条件时，两个线程会交替执行，而当满足了强制执行条件（x == 3）时会在主线程执行完毕后再继续执行子线程中的代码。

13.3.5 线程礼让

线程礼让是指当满足某些条件时，可以将当前的调度让给其他线程执行，自己再等待下次调度，方法定义如下。

线程礼让：public static void yield()

范例：线程礼让的实现

```java
package com.yootk.demo;
public class ThreadDemo {
    public static void main(String[] args) throws Exception {
        Thread thread = new Thread(() -> {
            for (int x = 0 ; x < 100 ; x ++) {
                if (x % 3 == 0) {
                    Thread.yield();                // 线程礼让
                    System.out.println("【YIELD】线程礼让，" +
                            Thread.currentThread().getName());
                }
                try {
                    Thread.sleep(100);
                } catch (InterruptedException e) {
                    e.printStackTrace();
                }
                System.out.println(Thread.currentThread().getName()
                        + "执行、x = " + x);
            }
        },"玩耍的线程") ;
        thread.start();
        for (int x = 0 ; x < 100 ; x ++) {
            Thread.sleep(100);
            System.out.println("【霸道的main线程】number = " + x);
        }
    }
}
```
程序执行结果（截取部分随机结果）：
【霸道的main线程】number = 3
玩耍的线程执行、x = 3
【霸道的main线程】number = 4
玩耍的线程执行、x = 4
【霸道的main线程】number = 5
玩耍的线程执行、x = 5
【YIELD】线程礼让，玩耍的线程
【霸道的main线程】number = 6

在多线程正常执行中，原本的线程应该交替执行，但是由于礼让的关系，会出现某一个线程暂时让出调度资源的情况，让其他线程优先调度。

13.3.6 线程优先级

在 Java 的线程操作中，所有的线程在运行前都会保持就绪状态，此时 CPU会根据线程的优先级进行资源调度，即哪个线程的优先级高，哪个线程就有可能会先被执行，如图 13-11 所示。

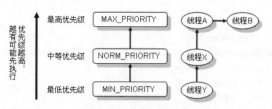

图 13-11　线程的优先级

如果要想进行线程优先级的设置，可以使用 Thread 类下支持的方法及常量，如表 13-5 所示。

表 13-5　优先级设置的方法及常量

No.	方法及常量	类　　型	描　　述
1	public static final int MAX_PRIORITY	常量	最高优先级，数值为 10
2	public static final int NORM_PRIORITY	常量	中等优先级，数值为 5
3	public static final int MIN_PRIORITY	常量	最低优先级，数值为 1
4	public final void setPriority(int newPriority)	普通	设置线程优先级
5	public final int getPriority()	普通	取得线程优先级

范例：观察线程的优先级

```java
package com.yootk.demo;
public class ThreadDemo {
    public static void main(String[] args) throws Exception {
        Runnable run = () -> {                        // 线程类对象
            for (int x = 0; x < 10; x++) {
                try {
                    Thread.sleep(1000);               // 暂缓执行
                } catch (InterruptedException e) {
                    e.printStackTrace();
                }
                System.out.println(Thread.currentThread().getName()
                        + "执行。");
            }
        };
        Thread threadA = new Thread(run, "线程对象A");   // 线程对象
        Thread threadB = new Thread(run, "线程对象B");   // 线程对象
        Thread threadC = new Thread(run, "线程对象C");   // 线程对象
        threadA.setPriority(Thread.MIN_PRIORITY);// 修改线程优先级
```

```
        threadB.setPriority(Thread.NORM_PRIORITY);// 修改线程优先级
        threadC.setPriority(Thread.MAX_PRIORITY);// 修改线程优先级
        threadA.start();                          // 线程启动
        threadB.start();                          // 线程启动
        threadC.start();                          // 线程启动
    }
}
```

本程序为线程设置了不同的优先级，理论上讲优先级越高的线程越有可能先抢占资源。

 提示：主方法优先级

主方法也是一个线程，那么主方法的优先级是多少呢？下面通过具体代码来观察。

范例：获取主方法的优先级

```
public class ThreadDemo {
    public static void main(String[] args) throws Exception {
        System.out.println(Thread.currentThread().getPriority());
    }
}
```
程序执行结果：
```
5
```

根据表 13-5 所列出的优先级常量，可以发现数值 5 对应中等优先级。

13.4   线程的同步与死锁

程序利用线程可以进行更为高效的程序处理，如果在没有多线程的程序中，那么一个程序在处理某些资源时会有主方法（主线程全部进行处理），但是这样的处理速度一定会比较慢，如图 13-12（a）所示。但是如果采用了多线程的处理机制，利用主线程创建出许多的子线程（相当于多了许多帮手），一起进行资源的操作，那么执行效率一定会比只使用一个主线程更高，如图 13-12（b）所示。

（a）单线程操作　　　　　　（b）多线程操作

图 13-12　单线程与多线程的执行区别

虽然使用多线程同时处理资源的效率要比单线程高许多，但是多个线程如果操作同一个资源时一定会存在一些问题，如资源操作的完整性问题。本节将讲解多线程的同步与死锁的概念。

13.4.1 线程同步问题的引出

线程同步是指若干个线程对象并行进行资源访问的操作，下面将利用一个模拟卖票的程序来进行同步问题的说明。

范例： 卖票操作（3 个线程卖 3 张票）

```java
package com.yootk.demo;
class MyThread implements Runnable {          // 定义线程执行类
    private int ticket = 3;                    // 总票数为3张
    @Override
    public void run() {
        while (true) {                         // 持续卖票
            if (this.ticket > 0) {             // 还有剩余票
                try {
                    Thread.sleep(100);         // 模拟网络延迟
                } catch (InterruptedException e) {
                    e.printStackTrace();
                }
                System.out.println(Thread.currentThread().getName() +
                    "卖票，ticket = " + this.ticket--);
            } else {
                System.out.println("***** 票已经卖光了 *****");
                break;                         // 跳出循环
            }
        }
    }
}
public class ThreadDemo {
    public static void main(String[] args) throws Exception {
        MyThread mt = new MyThread();
        new Thread(mt, "售票员A").start();      // 开启卖票线程
        new Thread(mt, "售票员B").start();      // 开启卖票线程
        new Thread(mt, "售票员C").start();      // 开启卖票线程
    }
}
```
程序执行结果（随机抽取一次执行结果）：
售票员A卖票，ticket = 3
售票员C卖票，ticket = 3
售票员B卖票，ticket = 2

```
售票员C卖票，ticket = 1
售票员A卖票，ticket = 0
***** 票已经卖光了 *****
***** 票已经卖光了 *****
售票员B卖票，ticket = -1
***** 票已经卖光了 *****
```

在本程序中为了更好地观察同步问题，在判断票数（this.ticket > 0）和卖票（this.ticket--）操作之间追加了一个线程休眠操作以实现延迟的模拟。通过执行的结果可以发现程序出现了不同步的问题，而造成这些问题的原因主要是由代码的操作结构引起的，因为卖票操作分为两个步骤。

步骤 1（this.ticket > 0）：判断票数是否大于 0，大于 0 则表示还有票可以卖。

步骤 2（this.ticket--）：如果票数大于 0，则卖票出去。

假设现在只剩下最后一张票了，当第一个线程满足售票条件后（此时并未减少票数），其他的线程也有可能同时满足售票的条件，这样同时进行自减操作时就有可能出现负数的情况。线程同步问题分析如图 13-13 所示。

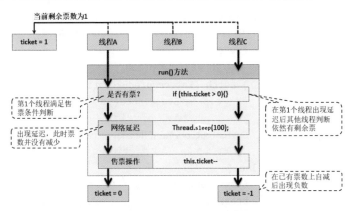

图 13-13　线程同步问题分析

13.4.2　线程的同步

造成并发资源访问不同步的主要原因在于没有将若干个程序逻辑单元进行整体性锁定，即当判断数据和修改数据时只允许一个线程进行处理，而其他线程需要等待当前线程执行完毕后才可以继续执行，这样就使得在同一个时间段内，只允许一个线程执行操作，从而实现同步的处理。线程同步的操作如图 13-14 所示。

Java 中提供了 synchronized 关键字以实现同步处理，同步的关键是要为代码加上"锁"，而对于锁的操作程序有两种：同步代码块、同步方法。

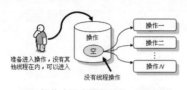

（a）操作中没有线程对象，可以进入　（b）操作中有线程对象被锁住，其他线程不能进入

图 13-14　线程同步的操作

同步代码块是指使用 synchronized 关键字定义的代码块，在该代码块执行时往往需要设置一个同步对象，由于线程操作的状态不确定，所以这个时候的同步对象可以选择 this。

范例：使用同步代码块

```java
class MyThread implements Runnable {          // 定义线程执行类
    private int ticket = 3;                    // 总票数为3张
    @Override
    public void run() {
        while (true) {                         // 持续卖票
            synchronized(this) {               // 同步代码块
                if (this.ticket > 0) {         // 还有剩余票
                    try {
                        Thread.sleep(100);     // 模拟网络延迟
                    } catch (InterruptedException e) {
                        e.printStackTrace();
                    }
                    System.out.println(Thread.currentThread().getName() +
                            "卖票，ticket = " + this.ticket--);
                } else {
                    System.out.println("***** 票已经卖光了 *****");
                    break;                     // 跳出循环
                }
            }
        }
    }
}
public class ThreadDemo {
    public static void main(String[] args) throws Exception {
        MyThread mt = new MyThread();
        new Thread(mt, "售票员A").start();      // 开启卖票线程
        new Thread(mt, "售票员B").start();      // 开启卖票线程
        new Thread(mt, "售票员C").start();      // 开启卖票线程
```

```
    }
}
```
程序执行结果（随机抽取）：
```
售票员A卖票, ticket = 3
售票员A卖票, ticket = 2
售票员C卖票, ticket = 1
***** 票已经卖光了 *****
***** 票已经卖光了 *****
***** 票已经卖光了 *****
```

本程序将票数判断与票数自减的两个控制逻辑放在了一个同步代码块中，当进行多个线程并发执行时，只允许有一个线程执行此部分代码，就实现了同步处理操作。

提示：同步会造成处理性能下降

同步操作的本质在于同一个时间段内只允许有一个线程执行，所以在此线程对象未执行完时其他线程对象将处于等待状态，这样就会造成程序处理性能的下降。但是同步也会带来优点：数据的线程访问安全。

同步代码块可以直接定义在某个方法中，使得方法的部分操作进行同步处理，但是如果现在某一个方法中的全部操作都需要进行同步处理，则可以采用同步方法的形式进行定义，即在方法声明上使用 synchronized 关键字即可。

范例：使用同步方法

```java
package com.yootk.demo;
class MyThread implements Runnable {          // 定义线程执行类
    private int ticket = 3;                    // 总票数为3张
    @Override
    public void run() {
        while (this.sale()) {                  // 调用同步方法
            ;
        }
    }
    public synchronized boolean sale() {       // 售票操作
        if (this.ticket > 0) {
            try {
                Thread.sleep(100);             // 模拟网络延迟
            } catch (InterruptedException e) {
                e.printStackTrace();
            }
            System.out.println(Thread.currentThread().getName() +
                "卖票, ticket = " + this.ticket--);
```

```
                return true;
            } else {
                System.out.println("***** 票已经卖光了 *****");
                return false;
            }
        }
    }
    public class ThreadDemo {
        public static void main(String[] args) throws Exception {
            MyThread mt = new MyThread();
            new Thread(mt, "售票员A").start();        // 开启卖票线程
            new Thread(mt, "售票员B").start();        // 开启卖票线程
            new Thread(mt, "售票员C").start();        // 开启卖票线程
        }
    }
```
程序执行结果（随机抽取）：
```
售票员A卖票，ticket = 3
售票员A卖票，ticket = 2
售票员B卖票，ticket = 1
***** 票已经卖光了 *****
***** 票已经卖光了 *****
***** 票已经卖光了 *****
```

　　本程序将需要进行线程同步处理的操作封装在了 sale()方法中，当多个线程并发访问时可以保证数据操作的正确性。

13.4.3　线程的死锁

　　同步是指一个线程要等待另外一个线程执行完毕才能继续执行的一种操作形式，虽然在一个程序中，使用同步可以保证资源共享操作的正确性，但是过多同步也会产生问题。例如，现在有张三想要李四的画，李四想要张三的书，那么张三对李四说："把你的画给我，我就给你书"，李四也对张三说："把你的书给我，我就给你画"，此时，张三在等着李四的答复，而李四也在等着张三的答复，这样下去的最终结果可想而知，张三得不到李四的画，李四也得不到张三的书，这实际上就是死锁。同步产生的问题如图 13-15 所示。

图 13-15　同步产生的问题

所谓死锁，是指两个线程都在等待对方先完成，造成了程序的停滞状态。一般程序的死锁都是在程序运行时出现的，下面通过一个简单的范例来观察一下出现死锁的情况。

范例： 观察线程的死锁

```java
package com.yootk.demo;
class Book {
    public synchronized void tell(Painting paint) {        // 同步方法
        System.out.println("张三对李四说：把你的画给我，我就给你书，不给
                            画不给书！");
        paint.get();
    }
    public synchronized void get() {                        // 同步方法
        System.out.println("张三得到了李四的画开始认真欣赏。");
    }
}
class Painting {
    public synchronized void tell(Book book) {             // 同步方法
        System.out.println("李四对张三说：把你的书给我，我就给你画，不给
                            书不给画！");
        book.get();
    }
    public synchronized void get() {                        // 同步方法
        System.out.println("李四得到了张三的书开始认真阅读。");
    }
}
public class DeadLock implements Runnable {
    private Book book = new Book();
    private Painting paint = new Painting();
    public DeadLock() {
        new Thread(this).start();
        book.tell(paint);
    }
    @Override
    public void run() {
        paint.tell(book);
    }
    public static void main(String[] args) {
        new DeadLock() ;
    }
}
```

程序执行结果：

张三对李四说：把你的画给我，我就给你书，不给画不给书！
李四对张三说：把你的书给我，我就给你画，不给书不给画！
... 程序处于相互等待状态，后续代码都不再执行 ...

为了更好地观察死锁带来的影响，本程序使用了大量同步处理操作，而死锁一旦出现程序将进入等待状态并且不会继续向下执行。实际开发中回避线程死锁的问题是设计的难点。

13.5　优雅地停止线程

在 Java 中，一个线程对象是有自己的生命周期的，要想控制好线程的生命周期，首先应该了解其生命周期，如图 13-16 所示。

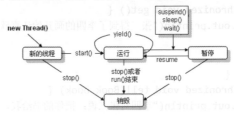

图 13-16　线程生命周期

从图 13-16 中可以发现，大部分的线程生命周期的方法都已经学过了，在这里主要介绍以下 3 个新方法。

- 停止多线程：public void stop()。
- 挂起线程：public final void suspend()、暂停执行。
- 恢复挂起的线程：public final void resume()。

但是对线程的 suspend()、resume()、stop() 3 个方法，从 JDK 1.2 开始已经不推荐使用，主要是因为这 3 个方法在操作的时候会引起死锁的问题。

注意：声明 suspend()、resume()、stop() 方法时使用了 @Deprecated 注解

有兴趣的读者打开 Thread 类的源代码，可以发现 suspend()、resume()、stop() 方法的声明上都加入了一条 @Deprecated 的注解，这属于 Annotation 注解的语法，表示此操作不建议使用。所以一旦使用了这些方法后将出现警告信息。

既然以上的 3 个方法不推荐使用，那么该如何停止一个线程的执行呢？在多线程的开发中可以通过设置标志位的方式停止一个线程的运行。

范例：停止线程的运行的实现

```
package com.yootk.demo;
public class ThreadDemo {
```

```java
public static boolean flag = true;          // 线程停止标记
public static void main(String[] args) throws Exception {
    new Thread(() -> {                       // 新的线程对象
        long num = 0;
        while (flag) {                       // 判断标记
            try {
                Thread.sleep(50);
            } catch (InterruptedException e) {
                e.printStackTrace();
            }
            System.out.println(Thread.currentThread().getName() +
                    "正在运行、num = " + num++);
        }
    }, "执行线程").start();
    Thread.sleep(200);                       // 运行200毫秒
    flag = false;                            // 停止线程, 修改执行标记
}
}
```

本程序为了可以停止线程的运行，专门定义了 flag 属性，随后利用对 flag 属性内容的修改实现了停止线程执行的目的。

提示：关于多线程的完整运行状态

在图 13-8 中已经展示了多线程的基本运行状态，当清楚了锁、等待与唤醒机制之后，就可以得到图 13-17 所示的多线程完整运行状态。

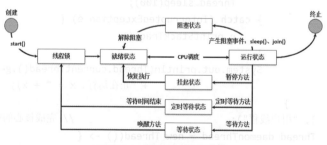

图 13-17 多线程完整运行状态

13.6 后台守护线程

Java 中的线程分为两类：用户线程和守护线程。守护线程（Daemon）是一种运行在后台的线程服务线程，当用户线程存在时，守护线程也可以同时存在；当用户线程全部消失（程序执行完毕，JVM 进程结束）时守护线程也会消失。

提示：关于守护线程的简单理解

　　用户线程就是用户自己开发或者由系统分配的主线程，其处理的是核心功能，守护线程就像用户线程的保镖一样，用户线程一旦消失，守护线程就没有存在的意义了。Java 提供了自动垃圾回收机制（即 GC 机制），实际上这就属于一个守护线程，当用户线程存在时，GC 线程将一直存在，如果全部的用户线程执行完毕了，那么 GC 线程也就没有存在的意义了。

　　Java 中的线程都是通过 Thread 类来创建的，用户线程和守护线程除了运行模式的区别外，其他完全相同。可以通过表 13-6 所示的方法进行守护线程的操作。

表 13-6　守护线程的操作方法

No.	方　　法	类　　型	描　　述
1	public final void setDaemon(boolean on)	普通	设置为守护线程
2	public final boolean isDaemon()	普通	判断是否为守护线程

范例：使用守护线程

```java
package com.yootk.demo;
public class ThreadDemo {
    public static void main(String[] args) throws Exception {
        Thread userThread = new Thread(() -> {
            for (int x = 0; x < 2; x++) {
                try {
                    Thread.sleep(100);
                } catch (InterruptedException e) {
                    e.printStackTrace();
                }
                System.out.println(Thread.currentThread().getName()
                        + "正在运行、x = " + x);
            }
        }, "用户线程");                               // 完成核心的业务
        Thread daemonThread = new Thread(() -> {
            for (int x = 0; x < Integer.MAX_VALUE; x++) {
                try {
                    Thread.sleep(100);
                } catch (InterruptedException e) {
                    e.printStackTrace();
                }
                System.out.println(Thread.currentThread().getName()
                        + "正在运行、x = " + x);
            }
```

```
    }, "守护线程");                         // 完成核心的业务
    daemonThread.setDaemon(true);          // 设置为守护线程
    userThread.start();                    // 启动用户线程
    daemonThread.start();                  // 启动守护线程
    }
}
```

程序执行结果（随机抽取）：
守护线程正在运行、x = 0
用户线程正在运行、x = 0
用户线程正在运行、x = 1
守护线程正在运行、x = 1

本程序定义了一个守护线程，并且该守护线程将一直进行信息的输出，通过程序执行的结果可以发现，当用户线程消失后守护线程也同时结束。

13.7 volatile 关键字

在多线程编程中，若干个线程为了可以实现公共资源的操作，往往是复制相应变量的副本，待操作完成后再将此副本变量数据与原始变量进行同步处理，如图 13-18 所示。如果开发者不希望通过副本变量数据进行操作，而是希望可以直接进行原始变量的操作（节约了复制变量副本与同步的时间），则可以在变量声明时使用 volatile 关键字。

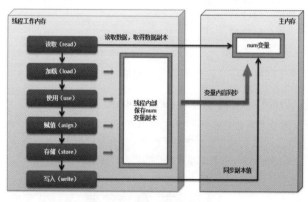

图 13-18　普通变量的使用流程

范例： 使用 volatile 关键字定义变量

```
package com.yootk.demo;
class MyThread implements Runnable {
    private volatile int ticket = 3;       // 直接内存操作
```

```
    @Override
    public void run() {
        synchronized (this) {          // 同步处理
            while (this.ticket > 0) {
                try {
                    Thread.sleep(100);          // 延迟模拟
                } catch (InterruptedException e) {
                    e.printStackTrace();
                }
                System.out.println(Thread.currentThread().getName() +
                    "卖票处理，ticket = " + this.ticket--);
            }
        }
    }
}
public class ThreadDemo {
    public static void main(String[] args) throws Exception {
        MyThread mt = new MyThread();
        new Thread(mt, "售票员A").start();
        new Thread(mt, "售票员B").start();
        new Thread(mt, "售票员C").start();
    }
}
```
程序执行结果（随机抽取）：
售票员A卖票处理，ticket = 3
售票员C卖票处理，ticket = 2
售票员A卖票处理，ticket = 1

  本程序在定义 ticket 属性时使用了 volatile 关键字进行定义，这样就表示该变量在进行操作时将直接会进行原始变量内容的处理。

注意：volatile 关键字与 synchronized 关键字的区别

  volatile 关键字无法描述同步的处理，它只是一种直接内存的处理，避免了副本的操作，而 synchronized 关键字是实现同步操作的关键字。此外，volatile 关键字主要在属性上使用，而 synchronized 关键字是在代码块与方法上使用的。

13.8　本章概要

  1. 线程（Thread）是操作系统能够运算调度的最小单位，是包含在进程内部的，每一个线程指的是进程中一个单一顺序的控制流。"多线程"的机制可以同时运行多个程序块，使程序运行的效率更高，解决了传统程序设计语言无法解决的问题。

2．如果在类里要激活线程，必须先做好下面两项准备。

（1）此类必须继承 Thread 类或者实现 Runnable 接口。

（2）线程的处理必须覆写 run()方法。

3．每一个线程，在其创建和消亡前，均会处于下列 5 种状态之一：创建、就绪、运行、阻塞、终止。

4．Thread 类里的 sleep()方法可用来控制线程的休眠状态，休眠的时间要视 sleep()里的参数而定。

5．当多个线程对象操纵同一共享资源时，要使用 synchronized 关键字来进行资源的同步处理，在进行同步处理时需要防范死锁的产生。

6．Java 线程开发分为两种：用户线程和守护线程，守护线程需要依附于用户线程存在，用户线程消失后守护线程也会同时消失。

7．volatile 关键字并不是描述同步的操作，而是可以更快捷地进行原始变量的访问，避免了副本创建与数据同步处理。

13.9　自 我 检 测

1．设计 4 个线程对象，其中 2 个线程执行减操作，另外 2 个线程执行加操作。

2．设计一个生产计算机和搬运计算机的类，要求生产出一台计算机就搬走一台计算机，如果没有新的计算机生产出来，则搬运工要等待新计算机产出；如果生产出的计算机没有搬走，则要等待计算机搬走后再生产，并统计出生产的计算机数量。

3．实现一个竞拍抢答程序：要求设置 3 个抢答者（3 个线程），而后同时发出抢答指令，抢答成功者给出成功提示，未抢答成功者给出失败提示。

第 14 章 常用类库

通过本章的学习可以达到以下目标

↳ 掌握 StringBuffer 类、StringBuilder 类的特点，二者的区别以及常用处理方法。

↳ 掌握 AutoCloseable 接口的作用以及自动关闭操作的实现模型。

↳ 掌握日期操作类以及格式化操作类的使用。

↳ 掌握两种比较器的作用以及对象比较实现原理。

↳ 掌握正则表达式的定义及使用。

现代的程序开发需要依附于其所在平台的支持，平台支持的功能越完善，开发也就越简单。Java 拥有着世界上最庞大的开发支持，除了丰富的第三方开发仓库外，JDK 自身也提供有丰富的类库供开发者使用，本章将讲解一些常用的支持类库及其使用说明。

14.1 StringBuffer 类

在项目开发中 String 是一个必不可少的工具类，但是 String 类自身有一个最大的缺陷：内容一旦声明则不可改变。为了方便用户修改字符串的内容，在 JDK 中提供了 StringBuffer 类。

StringBuffer 类并不像 String 类那样可以直接通过声明字符串常量的方式进行实例化，而是必须像普通类对象使用一样，首先通过构造方法进行对象实例化，而后才可以调用方法执行处理。StringBuffer 类的常用方法如表 14-1 所示。

表 14-1　StringBuffer 类的常用方法

No.	方　　法	类　型	描　　述
1	public StringBuffer ()	构造	创建一个空的 StringBuffer 对象
2	public StringBuffer(String str)	构造	将接收到的 String 内容变为 StringBuffer 内容
3	public StringBuffer append(数据类型 变量)	普通	内容连接，等价于 String 中的"+"操作
4	public StringBuffer insert(int offset, 数据类型 变量)	普通	在指定索引位置处插入数据

No.	方　法	类　型	描　述
5	public StringBuffer delete(int start, int end)	普通	删除指定索引范围之内的数据
6	public StringBuffer reverse()	普通	内容反转

范例：修改 StringBuffer 类对象的内容

```java
package com.yootk.demo;
public class JavaAPIDemo {
    public static void main(String[] args) {
        StringBuffer buf = new StringBuffer("www.");
                                            // 实例化StringBuffer类
        change(buf);                        // 修改StringBuffer内容
        // 将StringBuffer类实例变为String类实例
        String data = buf.toString() ;
        System.out.println(data);           // 输出最终数据
    }
    public static void change(StringBuffer temp) {
        temp.append("yootk").append(".com");    // 修改内容
    }
}
```

程序执行结果：

www.yootk.com

　　本程序将实例化好的 StringBuffer 类对象传递到了 change()方法中，而通过最终的执行结果可以发现，change()方法对 StringBuffer 类对象所做的修改得到了保存，所以可以得出结论：StringBuffer 类的内容可以被修改。

> **提示：StringBuilder 类与 StringBuffer 类**
>
> 　　StringBuffer类是在JDK 1.0版本中提供的，但是从JDK 1.5后又提供了StringBuilder类。这两个类的功能类似，都是可修改的字符串类型，唯一的区别在于：StringBuffer类中的方法使用了synchronized关键字定义，适合于多线程并发访问下的同步处理；而StringBuilder类中的方法没有使用synchronized关键字定义，属于非线程安全的方法。

14.2　CharSequence 接口

　　CharSequence 接口是从 JDK 1.4 开始提供的一个描述字符串标准的接口，常见的子类有 3 个：String、StringBuffer、StringBuilder。CharSequence 及其子类的继承关系如图 14-1 所示。

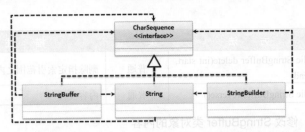

图 14-1　CharSequence 接口及其子类的继承关系

　　CharSequence 接口可以进行字符串数据的保存，该接口提供了 3 个方法，如表 14-2 所示。

表 14-2　CharSequence 接口的方法

No.	方　　　法	类　　型	描　　述
1	public char charAt(int index)	普通	获取指定索引字符
2	public int length()	普通	获取字符串长度
3	public CharSequence subSequence(int start, int end)	普通	截取部分字符串

范例：使用 CharSequence 接口

```java
package com.yootk.demo;
public class JavaAPIDemo {
    public static void main(String[] args) {
        CharSequence str = "www.yootk.com";    // 子类实例向父接口转型
        CharSequence sub = str.subSequence(4, 8);// 截取部分子字符串
        System.out.println(sub);
    }
}
```
程序执行结果：
yoot

　　String 类是 CharSequence 接口子类，本程序利用对象向上转型的操作通过字符串的匿名对象实现了 CharSequence 父接口对象实例化，随后调用了 subSequence()方法实现了子字符串的截取操作。

提示：开发中优先考虑 String 类

　　StringBuffer 类与 StringBuilder 类主要用于频繁修改字符串的操作上，但是在任何的开发中，面对字符串的操作，大部分情况下都先考虑 String 类，只有在频繁修改这一操作中才会考虑使用 StringBuffer 类或 StringBuilder 类。

14.3 AutoCloseable 接口

在项目开发中，网络服务器或数据库的资源都是极为宝贵的，在每次操作完成后一定要及时释放才可以供更多的用户使用。在最初的 JDK 设计版本中各个程序类都提供了相应的资源释放操作，从 JDK 1.7 版本开始程序提供了 AutoCloseable 接口，该接口的主要功能是结合异常处理结构在资源操作完成后实现自动释放功能，该接口定义如下。

```
public interface AutoCloseable {
    public void close() throws Exception;          // 资源释放
}
```

下面通过一个简单的信息发送与连接关闭的操作讲解 AutoCloseable 接口的使用。AutoCloseable 接口自动释放资源的类结构如图 14-2 所示。

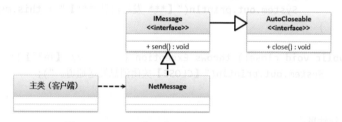

图 14-2　AutoCloseable 接口自动释放资源的类结构

范例：使用 AutoCloseable 接口自动释放资源

```
package com.yootk.demo;
public class JavaAPIDemo {
    public static void main(String[] args) throws Exception {
        // 自动关闭处理机制需要在try语句中获取实例化对象，而后才会在执行完
        // 毕后自动调用close()
        // 不管是否产生异常最终都会调用AutoCloseable接口的close()方法
        try (IMessage nm = new NetMessage("www.yootk.com")) {
            nm.send();                              // 发送消息
        } catch (Exception e) {
            e.printStackTrace();
        }
    }
}
interface IMessage extends AutoCloseable {          // 继承自动关闭接口
    public void send();                             // 消息发送
}
```

```java
class NetMessage implements IMessage {         // 实现消息的处理机制
    private String msg;                          // 消息内容
    public NetMessage(String msg) {             // 保存消息内容
        this.msg = msg;
    }
    public boolean open() {                      // 获取资源连接
        System.out.println("【OPEN】获取消息发送连接资源。");
        return true;                             // 返回连接成功的标记
    }
    @Override
    public void send() {
        if (this.open()) {                       // 通道已连接
            if (this.msg.contains("yootk")) {    // 抛出异常
                throw new RuntimeException("李兴华高薪就业编程训练营
                    （edu.yootk.com）") ;
            }
            System.out.println("【*** 发送消息 ***】" + this.msg);
        }
    }
    public void close() throws Exception {       // 【覆写】自动关闭
        System.out.println("【CLOSE】关闭消息发送通道。");
    }
}
```

程序执行结果：

【OPEN】获取消息发送连接资源。

java.lang.RuntimeException: 李兴华高薪就业编程训练营（edu.yootk.com）

　　at com.yootk.demo.NetMessage.send(JavaAPIDemo.java:32)

　　at com.yootk.demo.JavaAPIDemo.main(JavaAPIDemo.java:8)

【CLOSE】关闭消息发送通道。

　　本程序实现了自动关闭处理，通过执行结果可以发现，不管是否产生了异常都会调用 close()方法进行资源释放。

14.4　Math 数学计算类

　　程序的开发本质上就是数据处理，Java 提供有 java.lang.Math 类来帮助开发者进行常规的数学计算处理，如四舍五入、三角函数等。

范例：使用 Math 类进行数学计算

```java
package com.yootk.demo;
public class JavaAPIDemo {
    public static void main(String[] args) throws Exception {
```

```java
        System.out.println(Math.abs(-10.1));        // 绝对值：10.1
        System.out.println(Math.max(10.2, 20.3));   // 获取最大值：20.3
        // 对数：1.6094379124341003
        System.out.println(Math.log(5));
        System.out.println(Math.round(15.1));        // 四舍五入：15
        System.out.println(Math.round(-15.5));       // 四舍五入：-15
        System.out.println(Math.round(-15.51));      // 四舍五入：-16
        // 乘方：2.364413713591828E20
        System.out.println(Math.pow(10.2, 20.2));
    }
}
```

本程序使用了一些基础的数学公式进行了计算操作，在 Math 类中最需要注意的就是 round()方法（四舍五入），该方法将直接保留整数位，可以实现负数的四舍五入操作，如果设置的负数大于 0.5，则会采用进位处理。但是在很多情况下四舍五入操作往往都需要保留指定位数的小数，此时就可以采用自定义工具类的形式完成。

范例：自定义四舍五入工具类

```java
package com.yootk.demo;
/**
 * 主要是进行数学计算，该类没有提供属性
 * @author 李兴华
 */
class MathUtil {
    private MathUtil() {} ;                         // 构造方法私有化
    /**
     * 进行准确位数的四舍五入处理操作
     * @param num 要进行四舍五入计算的数字
     * @param scale 保留的小数位
     * @return 四舍五入处理后的结果
     */
    public static double round(double num,int scale) {
        return Math.round(num * Math.pow(10.0, scale)) / Math.pow(10.0,
            scale) ;
    }
}
public class JavaAPIDemo {
    public static void main(String[] args) throws Exception {

        System.out.println(MathUtil.round(7.45234789023480234890,3));
    }
```

```
}
```
程序执行结果：
```
7.452
```

本程序以 Math.round()方法为核心，并通过一些简短的算法实现了准确位数的四舍五入操作。

14.5　Random 随机数类

java.util.Random 类的主要功能是可以进行随机数的生成，开发者只需为其设置一个范围边界就可以随机生成不大于此边界范围的正整数，生成方法如下。

随机生成正整数：public int nextInt(int bound)

范例：随机生成正整数

```java
package com.yootk.demo;
import java.util.Random;
public class JavaAPIDemo {
    public static void main(String[] args) throws Exception {
        Random rand = new Random();              // 随机数
        for (int x = 0; x < 10; x++) {           // 生成10个随机数
            System.out.print(rand.nextInt(100) + "、");  // 输出
        }
    }
}
```
程序执行结果：
```
66、79、88、21、33、20、61、33、0、67、
```

本程序利用 Random 类随机生成了 10 个不大于 100 的正整数，生成的数字都会小于设置的边界值，也会生成重复数字。

提示：36 选 7 的逻辑

在现实生活中会有这样一种随机的操作：从 1～36 个数字中，随机抽取 7 个数字内容，并且这 7 个数字内容不能够为 0，也不能重复，而这一操作就可以利用 Random 类来实现。

范例：实现 36 选 7

```java
package com.yootk.demo;
import java.util.Random;
public class JavaAPIDemo {
    public static void main(String[] args) throws Exception {
```

```
        int data [] = new int [7] ;              // 开辟7个空间
        Random rand = new Random() ;
        int foot = 0 ;                           // 操作data脚标
        while(foot < 7) {                        // 选择7个数字
            int num = rand.nextInt(37) ;         // 生成1个数字
            if (isUse(num,data)) {               // 该数字现在可以使用
                data[foot ++] = num ;            // 保存数据
            }
        }
        java.util.Arrays.sort(data);             // 数组排序
        printArray(data) ;                       // 输出数组内容
    }
    /**
     * 将接收到的整型数组内容进行输出
     * @param temp 数组临时变量
     */
    public static void printArray(int temp[]) {
        for (int x = 0; x < temp.length; x++) {  // for循环输出
            System.out.print(temp[x] + "、");    // 下标获取元素内容
        }
    }
    /**
     * 判断传入的数字是否为0以及是否在数组中存在
     * @param num 要判断的数字
     * @param temp 已经存在的数据
     * @return 如果该数字不是0并且可以使用返回true，否则返回false
     */
    public static boolean isUse(int num, int temp[]) {
        if (num == 0) {                          // 生成数字为0表示错误
            return false;
        }
        for (int x = 0; x < temp.length; x++) {
            if (num == temp[x]) {                // 生成数字已存在表示错误
                return false;
            }
        }
        return true;
    }
}
```

程序执行结果：

5、11、15、19、30、33、34、

本程序为了防止保存错误的随机数，定义了一个 isUse()方法进行 0 和重复内容的判断。由于 Random 类生成的随机数是没有顺序的，为了按顺序显示，在输出前利用 Arrays.sort()方法实现了数组排序。

14.6　Date 日期处理类

Java 中如果要想获得当前的日期时间可以直接通过 java.util.Date 类来实现，此类的常用方法如表 14-3 所示。

表 14-3　java.util.Date 类的常用方法

No.	方　　法	类　型	描　　述
1	public Date()	构造	实例化 Date 类对象
2	public Date(long date)	构造	将数字变为 Date 类对象，long 为日期时间数据
3	public long getTime()	普通	将当前的日期时间变为 long 型

范例： 获取当前日期时间

```
package com.yootk.demo;
import java.util.Date;
public class JavaAPIDemo {
    // 简化异常处理
    public static void main(String[] args) throws Exception {
        Date date = new Date();                  // 实例化对象
        System.out.println(date);                // 直接输出对象
    }
}
```

程序执行结果：

```
Sun Jan 17 02:33:26 UTC 2021
```

本程序直接利用 Date 类提供的无参构造方法实例化了 Date 类对象，此时 Date 对象将会保存当前的日期时间。

 提示：关于 Date 类的构造方法

Date 类提供了两个构造方法，为了清楚这两个构造方法的作用，列出了这两个构造方法的定义源代码，如下所示。

```
public class Date {
    // fastTime保存时间戳数据，此数据类型为long
    private transient long fastTime;             // 保存当前日期时间数据
    public Date() {
        this(System.currentTimeMillis());        // 调用单参构造
    }
    public Date(long date) {
        fastTime = date;
    }
```

```
... 其他源代码省略，可以参考JDK源代码自行观察 ...
}
```

通过构造方法可以发现，当调用 Date 类的无参构造方法时会先利用 System 类获取当前日期的时间戳，然后通过 Date 类的单参构造方法进行类对象实例化。

Date 类对象保存当前日期时间依靠的是时间戳数字（此类型为 long），Date 类也提供了两种数据类型的转换支持。

范例：Date 型与 long 型之间的转换处理

```java
package com.yootk.demo;
import java.util.Date;
public class JavaAPIDemo {
    public static void main(String[] args) throws Exception { // 简化异常处理
        Date date = new Date() ;                    // 实例化Date类对象
        long current = date.getTime() ;             // 获得当前时间戳数字
        current += 864000 * 1000 ;                  // 10天的秒数
        System.out.println(new Date(current));      // long转为Date
    }
}
```
程序执行结果：
```
Wed Jan 27 02:22:34 UTC 2021
```

Date 类对象保存的时间戳是以毫秒的形式记录的，在本程序中将当前的日期时间戳取出并加上 10 天的毫秒数就可以获取 10 天之后的日期。

 提示：JDK 1.8 开始提供 java.time.LocalDateTime 类

为了方便进行日期操作，从 JDK 1.8 开始提供 java.time 支持包，此包可以直接进行日期时间操作。

范例：使用 LocalDateTime 类

```java
package com.yootk.demo;
import java.time.LocalDateTime;
public class JavaAPIDemo {
    public static void main(String[] args) throws Exception {
        LocalDateTime local = LocalDateTime.now() ;// 获取当前日期时间
        System.out.println(local);
    }
}
```
程序执行结果：
```
2021-01-17T02:35:51.979889
```

使用 LocalDateTime 类可以方便地获取当前日期时间数据，也可以方便地进行日期时间的累加操作，这一点可以自行通过 JavaDoc 文档获得相关信息。

14.7　SimpleDateFormat 日期格式化类

使用 java.util.Date 类可以获得当前的日期时间数据，但是最终显示的数据格式并不方便阅读，此时就可以对显示的结果进行格式化处理，而这一操作就需要通过 java.text.SimpleDateFormat 类完成。日期格式化类的继承关系如图 14-3 所示。

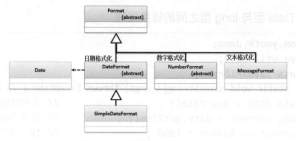

图 14-3　日期格式化类的继承关系

通过图 14-3 可以发现，Format 是格式化操作的父类，其可以实现日期格式化、数字格式化和文本格式化，而本次要使用的 SimpleDateFormat 类是 DateFormat 类的子类。SimpleDateFormat 类的常用方法如表 14-4 所示。

表 14-4　SimpleDateFormat 类的常用方法

No.	方　　　法	类　型	描　　　述
1	public SimpleDateFormat(String pattern)	构造	传入日期时间标记实例化对象
2	public final String format(Date date)	普通	将日期格式化为字符串数据
3	public Date parse(String source) throws ParseException	普通	将字符串格式化为日期数据

在日期格式化操作中必须设置完整的日期转化模板，模板中通过特定的日期标记可以将一个日期格式中的日期数字提取出来。日期格式化模板标记如表 14-5 所示。

表 14-5　日期格式化模板标记

No.	标　记	描　　　述
1	y	年，年份是 4 位数字，使用 yyyy 表示年
2	M	年中的月份，月份是两位数字，使用 MM 表示月
3	d	月中的天数，天数是两位数字，使用 dd 表示日
4	H	一天中的小时数（24 小时），小时是两位数字，使用 HH 表示小时
5	m	小时中的分钟数，分钟是两位数字，使用 mm 表示分钟
6	s	分钟中的秒数，秒是两位数字，使用 ss 表示秒
7	S	毫秒数，毫秒数字是 3 位数字，使用 SSS 表示毫秒

范例：将日期格式化为字符串

```
package com.yootk.demo;
import java.text.SimpleDateFormat;
import java.util.Date;
public class JavaAPIDemo {
    public static void main(String[] args) throws Exception {
        Date date = new Date();                    // 实例化对象
        SimpleDateFormat sdf = new SimpleDateFormat("yyyy-MM-dd
            HH:mm:ss.SSS");
        String str = sdf.format(date);             // 日期格式化为字符串
        System.out.println(str);
    }
}
```
程序执行结果：
```
2021-01-17 02:38:26.420
```

本程序通过 SimpleDateFormat 类依据指定格式将当前的日期时间进行了格式化处理，这样使得信息阅读更加直观。

范例：将字符串型数据转换为 Date 型数据

```
package com.yootk.demo;
import java.text.SimpleDateFormat;
import java.util.Date;
public class JavaAPIDemo {
    public static void main(String[] args) throws Exception {
        String birthday = "2021-01-17 09:15:07.027" ;   // 字符串日期数据
        SimpleDateFormat sdf = new SimpleDateFormat("yyyy-MM-dd
            HH:mm:ss.SSS") ;
        Date date = sdf.parse(birthday) ;    // 日期字符串格式化为Date
        System.out.println(date);
    }
}
```
程序执行结果：
```
Sun Jan 17 09:15:07 UTC 2021
```

本程序需要将字符串格式化为 Date 型数据，这样就要求字符串必须按照给定的转换模板进行定义。

提示：关于字符串型数据转换为其他数据类型数据

    在实际项目开发中，经常需要用户进行内容的输入，输入的数据类型往往都通过 String 类表示，而经过了一系列的学习后，发现 String 类可以转为任意的基本数据类型，也可以通过 SimpleDateFormat 类格式化为日期型，这些都属于开发中的常规操作，读者一定要熟练掌握。

14.8　正则表达式

在项目开发中 String 类是一个重要的程序类，String 类除了可以实现数据的接收、各类数据类型的转换外，其本身也支持正则表达式（Regular Expression），利用正则表达式可以方便地实现数据的拆分、替换、验证等操作。

正则表达式最早是从 UNIX 系统的工具组件中发展而来，JDK 1.4 以前如果需要使用正则表达式的相关定义则需要单独引入其他的*.jar 文件，而从 JDK 1.4 后，正则已经默认被 JDK 所支持，并且提供了 java.util.regex 开发包，同时针对 String 类也进行了一些修改，使其可以有方法直接支持正则处理。下面通过一个简单的程序来观察正则表达式的作用。

范例：使用正则表达式

```
package com.yootk.demo;
public class JavaAPIDemo {
    public static void main(String[] args) throws Exception {
        String str = "123";                    // 字符串对象
        if (str.matches("\\d+")) {             // 结构匹配
            int num = Integer.parseInt(str);   // 字符串转为int型数据
            System.out.println(num * 2);       // 数字计算
        }
    }
}
```
程序执行结果：
246

本程序的主要功能是判断字符串的组成是否全部为数字，在本程序中通过一个给定的正则标记 "\\d+"（判断是否为多位数字），结合 String 类提供的 matches()方法实现验证匹配，如果验证成功，则将字符串转为 int 型整数进行计算。

14.8.1　常用正则标记

在正则表达式的处理中，最为重要的就是正则标记的使用，所有的正则标记都在 java.util.regex.Pattern 类中定义，下面列举一些常用的正则标记。

❯ 字符：匹配单个字符。
  ➢ a：表示匹配字母 a。
  ➢ \\：匹配转义字符"\"。

> ➢ \t：匹配转义字符"\t"。
> ➢ \n：匹配转义字符"\n"。

↳ 一组字符：匹配单个字符。
> ➢ [abc]：表示可能是字母 a，可能是字母 b 或者字母 c。
> ➢ [^abc]：表示不是字母 a、b、c 中的任意一个。
> ➢ [a-zA-Z]：表示全部字母中的任意一个。
> ➢ [0-9]：表示全部数字中的任意一个。

↳ 边界匹配：编写 JavaScript 代码或使用正则时要用到。
> ➢ ^：表示一组正则的开始。
> ➢ $：表示一组正则的结束。

↳ 简写表达式：每一位出现的简写标记也只表示一位。
> ➢ .：表示任意的一位字符。
> ➢ \d：表示任意的一位数字，等价于. [0-9]。
> ➢ \D：表示任意的一位非数字，等价于. [^0-9]。
> ➢ \w：表示任意的一位字母、数字或_，等价于. [a-zA-Z0-9_]。
> ➢ \W：表示任意的一位非字母、数字或_，等价于. [^a-zA-Z0-9_]。
> ➢ \s：表示任意的一位空格，例如，"\n" "\t"等。
> ➢ \S：表示任意的一位非空格。

↳ 数量表示：之前的所有正则都只是表示一位，如果要想表示多位，则就需要使用数量表示。
> ➢ 正则表达式?：此正则出现 0 次或 1 次。
> ➢ 正则表达式*：此正则出现 0 次、1 次或多次。
> ➢ 正则表达式+：此正则出现 1 次或多次。
> ➢ 正则表达式{n}：此正则出现正好 n 次。
> ➢ 正则表达式{n,}：此正则出现 n 次以上。
> ➢ 正则表达式{n,m}：此正则出现 n~m 次。

↳ 逻辑表示：与、或、非。
> ➢ 正则表达式 A 正则表达式 B：表示表达式 A 之后紧跟着表达式 B。
> ➢ 正则表达式 A|正则表达式 B：表示表达式 A 或者表达式 B，二者出现一个即可。
> ➢ （正则表达式）：将多个子表达式合成一个表示，作为一组出现。

提示：牢记正则基本标记

以上讲解的 6 组符号，在实际的工作中经常会使用到，考虑到开发以及笔试中会出现此类应用，建议将这些符号全部记下来。

14.8.2　String 类对正则的支持

在 JDK 1.4 后，String 类对正则有了直接的方法支持，只需通过表 14-6 所示方法就可以操作正则。

表 14-6　String 类对正则的支持

No.	方　　法	类　型	描　　述
1	public boolean matches(String regex)	普通	与指定正则匹配
2	public String replaceAll(String regex, String replacement)	普通	替换满足指定正则的全部内容
3	public String replaceFirst(String regex, String replacement)	普通	替换满足指定正则的首个内容
4	public String[] split(String regex)	普通	按照指定正则全拆分
5	public String[] split(String regex, int limit)	普通	按照指定的正则拆分为指定个数

下面将通过具体的范例对表 14-6 所示的方法进行验证。

范例： 实现字符串替换（删除非字母与数字）

```java
package com.yootk.demo;
public class JavaAPIDemo {
    public static void main(String[] args) throws Exception {
        String str = "MuYan&(*@#*(@##@*()Yootk" ;  // 要替换的原始数据
        // 由非字母和数字组成（[^a-zA-Z0-9]），数量在1个及多个时进行替换
        String regex = "[^a-zA-Z0-9]+" ;            // 正则表达式
        System.out.println(str.replaceAll(regex, ""));
    }
}
```

程序执行结果：

```
MuyanYootk
```

本程序将字符串中所有非字母和数字的内容通过正则进行匹配，由于包含有多个匹配内容，所以使用了“+”进行数量设置，并且结合 replaceAll()方法将匹配成功的内容替换为空。

范例： 实现字符串拆分

```java
package com.yootk.demo;
public class JavaAPIDemo {
    public static void main(String[] args) throws Exception {
        String str = "a1b22c333d4444e55555f666666g";  // 要操作的数据
        String regex = "\\d+";                          // 正则表达式
        String result[] = str.split(regex);             // 字符串拆分
```

```
        for (int x = 0; x < result.length; x++) {
            System.out.print(result[x] + "、");
        }
    }
}
```
程序执行结果:
a、b、c、d、e、f、g、

　　本程序通过正则匹配字符串中的一个或多个数字实现数据的拆分，这样最终保存下来的就是非数字的内容。

　　范例：判断一个数据是否为小数（如果是小数则将其转为 double 型）

```
package com.yootk.demo;
public class JavaAPIDemo {
    public static void main(String[] args) throws Exception {
        String str = "100.1";                    // 要判断的数据内容
        String regex = "\\d+(\\.\\d+)?";          // 正则表达式
        if (str.matches(regex)) {                 // 正则匹配成功
            double num = Double.parseDouble(str) ; // 字符串转double型
            System.out.println(num);              // 直接输出
        } else {
            System.out.println("内容不是数字，无法转型。");
        }
    }
}
```
程序执行结果:
100.1

　　本程序在进行由小数组成的正则判断时需要考虑小数点与小数位的情况（两者必须同时出现），所以在定义正则时使用 “(\\.\\d+)?” 将两者通过 “()” 绑定在一起。

　　范例：判断一个字符串是否由日期组成（如果是则将其转为 Date 型）

```
package com.yootk.demo;
import java.text.SimpleDateFormat;
public class JavaAPIDemo {
    public static void main(String[] args) throws Exception {
        String str = "1981-20-15";                // 要判断的数据
        String regex = "\\d{4}-\\d{2}-\\d{2}";    // 正则表达式
        if (str.matches(regex)) {                 // 格式匹配（无法判断数据）
            System.out.println(new SimpleDateFormat("yyyy-MM-dd").
                    parse(str));
        } else {
```

```
                    System.out.println("内容不是日期格式，无法转型。");
            }
        }
}
```

程序执行结果：

```
Sun Aug 15 00:00:00 CST 1982
```

本程序首先对给定的字符串进行日期格式的判断，如果格式符合（无法判断数据）则将字符串通过 SimpleDateFormat 类变为 Date 型。

范例：判断电话号码格式是否正确

```
package com.yootk.demo;
public class JavaAPIDemo {
    public static void main(String[] args) throws Exception {
        String str = "(010)-51283346";              // 要判断的数据
        // 正则表达式
        String regex = "((\\d{3,4})|(\\(\\d{3,4}\\)-))?\\d{7,8}";
        System.out.println(str.matches(regex));  // 正则匹配
    }
}
```

程序执行结果：

```
true
```

本程序电话号码的内容及类型有以下 3 种。

➥ 电话号码类型 1（7～8 位数字）：51283346（判断正则："\d{7,8}"）。

➥ 电话号码类型 2（在电话号码前追加区号）：01051283346（判断正则："(\\d{3,4})?\\d{7,8}"）。

➥ 电话号码类型 3（区号单独包裹）：(010)-51283346（判断正则："((\\d{3,4})|(\\(\\d{3,4}\\)-))?\\d{7,8}"）。

为了判断电话号码格式是否正确，本程序需要通过一个正则实现 3 种电话号码格式的匹配，由于在进行区号匹配时要使用到"()"，所以必须使用"\\"的形式进行转义。

范例：验证 E-mail 格式

```
package com.yootk.demo;
public class JavaAPIDemo {
    public static void main(String[] args) throws Exception {
        String str = "lee888@yootk.com";                // 要判断的数据
        // 正则表达式
        String regex = "[a-zA-Z0-9]\\w+@\\w+\\.(cn|com|com.cn|net|gov)";
        System.out.println(str.matches(regex));  // 正则匹配
```

```
    }
}
```
程序执行结果：
```
true
```

要求一个合格的 Email 地址的组成规则如下。

- ↘ E-mail 的用户名可以由字母、数字、_组成（不应该使用"_"开头）。
- ↘ E-mail 的域名可以由字母、数字、_、-组成。
- ↘ 域名的后缀必须是.cn、.com、.net、.com.cn、.gov。

为了验证 E-mail 格式，本程序按给定格式要求对 E-mail 的组成进行正则验证。E-mail 正则匹配的结构分析如图 14-4 所示。

字符串	m	ldnjava888	@	mldn	.	cn
正则符号	[a-zA-Z0-9]	\\w+	@	\\w+	.	(cn|com|com.cn|gov)

图 14-4　E-mail 正则匹配的结构分析

14.8.3　java.util.regex 包支持

java.util.regex 包是从 JDK 1.4 开始正式提供的正则表达式开发包，在此包中定义了两个核心的正则操作类：Pattern 类（正则模式）和 Matcher 类（匹配）。

Pattern 类的主要功能是进行正则表达式的编译和获取 Matcher 类实例。Pattern 类的常用方法如表 14-7 所示。

表 14-7　Pattern 类的常用方法

No.	方　法	类　型	描　述
1	public static Pattern compile(String regex)	普通	指定正则表达式规则
2	public Matcher matcher(CharSequence input)	普通	获取 Matcher 类实例
3	public String[] split(CharSequence input)	普通	字符串拆分

Pattern 类并没有提供构造方法，如果要想取得 Pattern 类实例，则必须调用 compile()方法。对于字符串的格式验证与匹配，则可以通过 matcher()方法获取 Matcher 类实例完成。Matcher 类的常用方法如表 14-8 所示。

表 14-8 Matcher 类的常用方法

No.	方　法	类　型	描　述
1	public boolean matches()	普通	执行验证
2	public String replaceAll(String replacement)	普通	字符串替换
3	public boolean find()	普通	是否有下一个匹配
4	public String group(int group)	普通	获取指定组编号的数据

范例：使用 Pattern 类实现字符串拆分

```java
package com.yootk.demo;
import java.util.regex.Pattern;
public class JavaAPIDemo {
    public static void main(String[] args) throws Exception {
        // 要拆分的字符串
        String str = "yootk()lixinghua$()java&*()#@Python" ;
        String regex = "[^a-zA-Z]+" ;              // 正则匹配标记
        Pattern pat = Pattern.compile(regex) ;     // 编译正则表达式
        String result [] = pat.split(str) ;        // 字符串拆分
        for (int x = 0 ; x < result.length ; x ++) { // 循环输出拆分结果
            System.out.print(result[x] + "、");
        }
    }
}
```

程序执行结果：

```
yootk、lixinghua、java、Python、
```

本程序通过 Pattern 类中的 compile()方法编译并获取了给定的正则表达式 Pattern 类对象实例，随后利用 split()方法按照定义的正则进行拆分。

范例：使用 Matcher 类实现正则验证

```java
package com.yootk.demo;
import java.util.regex.Matcher;
import java.util.regex.Pattern;
public class JavaAPIDemo {
    public static void main(String[] args) throws Exception {
        String str = "101";                        // 要匹配的字符串
        String regex = "\\d+";                     // 正则匹配标记
        Pattern pat = Pattern.compile(regex);      // 编译正则表达式
        Matcher mat = pat.matcher(str);            // 获取Matcher类实例
        System.out.println(mat.matches());         // 正则匹配
    }
}
```

程序执行结果：

true

　　本程序首先通过 Pattern 类的实例化对象获取了 Matcher 类对象，这样就可以匹配给定的正则对字符串的组成结构。

范例：使用 Matcher 类实现字符串替换

```java
package com.yootk.demo;
import java.util.regex.Matcher;
import java.util.regex.Pattern;
public class JavaAPIDemo {
    public static void main(String[] args) throws Exception {
        String str = "Yootk&(*@#*(@##@*()Java" ; // 要替换的原始数据
        String regex = "[^a-zA-Z0-9]+" ;          // 正则表达式
        Pattern pat = Pattern.compile(regex) ;   // 编译正则表达式
        Matcher mat = pat.matcher(str) ;         // 获取Matcher类实例
        System.out.println(mat.replaceAll(""));  // 字符串替换
    }
}
```

程序执行结果：

YootkJava

　　本程序利用 Matcher 类中的 replaceAll()方法将字符串中与正则匹配的内容全部替换为空字符串。

范例：使用 Matcher 类实现数据分组操作

```java
package com.yootk.demo;
import java.util.regex.Matcher;
import java.util.regex.Pattern;
public class JavaAPIDemo {
    public static void main(String[] args) throws Exception {
        // 定义一个语法，其中需要获取"#{}"标记中的内容，此时就必须进行分
        // 组匹配操作
        String str = "INSERT INTO dept(deptno,dname,loc) VALUES (#{deptno},
                      #{dname},#{loc})";
        String regex = "#\\{\\w+\\}";          // 正则表达式
        Pattern pat = Pattern.compile(regex); // 编译正则表达式
        Matcher mat = pat.matcher(str);       // 获取Matcher类实例
        while (mat.find()) {                   // 是否有匹配成功的内容
            // 获取每一个匹配的内容，并且将每一个内容中的"#{}"标记替换掉
            String data = mat.group(0).replaceAll("#|\\{|\\}", "") ;
            System.out.print(data + "、");
        }
```

```
        }
    }
```

程序执行结果：

deptno、dname、loc、

本程序利用 Matcher 类提供的分组操作功能，将给定的完整字符串按照分组原则依次匹配并取出。

14.9 Arrays 数组操作类

java.util.Arrays 类是一个专门实现数组操作的工具类，其常用的方法如表 14-9 所示。

表 14-9 Arrays 类常用的方法

No.	方　法	类　型	描　述
1	public static void sort(数据类型[] 变量)	普通	数组排序
2	public static int binarySearch(数据类型[] 变量, 数据类型 key)	普通	利用二分查找算法进行数据查询
3	public static int compare(数据类型 [] 变量, 数据类型 [] 变量)	普通	比较两个数组的大小，返回 3 类结果：大于（1）、小于（-1）、等于（0）
4	public static boolean equals(数据类型[] 变量, 数据类型[] 变量)	普通	数组相等判断
5	public static void fill(数据类型[] 变量 ,数据类型 变量)	普通	数组填充
6	public static String toString(数据类型[] 变量)	普通	数组转为字符串

范例： Arrays 类基本操作

```java
package com.yootk.demo;
import java.util.Arrays;
public class JavaAPIDemo {
    public static void main(String[] args) throws Exception {
        int dataA[] = new int[] { 1, 2, 3 };        // 数组静态初始化
        int dataB[] = new int[] { 1, 2, 3 };        // 数组静态初始化
        // 数组大小比较：0
        System.out.println(Arrays.compare(dataA, dataB));
        // 数组相等判断：true
        System.out.println(Arrays.equals(dataA, dataB));
        int dataC[] = new int[10];                  // 数组动态初始化
        Arrays.fill(dataC, 3);                      // 数组内容填充
```

```
        System.out.println(Arrays.toString(dataC));// 数组转为字符串输出
    }
}
```
程序执行结果：
```
0
true
[3, 3, 3, 3, 3, 3, 3, 3, 3, 3]
```

本程序实现了数组的比较与内容的填充操作。需要注意的是，在使用 compare()和 equals()方法时需要保证数组处于排序后的状态，否则无法获得正确的比较结果。

范例：数据二分查找

```java
package com.yootk.demo;
import java.util.Arrays;
public class JavaAPIDemo {
    public static void main(String[] args) throws Exception {
        int data[] = new int[] { 1, 5, 7, 2, 3, 6, 0 };    // 数组
        Arrays.sort(data);                                 // 数组排序
        System.out.println(Arrays.binarySearch(data, 6));// 二分查找
        System.out.println(Arrays.binarySearch(data, 9));// 二分查找
    }
}
```
程序执行结果：
```
5（数据查找到，返回索引编号）
-8（数据未找到，返回索引为负数）
```

本程序使用 Arrays 类提供二分查找算法实现指定数据查找判断，如果可以查找到数据，则返回对应数据的索引编号；如果没有查找到，则返回索引数据为负数。

提示：二分查找算法

如果要想判断数组中是否存在某一个元素，最简单的做法是利用循环进行数据的依次判断，此时程序的时间复杂度为 $O(n)$（n 为数组长度），即 for 循环最高执行的次数为 n 次。对于数据量小的数组而言，这样的方式不会导致性能降低，但是当数组数据量增加时，此种模式一定会造成时间复杂度的攀升。而二分查找算法的出现可以将时间复杂度简化为 $O(\log 2n)$（n 为数组长度），这样就可以提升程序性能。二分查找算法的基本实现思路如图 14-5 所示。

二分查找算法就是在已排序的数组上不断进行索引范围的变更，这样就可以减少无用的数据判断以提升性能。在 Arrays 类中 binarySearch0()方法的实现源代码如下。

```java
    private static int binarySearch0(int[] a,
        int fromIndex, int toIndex, int key) {
```

```
int low = fromIndex;              // 开始索引
int high = toIndex - 1;           // 结束索引
while (low <= high) {             // 索引判断
    int mid = (low + high) >>> 1; // 计算中间索引
    int midVal = a[mid];          // 获取数据
    if (midVal < key)             // 进行数据判断，以确定判断顺序
        low = mid + 1;            // 修改开始索引
    else if (midVal > key)
        high = mid - 1;           // 修改结束索引
    else
        return mid;               // 数据发现返回索引
}
return -(low + 1);                // 索引未发现返回负数
}
```

通过源代码可以发现，在 binarySearch0()方法中通过循环修改索引实现了一定范围内的数据查询，其实现原理如图 14-6 所示。

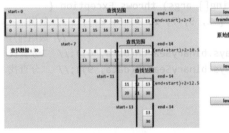

图 14-5　二分查找算法的基本实现思路

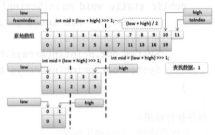

图 14-6　binarySearch0()方法的实现原理

14.10　比　较　器

在数组操作中排序是一种较为常见的算法，由于基本数据类型的数据可以直接确定出数值的大小关系，所以只需将数组中的内容取出后就可以直接利用关系运算符进行比对。然而在 Java 中还存在有引用数据类型的数据，而引用数据类型的数据如果要想确定大小关系就必须通过比较器来完成。为了方便开发者开发，Java 提供了两类比较器：Comparable 和 Comparator。

14.10.1　Comparable 比较器

java.lang.Comparable 是一个从 JDK 1.2 开始提供的用于数组排序的标准接口，Java 在进行对象数组排序时，将默认利用此接口中的方法进行大小关系的比较，这样就可以确认两个同类型对象之间的大小。Comparable 接口的定义如下。

```
public interface Comparable<T> {
    /**
     * 实现对象的比较处理操作
     * @param o 要比较的对象
     * @return 如果当前数据比传入的对象小，返回负数；如果大，则返回整数；如
果等于，则返回0
     */
    public int compareTo(T o);
}
```

Comparable 接口提供了一个 compareTo()方法，利用此方法可以定义出对象要使用的判断规则，该方法会返回 3 类结果。

❯ 1：表示大于（返回的值大于 0 即可，例如，10、20 都表示同一个结果）。

❯ −1：表示小于（返回的值小于 0 即可，例如，−10、−20 都表示同一个结果）。

❯ 0：两个对象内容相等。

提示：关于 Comparable 接口的常见子类

String 类本身属于 Comparable 接口的子类，字符串对象可以直接使用 Arrays.sort() 方法实现排序。除了 String 类之外，包装类和大数字操作类也实现了 Comparable 接口，所以各个包装类和大数字操作类也可以利用 Arrays.sort()排序。这些类的继承结构如图 14-7 所示（本结构图只抽取部分子类说明）。

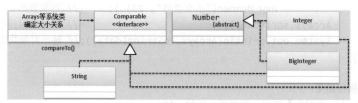

图 14-7 Arrays 类的继承结构

范例：使用 Comparable 比较器实现自定义类对象数组排序

```
package com.yootk.demo;
import java.util.Arrays;
class Member implements Comparable<Member> {  // 自定义类对象实现比较器
    private String name;                        // 成员属性
    private int age;                            // 成员属性
    public Member(String name, int age) {       // 构造方法初始化
        this.name = name;
        this.age = age;
    }
```

```
        @Override
        public int compareTo(Member mem) {
            // return this.age - mem.age;          // 简化编写格式
            if (this.age > mem.age) {
                return 1 ;                          // 结果：大于
            } else if (this.age < mem.age) {
                return -1 ;                         // 结果：小于
            } else {
                return 0 ;                          // 结果：等于
            }
        }
        // 无参构造、setter、getter略
        @Override
        public String toString() {
            return "【Member类对象】姓名: " + this.name + "、年龄: " + this.age
                    + "\n";
        }
    }
    public class JavaAPIDemo {
        public static void main(String[] args) throws Exception {
            Member data[] = new Member[] {
                    new Member("李兴华", 18),
                    new Member("沐言科技", 50),
                    new Member("小李老师", 23) };      // 对象数组
            Arrays.sort(data);                          // 对象数组排序
            System.out.println(Arrays.toString(data));// 输出对象数组内容
        }
    }
```

程序执行结果:

```
[【Member类对象】姓名: 李兴华、年龄: 18
, 【Member类对象】姓名: 小李老师、年龄: 23
, 【Member类对象】姓名: 沐言科技、年龄: 50]
```

本程序在定义 Member 类时实现了 Comparable 接口，并且 Comparable 接口的泛型类型是 Member，这样就可以保证参与比较的数据的类型统一。本程序主要通过 age 属性进行排序，所以在覆写 compareTo()方法时只进行了年龄的判断（两个年龄相减就可以确定返回数据的结果），这样就可以利用系统提供的 Arrays.sort()方法实现对象数组排序。

14.10.2 Comparator 比较器

在进行对象数组排序时，对象所在的类在定义时必须实现接口

Comparable，这样才可以使用 Arrays.sort()方法进行排序操作。而除了此种方式外，Java 也提供了另一种比较器实现接口：java.util.Comparator，定义如下。

```java
@FunctionalInterface
public interface Comparator<T> {
    /**
     * 对象比较操作
     * @param o1 操作对象1
     * @param o2 操作对象2
     * @return 根据比较结果返回3类内容：大于（正数）、小于（负数）、等于（零）
     */
    public int compare(T o1, T o2) ;
}
```

在使用 Comparator 接口进行排序的时候需要单独为一个类设置比较规则。Comparator 接口的操作结构如图 14-8 所示。

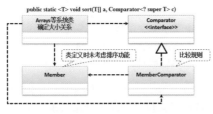

图 14-8　Comparator 接口的操作结构

范例：使用 Comparator 比较器实现对象数组排序

```java
package com.yootk.demo;
import java.util.Arrays;
import java.util.Comparator;
class MemberComparator implements Comparator<Member> {
    @Override
    public int compare(Member o1, Member o2) {
        return o1.getAge() - o2.getAge() ;        // 大小比较
    }
}
class Member {                                    // 自定义类
    private String name;                          // 成员属性
    private int age;                              // 成员属性
    public Member(String name, int age) {         // 构造方法初始化
        this.name = name;
        this.age = age;
    }
    // 无参构造、setter、getter略
```

```
    @Override
    public String toString() {
        return "【Member类对象】姓名: " + this.name + "、年龄: " + this.age
            + "\n";
    }
}
public class JavaAPIDemo {
    public static void main(String[] args) throws Exception {
        Member data[] = new Member[] {
                new Member("李兴华", 18),
                new Member("沐言科技", 50),
                new Member("小李老师", 23) };        // 对象数组
        Arrays.sort(data,new MemberComparator());    // 对象数组排序
        System.out.println(Arrays.toString(data)); // 输出对象数组内容
    }
}
```

程序执行结果：

```
[【Member类对象】姓名：李兴华、年龄：18
, 【Member类对象】姓名：小李老师、年龄：23
, 【Member类对象】姓名：沐言科技、年龄：50]
```

　　本程序在定义 Member 类的时候并没有实现 Comparable 接口，所以该类的对象数组无法使用内置排序操作，为此单独定义了一个 MemberComparator 比较器工具类，这样在使用 Arrays.sort()方法排序时只需传入相应的比较器对象实例即可。

14.11　本　章　概　要

　　1．在一个字符串内容需要频繁修改的时候，使用 StringBuffer 类可以提升操作性能，因为 StringBuffer 类的内容是可以改变的，而 String 类的内容是不可以改变的。

　　2．CharSequence 接口是一个字符串操作的公共接口，提供了 3 个常见子类：StringBuffer、StringBuilder、String。

　　3．StringBuffer 类中提供了大量的字符串操作方法：增加、替换、插入等，与 StringBuffer 类功能类似的还有 StringBuilder 类。StringBuffer 类采用同步处理属于线程安全操作，而 StringBuilder 类采用异步处理属于非线程安全操作。

　　4．AutoCloseable 接口提供了 close()方法，主要实现资源的自动释放操作，但是其需要结合异常处理格式才可以生效。

　　5．Math 类提供了数学处理方法，其内部的方法均用 static 关键字定义，Math 类的 round()方法在进行四舍五入操作时只保留整数位。

6. 使用 Date 类可以方便地取得时间，但取得的时间格式不符合阅读习惯，所以可以使用 SimpleDateFormat 类进行日期的格式化操作。

7. 通过 Random 类可以取得指定范围的随机数字。

8. 使用内置对象数组排序操作（Arrays.sort()）时必须使用比较器，比较器接口 Comparable 中定义了一个 compareTo()的比较方法，用来设置比较规则。与 Comparable 类似的还有 Comparator 接口，使用此接口需要单独定义比较规则。

9. 正则表达式是在开发中最常使用的一种验证方法，在 JDK 1.4 后，String 类中的 replaceAll()、split()、matches()方法都对正则提供支持。

10. Arrays 类为数组操作类，使用二分查找算法可以提升有序数组的数据查询性能。

14.12 自 我 检 测

1. 定义一个 StringBuffer 类对象，然后通过 append()方法向对象中添加 26 个小写字母，要求一次只添加一个，共添加 26 次，然后按照逆序的方式输出，并且可以删除前 5 个字符。

2. 利用 Random 类产生 5 个 1～30（包括 1 和 30）之间的随机整数。

3. 输入一个 E-mail 地址，然后使用正则表达式验证该 E-mail 地址是否正确。

4. 编写程序，用 0～1 的随机数来模拟扔硬币试验，统计扔 1000 次后出现正反面的次数并输出。

5. 编写正则表达式，判断给定的是否是一个合法的 IP 地址。

6. 给定一段 HTML 代码："<font face="Arial,Serif" size="+2" color="red">"，要求对其内容进行拆分，拆分之后的结果如下。

```
face Arial,Serif
size +2
color red
```

7. 按照"姓名:年龄:成绩|姓名:年龄:成绩"的格式定义字符串"张三:21:98|李四:22: 89|王五 20:70"，要求将每组值分别保存在 Student 对象中，并对这些对象进行排序，排序的原则为按照成绩由高到低排序；如果成绩相等，则按照年龄由低到高排序。

第15章 类集框架

通过本章的学习可以达到以下目标
- 掌握 Java 设置类集的主要目的及实现原理。
- 掌握 Collection 接口的作用及主要操作方法。
- 掌握 Collection 子接口 List、Set 的区别及常用子类的使用与核心实现原理。
- 掌握 Map 接口的作用及与 Collection 接口的区别，理解 Map 接口设计结构及其常用子类的实现原理。
- 掌握集合的 3 种常用输出方式：Iterator、Enumeration、foreach。

类集是 Java 的一个重要特性，是 Java 针对常用数据结构的官方实现，在实际开发中被广泛使用。如果要想写出一个好的程序，则一定要将类集的作用和各个组成部分的特点掌握清楚。本章就将对 Java 类集进行完整的介绍，针对一些较为常用的操作也将进行深入的讲解。为了使类集操作更加安全，JDK 1.5 之后对类集框架进行了修改，加入了泛型的操作。

15.1　Java 类集框架

在开发语言中数组是一个重要的概念，使用传统数组虽然可以保存多个数据，但是却存在长度的限制。而正是因为长度的问题，开发者不得不使用数据结构来实现动态数组处理（核心的数据结构：链表、树等），但是对于数据结构的开发又不得不面对以下问题。
- 数据结构的代码实现困难，对于一般的开发者而言开发难度较高。
- 随着业务的不断变化，需要不断地对数据结构进行优化与结构更新，这样才能保证较好的处理性能。
- 数据结构的实现需要考虑多线程并发处理控制。
- 需要提供行业认可的使用标准。

为了解决这些问题，从 JDK 1.2 版本开始，Java 引入了类集开发框架，提供了一系列的标准数据操作接口与各个实现子类，帮助开发者减少开发数据结构带来的困难。但是在最初提供的 JDK 版本中由于技术所限全部采用 Object 类型实现数据接收（这就导致有可能会存在 ClassCastException 安全隐患），而在 JDK 1.5 之后由于泛型技术的推广，类集结构也得到了改进，可以直接利用泛型来统一类集存储数据的数据类型，而随着数据量的不断增加，从 JDK 1.8 开始类集结构的算法的性能也得到了良好提升。

在类集中为了提供标准的数据结构操作，提供了若干核心接口，分别是 Collection、List、Set、Map、Iterator、Enumeration、Queue、ListIterator 等。

15.2　Collection 接口

java.util.Collection 是单值集合操作的最大的父接口，在该接口中定义了所有的单值数据的处理操作。这个接口中定义的核心方法如表 15-1 所示。

表 15-1　Collection 接口定义的核心方法

No.	方　　法	类　型	描　　述
1	public boolean add(E e)	普通	向集合保存数据
2	public boolean addAll(Collection<? extends E> c)	普通	追加一组数据
3	public void clear()	普通	清空集合，让根节点为空
4	public boolean contains(Object o)	普通	查询数据是否存在，需要 equals()方法支持
5	public boolean remove(Object o)	普通	数据删除，需要 equals()方法支持
6	public int size()	普通	获取数据长度
7	public Object[] toArray()	普通	将集合变为对象数组返回
8	public Iterator<E> iterator()	普通	将集合变为 Iterator 接口

在 JDK 1.5 以前，Collection 只是一个独立的接口，但是从 JDK 1.5 之后提供了 Iterable 父接口，并且在 JDK 1.8 之后对 Iterable 接口进行了一些扩充。另外，在 JDK 1.2～1.4 时使用集合往往需要直接操作 Collection 接口，但是从 JDK 1.5 开始更多的情况下选择的都是 Collection 接口的两个子接口，即允许重复的 List 子接口、不允许重复的 Set 子接口。Collection 接口与其子接口的继承结构如图 15-1 所示。

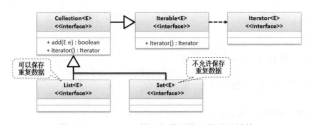

图 15-1　Collection 接口与其子接口的继承结构

15

15.3 List 集合

List 接口是 Collection 接口的子接口，其最大的特点是允许保存重复元素数据，该接口的定义如下。

```
public interface List<E> extends Collection<E> {}
```

List 接口直接继承了 Collection 接口，并且 List 接口对 Collection 接口的方法进行了扩充。List 接口扩充的核心方法如表 15-2 所示。

表 15-2　List 接口扩充的核心方法

No.	方　　法	类　型	描　　述
1	public E get(int index)	普通	取得指定索引位置上的数据
2	public E set(int index, E element)	普通	修改指定索引位置上的数据
3	public ListIterator<E> listIterator()	普通	为 ListIterator 接口实例化
4	public static <E> List<E> of(E... elements)	普通	将数据转为 List 集合
5	public default void forEach(Consumer<? super T> action)	普通	使用 foreach 循环结合消费型接口输出

在使用 List 接口进行开发时，主要使用其子类进行实例化，该接口的常用子类为 ArrayList、Vector、LinkedList。List 接口及其常见子类的继承结构如图 15-2 所示。

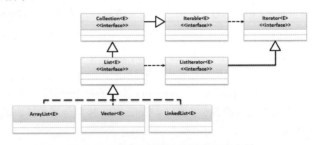

图 15-2　List 接口及其常见子类的继承结构

从 JDK 1.9 开始 List 接口提供了 of()静态方法，利用此方法可以方便地将若干个数据直接转为 List 集合保存。

范例：将多个数据转为 List 集合保存

```
package com.yootk.demo;
import java.util.List;
public class JavaCollectDemo {
```

```
    public static void main(String[] args) {
        List<String> all = List.of("Yootk", "MuYan", "小李老师",
            "www.yootk.com", "edu.yootk.com"); // 多个数据转为List集合
        Object result[] = all.toArray();        // 将List集合转为数组保存
        for (Object temp : result) {            // foreach输出数组
            System.out.print(temp + "、");
        }
    }
}
```

程序执行结果：
Yootk、MuYan、小李老师、www.yootk.com、edu.yootk.com、

本程序直接利用 List.of()方法将多个字符串对象保存在了 List 集合中，随后利用 toArray()方法将集合的内容转为对象数组取出后利用 foreach 迭代输出，同时也可以发现，数据的设置顺序也是数据的保存顺序。

15.3.1 ArrayList 类

ArrayList 类是在使用 List 接口时最常用的一个子类，该类利用数组实现 List 集合操作。ArrayList 类的定义如下。

```
public class ArrayList<E>
extends AbstractList<E>
implements List<E>, RandomAccess, Cloneable, Serializable {}
```

通过继承定义可以发现 ArrayList 类实现了 List 接口，同时又继承了 AbstractList 抽象类。ArrayList 类的继承结构如图 15-3 所示。

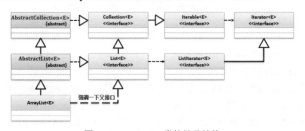

图 15-3　ArrayList 类的继承结构

范例：使用 ArrayList 类实例化 List 接口

```
package com.yootk.demo;
import java.util.ArrayList;
import java.util.List;
public class JavaCollectDemo {
    public static void main(String[] args) {
```

```java
        List<String> all = new ArrayList<String>();// 实例化List接口
        all.add("MuYanYootk");                     // 保存数据
        all.add("MuYanYootk");                     // 保存重复数据
        all.add("www.yootk.com");                  // 保存数据
        all.add("小李老师");                         // 保存数据
        System.out.println(all);                   // 直接输出集合对象
    }
}
```

程序执行结果：

```
[MuYanYootk, MuYanYootk, www.yootk.com, 小李老师]
```

本程序通过 ArrayList 类实例化 List 接口，并且调用了 add()方法进行数据的添加。通过集合的输出结果可以发现，重复数据允许保存，集合中的数据保存顺序为添加时的顺序。

在集合操作中除了进行数据的保存和输出外，还提供了其他处理方法。例如，获取集合长度、数据是否存在、数据删除等。

范例：集合操作方法

```java
package com.yootk.demo;
import java.util.ArrayList;
import java.util.List;
public class JavaCollectDemo {
    public static void main(String[] args) {
        List<String> all = new ArrayList<String>(); // 实例化List接口
        System.out.println("集合是否为空？" + all.isEmpty() + "、集合元
                            素个数：" + all.size());
        all.add("MuYanYootk");                  // 保存数据
        all.add("MuYanYootk");                  // 保存重复数据
        all.add("www.yootk.com");               // 保存数据
        all.add("小李老师");                      // 保存数据
        System.out.println("数据存在判断:"+all.contains("www.yootk.com"));
        all.remove("MuYanYootk") ;              // 删除元素
        System.out.println("集合是否为空？" + all.isEmpty() + "、集合元
                            素个数：" + all.size());
        System.out.println(all.get(1)); // 获取指定索引元素，索引从0开始
    }
}
```

程序执行结果：
```
集合是否为空？true、集合元素个数：0（集合刚创建未保存数据）
数据存在判断：true（数据存在判断）
集合是否为空？false、集合元素个数：3（集合进行数据操作后）
```

15

本程序利用 Collection 接口中提供的标准操作方法获取了集合中的数据信息以及数据相关操作，需要注意的是，List 接口提供的 get()方法可以根据索引获取数据，这也是 List 接口中的重要操作方法。

提示：关于 ArrayList 类实现原理的分析

从 ArrayList 类的名称就可以清楚地知道它利用数组（Array）实现了 List 集合操作标准，实际上在 ArrayList 类中是通过一个数组实现了数据保存。该数组定义如下。

```
transient Object[] elementData;                   // 方便内部类访问，所以没有封装
```

ArrayList 类中的数组是在构造方法中为其进行空间开辟的，在 ArrayList 类中提供了以下两种构造方法。

- ➥ **无参构造（public ArrayList()）**：使用空数组（长度为 0）初始化，在第一次使用时会为其开辟空间（初始化长度为 10）。
- ➥ **有参构造（public ArrayList (int initialCapacity)）**：长度大于 0 则以指定长度开辟数组空间，如果长度为 0，则与无参构造开辟模式相同；如果为负数，则会抛出 IllegalArgumentException 异常。

由于 ArrayList 类中利用数组进行数据保存，而数组本身有长度限制，所以所保存的数据已经超过了数组容量时，ArrayList 类会帮助开发者进行数组容量扩充，扩充原则如下。

```
int oldCapacity = elementData.length;                   // 数组长度
int newCapacity = oldCapacity + (oldCapacity >> 1);   // 容量扩充
```

当数组扩充后会利用数组复制的形式，将旧数组中的数据复制到开辟的新数组中。当然数组不能无限制扩充，在 ArrayList 类中定义了数组的最大长度。

```
private static final int MAX_ARRAY_SIZE = Integer.MAX_VALUE - 8;
```

如果保存的数据超过了此长度，则在执行中就会出现 OutOfMemoryError 错误。

经过一系列的分析可以发现，ArrayList 类通过数组结构保存数据，由于数组的线性特征，数组的保存顺序就是数据添加时的顺序。另外，由于需要不断地进行新数组的创建与引用修改，这必然会造成大量的垃圾内存产生，因此在使用 ArrayList 类的时候一定要估算好集合保存的数据长度。

15.3.2 使用 ArrayList 类保存自定义类对象

ArrayList 类是一个由 JDK 提供的核心基础类，这个类的整体设计非常完善，因而在进行类集操作时可以保存任意的数据类型，这也包括开发者自定义的程序类。为了保证集合中的 contains()与 remove()两个方法的正确执行，必须保证类中已经正确覆写了 equals()方法。

```java
package com.yootk.demo;
import java.util.ArrayList;
import java.util.List;
class Member {                                    // 自定义程序类
    private String name;                          // 成员属性
    private int age;                              // 成员属性
    public Member(String name, int age) {         // 属性初始化
        this.name = name;
        this.age = age;
    }
    @Override
    public boolean equals(Object obj) {           // 对象比较
        if (this == obj) {
            return true;
        }
        if (obj == null) {
            return false;
        }
        if (!(obj instanceof Member)) {
            return false;
        }
        Member mem = (Member) obj;
        return this.name.equals(mem.name) && this.age == mem.age;
    }
    // setter、getter、无参构造略
    public String toString() {
        return "姓名: " + this.name + "、年龄: " + this.age;
    }
}
public class JavaCollectDemo {
    public static void main(String[] args) {
        List<Member> all = new ArrayList<Member>(); // 实例化集合接口
        all.add(new Member("张三",30)) ;                        // 增加数据
        all.add(new Member("李四",16)) ;                        // 增加数据
        all.add(new Member("王五",78)) ;                   // 增加数据
        System.out.println(all.contains(new Member("王五",78)));
        all.remove(new Member("王五",78)) ;           // 删除数据
        all.forEach(System.out::println); // 方法引用替代消费型函数式接口
    }
}
```

程序执行结果：

true（数据可以查询到）

姓名：张三、年龄：30
姓名：李四、年龄：16

本程序通过 List 集合保存了自定义的 Member 类对象，由于 contains()与 remove()方法的实现要求是以对象比较的形式来处理，所以必须在 Member 类中实现 equals()方法的覆写。

15.3.3 LinkedList 类

LinkedList 类是基于链表形式实现 List 接口，该类定义如下。

```
public class LinkedList<E>
extends AbstractSequentialList<E>
implements List<E>, Deque<E>, Cloneable, Serializable {}
```

通过继承关系可以发现，该类除了实现 List 接口外，也实现了 Deque 接口（双端队列）。LinkedList 类的继承结构如图 15-4 所示。

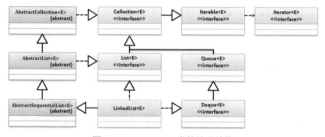

图 15-4　LinkedList 类的继承结构

范例： 使用 LinkedList 类实现集合操作

```
package com.yootk.demo;
import java.util.LinkedList;
import java.util.List;
public class JavaCollectDemo {
    public static void main(String[] args) {
        List<String> all = new LinkedList<String>();  // 实例化集合接口
        all.add("MuYanYootk");                         // 保存数据
        all.add("MuYanYootk");                         // 保存重复数据
        all.add("www.yootk.com");                      // 保存数据
        all.add("小李老师");                           // 保存数据
        System.out.println(all);                       // 直接输出集合对象
    }
}
```
程序执行结果：
[MuYanYootk, MuYanYootk, www.yootk.com, 小李老师]

本程序更换了 List 接口的实例化子类，由于 LinkedList 类与 ArrayList 类都遵从 List 类的实现标准，所以代码形式与 ArrayList 类完全相同。

提示：关于 LinkedList 类实现原理的分析

LinkedList 类是基于链表数据结构实现的 List 集合标准，是基于 Node 节点实现数据存储关系的。

链表与数组的最大区别在于：链表不需要频繁地进行新数组的空间开辟，但是数组在根据索引获取数据时（List 接口扩展的 get()方法）的时间复杂度为 $O(1)$，而链表的时间复杂度为 $O(n)$。

15.3.4　Vector 类

Vector 类是一个原始的程序类，在 JDK 1.0 的时候就已经提供了，在 JDK 1.2 的时候，由于很多开发者已经习惯使用 Vector 类，而且许多系统也是基于 Vector 类实现的，考虑其使用的广泛性，所以类集框架将其保存了下来，并且让其多实现了一个 List 接口。下面来观察 Vector 定义结构。

```
public class Vector<E>
extends AbstractList<E>
implements List<E>, RandomAccess, Cloneable, Serializable {}
```

从定义可以发现 Vector 类与 ArrayList 类都是 AbstractList 抽象类的子类，也同样重复实现了 List 接口。Vector 类的继承结构如图 15-5 所示。

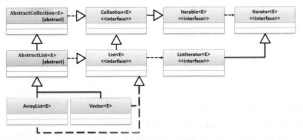

图 15-5　Vector 类的继承结构

范例：使用 Vector 类实例化 List 接口

```
package com.yootk.demo;
import java.util.List;
import java.util.Vector;
public class JavaCollectDemo {
    public static void main(String[] args) {
        List<String> all = new Vector<String>(); // 实例化集合接口
```

```
        all.add("MuYanYootk");                // 保存数据
        all.add("MuYanYootk");                // 保存重复数据
        all.add("www.yootk.com");             // 保存数据
        all.add("小李老师");                  // 保存数据
        System.out.println(all);              // 直接输出集合对象
    }
}
```

程序执行结果：

```
[MuYanYootk, MuYanYootk, www.yootk.com, 小李老师]
```

本程序通过 Vector 类实例化了 List 接口对象，随后利用 List 接口提供的标准操作方法进行了数据的添加与输出。

提示：关于 Vector 类实现的进一步说明

ArrayList 类与 Vector 类除了推出的时间不同，它们内部的实现机制也有所不同。通过源代码的分析可以发现 Vector 类中的操作方法采用的是 synchronized 同步处理，而 ArrayList 类并没有进行同步处理，所以 Vector 类中的方法在多线程访问的时候是安全的，但是性能不如 ArrayList 类中的方法高，因此只有在考虑线程并发访问的情况下才会去使用 Vector 类。

15.4 Set 集合

为了与 List 接口的使用有所区分，在进行 Set 接口程序设计时要求其内部不允许保存重复元素，Set 接口的定义如下。

```
public interface Set<E> extends Collection<E> {}
```

在 JDK 1.9 之前 Set 接口并没有对 Collection 接口的功能进行扩充，而在 JDK 1.9 后 Set 接口追加了许多用 static 关键字定义的方法，同时提供了将多个对象转为 Set 集合的操作方法及支持。

范例： 观察 Set 接口的使用

```
package com.yootk.demo;
import java.util.Set;
public class JavaCollectDemo {
    public static void main(String[] args) {
        Set<String> all = Set.of("MuYanYootk", "MuYanYootk", "小李老师",
            "www.yootk.com", "edu.yootk.com"); // 保存多个数据，存在重复内容
        System.out.println(all);
    }
}
```

程序执行结果：

```
Exception in thread "main" java.lang.IllegalArgumentException:
duplicate element: MuYanYootk
```

由于 Set 接口的特点，所以当通过 of()方法向 Set 集合保存重复元素时会出现抛出异常。在 Set 接口中有两个常用的子类：HashSet（散列存放）、TreeSet（有序存放）。Set 接口的继承结构如图 15-6 所示。

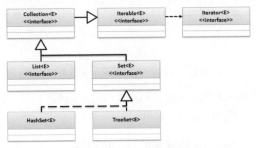

图 15-6　Set 接口的继承结构

15.4.1　HashSet 类

HashSet 类是 Set 接口较为常见的一个子类，该子类的最大特点是不允许保存重复元素，并且所有的内容都采用散列（无序）的方式进行存储。此类的定义如下。

```
public class HashSet<E>
extends AbstractSet<E>
implements Set<E>, Cloneable, Serializable {}
```

HashSet 类继承了 AbstractSet 抽象类，同时实现了 Set 接口。HashSet 类的继承结构如图 15-7 所示。

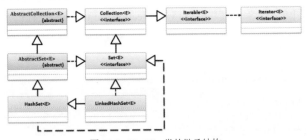

图 15-7　HashSet 类的继承结构

范例：使用 HashSet 类保存数据

```
package com.yootk.demo;
import java.util.HashSet;
import java.util.Set;
public class JavaCollectDemo {
    public static void main(String[] args) {
```

```
        Set<String> all = new HashSet<String>();// 实例化Set接口
        all.add("小李老师");                    // 保存数据
        all.add("MuYanYootk");                 // 保存数据
        all.add("MuYanYootk");                 // 保存重复数据
        all.add("www.yootk.com");              // 保存数据
        System.out.println(all);               // 直接输出集合对象
    }
}
```

程序执行结果：

```
[MuYanYootk, www.yootk.com, 小李老师]
```

　　本程序向 Set 集合中保存了重复的数据，但通过输出的集合内容可以发现，重复数据没有被保存，并且所有数据散列存放。

15.4.2　TreeSet 类

　　TreeSet 类可以针对设置的数据进行排序保存，TreeSet 类的定义结构如下。

```
public class TreeSet<E>
extends AbstractSet<E>
implements NavigableSet<E>, Cloneable, Serializable {}
```

　　通过继承关系可以发现，TreeSet 类继承 AbstractSet 抽象类并实现了 NavigableSet 接口（此为排序标准接口，是 Set 子接口）。TreeSet 类的继承结构如图 15-8 所示。

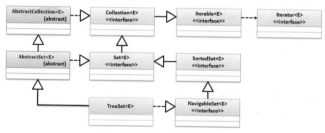

图 15-8　TreeSet 类的继承结构

　　范例： 使用 TreeSet 类保存数据

```
package com.yootk.demo;
import java.util.Set;
import java.util.TreeSet;
public class JavaCollectDemo {
    public static void main(String[] args) {
        Set<String> all = new TreeSet<String>(); // 实例化Set接口
        all.add("Yootk");                         // 保存数据
```

```
        all.add("MuYanYootk");              // 保存重复数据
        all.add("MuYanYootk");              // 保存重复数据
        all.add("Hello");                   // 保存数据
        System.out.println(all);            // 直接输出集合对象
    }
}
```

程序执行结果：

```
[Hello, Yootk, MuYanYootk]
```

本程序使用 TreeSet 类进行数据保存，通过程序执行结果可以发现，保存的所有数据会按照由小到大的顺序（字符串会按照字母的顺序依次比较）排列。

15.4.3 TreeSet 类排序分析

 TreeSet 类在进行有序数据存储时依据的是 Comparable 接口实现排序，并且也是依据 Comparable 接口中的 compareTo()方法来判断重复元素，所以在使用 TreeSet 类进行自定义类对象保存时必须实现 Comparable 接口。但是在覆写 compareTo()方法时需要进行类中全部属性的比较，否则会出现部分属性相同时被误判为同一对象的问题，导致重复元素判断失败。

范例：使用 TreeSet 类保存自定义类对象

```
package com.yootk.demo;
import java.util.Set;
import java.util.TreeSet;
class Member implements Comparable <Member> {        // 比较器
    private String name ;
    private int age ;
    public Member(String name,int age) {             // 属性赋值
        this.name = name ;
        this.age = age ;
    }
    public String toString() {
        return "姓名: " + this.name + "、年龄: " + this.age ;
    }
    @Override
    public int compareTo(Member per) {
        if (this.age < per.age) {
            return -1 ;
        } else if (this.age > per.age) {
            return 1 ;
        } else {
```

```
                return this.name.compareTo(per.name) ;// 年龄相同时进行姓名比较
            }
        }
    }
public class JavaCollectDemo {
    public static void main(String[] args) {
        Set<Member> all = new TreeSet<Member>();// 实例化Set接口
        all.add(new Member("张三",19)) ;
        all.add(new Member("李四",19)) ;        // 年龄相同，但是姓名不同
        all.add(new Member("王五",20)) ;        // 数据重复
        all.add(new Member("王五",20)) ;        // 数据重复
        all.forEach(System.out::println);
    }
}
```

程序执行结果：

姓名：张三、年龄：19
姓名：李四、年龄：19
姓名：王五、年龄：20

本程序利用 TreeSet 类保存了自定义 Member 类对象，由于存在排序的需求，Member 类实现了 Comparable 接口并正确覆写了 compareTo() 方法，这样 TreeSet 类就可以依据 compareTo() 方法的判断结果来确定是否为重复元素。

15.4.4 重复元素消除

由于 TreeSet 类有排序的需求，所以可以利用 Comparable 接口实现重复元素的判断，但是在非排序的集合中对于重复元素的判断依靠的是 Object 类中提供的两个方法。

➥ **hash 码：** public int hashCode()。

➥ **对象比较：** public boolean equals(Object obj)。

在进行对象比较时，首先会使用 hashCode() 方法与已保存在集合中的对象的 hashCode() 方法进行比较，如果代码相同，则再使用 equals() 方法进行属性的依次判断，如果全部相同，则为相同元素。

范例：消除重复元素

```
package com.yootk.demo;
import java.util.HashSet;
import java.util.Set;
class Member {                                          // 比较器
    private String name ;
    private int age ;
```

```java
    public Member(String name,int age) {          // 属性赋值
        this.name = name ;
        this.age = age ;
    }
    public String toString() {
        return "姓名: " + this.name + "、年龄: " + this.age ;
    }
    // setter、getter、无参构造略
    @Override
    public int hashCode() {
        final int prime = 31;
        int result = 1;
        result = prime * result + age;
        result = prime * result + ((name == null) ? 0 : name.hashCode());
        return result;
    }
    @Override
    public boolean equals(Object obj) {
        if (this == obj)
            return true;
        if (obj == null)
            return false;
        if (getClass() != obj.getClass())
            return false;
        Member other = (Member) obj;
        if (age != other.age)
            return false;
        if (name == null) {
            if (other.name != null)
                return false;
        } else if (!name.equals(other.name))
            return false;
        return true;
    }
}
public class JavaCollectDemo {
    public static void main(String[] args) {
        Set<Member> all = new HashSet<Member>(); // 实例化Set接口
        all.add(new Member("张三",19)) ;
        all.add(new Member("李四",19)) ;          // 年龄相同, 但是姓名不同
        all.add(new Member("王五",20)) ;          // 数据重复
        all.add(new Member("王五",20)) ;          // 数据重复
        all.forEach(System.out::println);
    }
}
```

程序执行结果：
姓名：李四、年龄：19
姓名：王五、年龄：20
姓名：张三、年龄：19

本程序通过 HashSet 类保存了重复元素，由于 hashCode()方法与 equals()方法的作用，所以重复元素不进行保存。

15.5 集 合 输 出

Collection 接口中提供了 toArray()方法可以将集合保存的数据转为对象数组返回，用户可以利用数组的循环方式进行内容获取，但是此类方式由于性能不高并不是集合输出的首选方案。在类集框架中集合的输出共有 4 种方式：Iterator、ListIterator、Enumeration、foreach。

15.5.1 Iterator 迭代输出接口

Iterator 接口是专门的迭代输出接口，所谓的迭代输出，是指依次判断每个元素，判断其是否有内容，如果有内容则把内容取出。迭代输出原理如图 15-9 所示。

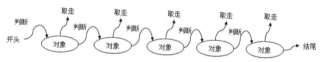

图 15-9 迭代输出原理

Iterator 接口依靠 Iterable 接口中的 iterate()方法进行实例化，随后就可以使用表 15-3 所示的方法进行集合输出操作。

表 15-3 Iterator 接口中的常用方法

No.	方　法	类　型	描　述
1	public boolean hasNext()	普通	判断是否有下一个值
2	public E next()	普通	取出当前元素
3	public default void remove()	普通	移除当前元素

范例：使用 Iterator 接口输出 Set 集合

```java
package com.yootk.demo;
import java.util.Iterator;
import java.util.Set;
public class JavaCollectDemo {
    public static void main(String[] args) {
        // 创建Set集合
```

```
    Set<String> all = Set.of("Hello", "MuYanYootk", "Yootk");
    Iterator<String> iter = all.iterator();// 实例化Iterator接口对象
    while (iter.hasNext()) {                // 集合是否有数据
        String str = iter.next();           // 获取每一个数据
        System.out.print(str + "、");        // 输出数据
    }
}
}
```

程序执行结果：
MuYanYootk、Yootk、Hello、

　　Set 接口是 Collection 的子接口，所以 Set 接口中的 iterate()方法可以直接获取 Iterator 接口实例，这样就可以采用迭代的方式实现内容输出。

15.5.2　ListIterator 双向迭代输出接口

　　Iterator 接口完成的是由前向后的单向输出操作，如果希望可以完成由前向后和由后向前输出，那么就可以利用 ListIterator 接口完成，此接口是 Iterator 的子接口。ListIterator 接口主要使用两个扩充方法，如表 15-4 所示。

表 15-4　ListIterator 接口的扩充方法

No.	方　　法	类　型	描　　　述
1	public boolean hasPrevious()	普通	判断是否有前一个元素
2	public E previous()	普通	取出前一个元素

　　Iterator 接口可以通过 Collection 接口实现实例化操作，而 ListIterator 接口只能够通过 List 子接口进行实例化（Set 子接口无法使用 ListIterator 接口输出）。ListIterator 子接口的继承结构如图 15-10 所示。

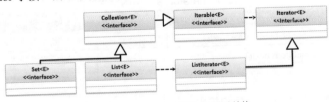

图 15-10　ListIterator 子接口的继承结构

范例：执行双向迭代操作

```
package com.yootk.demo;
import java.util.ArrayList;
import java.util.List;
import java.util.ListIterator;
```

```
public class JavaCollectDemo {
    public static void main(String[] args) {
        List<String> all = new ArrayList<String>();   // 实例化List接口
        all.add("小李老师");                             // 保存数据
        all.add("Yootk");                              // 保存数据
        all.add("www.yootk.com");                      // 保存数据
        // 获取ListIterator接口实例
        ListIterator<String> iter = all.listIterator() ;
        System.out.print("由前向后输出: ");
        while(iter.hasNext()) {                        // 由前向后迭代
            System.out.print(iter.next() + "、");
        }
        System.out.print("\n由后向前输出: ");
        while (iter.hasPrevious()) {                   // 由后向前迭代
            System.out.print(iter.previous() + "、");
        }
    }
}
```

程序执行结果：
由前向后输出：小李老师、Yootk、www.yootk.com、
由后向前输出：www.yootk.com、Yootk、小李老师、

本程序通过 ListIterator 接口实现了 List 集合的双向迭代输出操作。需要注意的是，在进行由后向前的反向迭代前一定要先进行由前向后的迭代后才可以正常使用。

15.5.3 Enumeration 枚举输出接口

Enumeration 是在 JDK 1.0 时推出的早期集合输出接口（最初被称为枚举输出），该接口设置的主要目的是输出 Vector 集合数据，在 JDK 1.5 后使用泛型重新进行了接口定义。Enumeration 接口的常用方法如表 15-5 所示。

表 15-5　Enumeration 接口的常用方法

No.	方　　法	类　型	描　　述
1	public boolean hasMoreElements()	普通	判断是否有下一个值
2	public E nextElement()	普通	取出当前元素

在程序中，如果要取得 Enumeration 接口的实例化对象，只能够依靠 Vector 类完成。在 Vector 类中定义了以下方法：public **Enumeration<E>** elements()。Enumeration 接口的继承结构如图 15-11 所示。

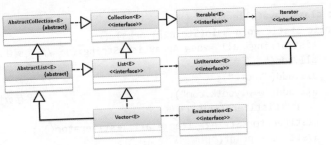

图 15-11　Enumeration 接口的继承结构

范例：使用 Enumeration 接口输出 Vector 集合数据

```
package com.yootk.demo;
import java.util.Enumeration;
import java.util.Vector;
public class JavaCollectDemo {
    public static void main(String[] args) {
        Vector<String> all = new Vector<String>(); // 实例化Vector
        all.add("小李老师");                          // 保存数据
        all.add("Yootk");                           // 保存数据
        all.add("www.yootk.com");                   // 保存数据
        // 获取Enumeration实例
        Enumeration<String> enu = all.elements() ;
        while (enu.hasMoreElements()) {
            String str = enu.nextElement() ;
            System.out.print(str + "、");
        }
    }
}
```

程序执行结果：

小李老师、Yootk、www.yootk.com、

　　本程序通过 Vector 接口获取了 Enumeration 接口实例，这样就可以通过循环实现内容的获取，但是需要注意的是，Enumeration 接口并没有提供删除方法，即只支持输出操作。

15.5.4　foreach 循环

　　　　JDK 1.5 后开始提供 foreach 循环进行迭代输出操作，foreach 除了可以实现数组输出外，也支持集合的输出。

范例：使用 foreach 循环输出集合数据

```
package com.yootk.demo;
import java.util.HashSet;
```

```
import java.util.Set;
public class JavaCollectDemo {
    public static void main(String[] args) {
        Set<String> all = new HashSet<String>(); // 实例化Set
        all.add("小李老师");                        // 保存数据
        all.add("Yootk");                        // 保存数据
        all.add("www.yootk.com");                // 保存数据
        for (String str : all) {
            System.out.print(str + "、");
        }
    }
}
```

程序执行结果：
Yootk、www.yootk.com、小李老师、

本程序通过 foreach 循环实现了 Set 集合数据的输出，其操作形式与数组输出完全相同。

15.6　Map 集合

Map 是一种保存二元偶对象数据的接口标准，这样开发者就可以根据指定的 key 获取对应的 value 内容。Map 接口的常用方法如表 15-6 所示。

表 15-6　Map 接口的常用方法

No.	方　　　法	类　　型	描　　述
1	public V put(K key, V value)	普通	向集合中保存数据，如果 key 重复会返回替换前的数据 value
2	public V get(Object key)	普通	根据 key 查询数据
3	public Set<Map.Entry<K,V>> entrySet()	普通	将 Map 集合转为 Set 集合
4	public boolean containsKey(Object key)	普通	查询指定的 key 是否存在
5	public Set<K> keySet()	普通	将 Map 集合中的 key 转为 Set 集合
6	public V remove(Object key)	普通	根据 key 删除指定的数据
7	public static <K,V> Map<K,V> of()	普通	将数据转为 Map 集合保存

从 JDK 1.9 之后为了方便进行 Map 集合数据的操作，提供了 Map.of()方法，可以将接收到的每一组数据转为 Map 集合保存。

15

范例：使用 Map 接口保存 key-value 数据

```java
package com.yootk.demo;
import java.util.Map;
public class JavaCollectDemo {
    public static void main(String[] args) {
        // 第一组数据：one = 1
        // 第二组数据：two = 2
        // 设置K、V类型
        Map<String, Integer> map = Map.of("one", 1, "two", 2);
        System.out.println(map);
    }
}
```

程序执行结果：

```
{two=2, one=1}
```

　　本程序利用 Map.of()方法将两组数据转为了 Map 集合，但是利用此种方式设置数据时需要注意以下两点。

　　↘　如果设置的 key 重复，则程序执行中会抛出 java.lang.IllegalArgumentException 异常信息，提示 key 重复。

　　↘　如果设置的 key 或 value 为 null，则程序执行中会抛出 java.lang.NullPointerException 异常信息。

　　在实际开发中对于 Map 接口的使用往往需要借助其子类进行实例化，常见的子类有 HashMap、LinkedHashMap、Hashtable、TreeMap。Map 接口的简化继承结构如图 15-12 所示。

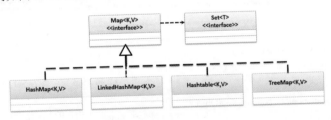

图 15-12　Map 接口的简化继承结构

15.6.1　HashMap 类

　　HashMap 类是 Map 接口的常用子类，该类的主要特点是采用散列方式进行存储。HashMap 类的定义结构如下。

```java
public class HashMap<K,V>
extends AbstractMap<K,V>
implements Map<K,V>, Cloneable, Serializable {}
```

HashMap 类继承了 AbstractMap 抽象类并实现了 Map 接口。HashMap 类的继承结构如图 15-13 所示。

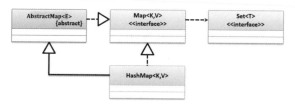

图 15-13　HashMap 类的继承结构

范例：使用 HashMap 类进行 Map 接口操作

```java
package com.yootk.demo;
import java.util.HashMap;
import java.util.Map;
public class JavaCollectDemo {
    public static void main(String[] args) {
        // 创建Map集合
        Map<String, Integer> map = new HashMap<String, Integer>();
        map.put("one", 1);                          // 保存数据
        map.put("two", 2);                          // 保存数据
        map.put("one", 101);                        // key重复，发生覆盖
        map.put(null, 0);                           // key为null
        map.put("zero", null);                      // value为null
        System.out.println(map.get("one"));         // key存在
        System.out.println(map.get(null));          // key存在
        System.out.println(map.get("ten"));         // key不存在
    }
}
```

程序执行结果：
101（key值重复会发生value覆盖问题，所以此时获取的是新的value）
0（允许key或value为null）
null（当指定的key不存在时返回null）

本程序利用 Map 接口中的 put()方法保存了两组数据，在 HashMap 类进行数据保存时，key 或 value 的数据都可以为 null；当使用 get()方法根据 key 获取指定数据时，如果 key 不存在，则返回 null。

提示：Map 接口和 Collection 接口在操作上的不同

通过这一代码可以发现，Map 接口和 Collection 接口在保存数据后操作上的不同如下。

➥ Collection 接口设置完内容的目的是输出。

➥ Map 接口设置完内容的目的是查找。

使用 Map 接口中提供的 put()方法设置数据时，如果设置的 key 不存在，则可以直接保存，并且返回 null；如果设置的 key 存在，则会发生覆盖，并返回覆盖前的内容。

范例：观察 Map 集合中数据的保存方法

```java
package com.yootk.demo;
import java.util.HashMap;
import java.util.Map;
public class JavaCollectDemo {
    public static void main(String[] args) {
        // 创建Map集合
        Map<String, Integer> map = new HashMap<String, Integer>();
        System.out.println(map.put("one", 1));        // 保存数据
        System.out.println(map.put("one", 101));      // 覆盖数据
    }
}
```

程序执行结果：
null（保存数据，由于保存时指定的key不存在，所以返回null）
1（保存重复的key，此时会发生覆盖，并返回覆盖前的数据）

通过本程序的执行结果可以发现，put()方法在发生覆盖前都可以返回原始的内容，这样就可以依据其返回结果来判断所设置的 key 是否存在。

提示：HashMap 类的操作原理分析

HashMap 类是 Map 接口中一个非常重要的子类，从 JDK 1.8 开始，HashMap 类的实现机制就发生了较大的改变。下面通过几段源代码的分析解释 HashMap 类的实现原理（由于源代码过长，考虑到篇幅问题，本书对过长代码不进行列出，读者可以自行查看源代码以找到相应内容）。

（1）观察 HashMap 类中提供的构造方法。

```java
static final float DEFAULT_LOAD_FACTOR = 0.75f;   // 容量扩充阈值
public HashMap() {
    this.loadFactor = DEFAULT_LOAD_FACTOR;        // 设置数据扩充阈值
}
```

通过源代码可以发现，在进行每一个 HashMap 类对象实例化的时候都已经考虑到了数据存储的扩充问题，所以提供了一个阈值作为扩充的判断依据。

（2）观察 HashMap 类中提供的 put()方法。

```java
public V put(K key, V value) {
    return putVal(hash(key), key, value, false, true);
}
```

在使用 put()方法进行数据保存的时候会调用 putVal()方法，同时会将 key 进行 hash 处理（生成一个 hash 码），而为了方便数据保存 putVal()方法会将数据封装为一个 Node 节点类对象，在使用 putVal()方法操作的过程中会调用 resize()方法进行容量的扩充。

（3）容量扩充方法 resize()。

当进行数据保存时如果超过了既定的存储容量则会进行扩容，原则如下。

- HashMap 类提供了一个 DEFAULT_INITIAL_CAPACITY 常量，作为初始化的容量配置，这个常量的默认大小为 16 个元素，也就是说默认可以保存的最大内容是 16。
- 当保存的内容的容量超过了设置的阈值（ DEFAULT_LOAD_FACTOR = 0.75f ），相当于"容量×阈值 = 12"，保存 12 个元素的时候就会进行容量的扩充。
- 在进行扩充的时候 HashMap 类采用的是成倍的扩充模式，即每一次都扩充 2 倍的容量。

（4）考虑到 HashMap 类中大数据量的访问效率问题，从 JDK 1.8 开始针对数据的存储也做出了改变，提供了一个重要的常量。

```
static final int TREEIFY_THRESHOLD = 8;
```

在使用 HashMap 类进行数据保存的时候，如果保存的数据个数没有超过阈值 8，那么会按照链表的形式进行数据存储；而如果超过了这个阈值，则会将链表转为红黑树以实现树的平衡，并且利用左旋与右旋保证数据的查询性能。

15.6.2 LinkedHashMap 类

LinkedHashMap 类的最大特点是可以基于链表形式实现偶对象的存储，这样就可以保证集合的存储顺序与数据增加的顺序相同。LinkedHashMap 类的定义结构如下。

```
public class LinkedHashMap<K, V>
extends HashMap<K, V>
implements Map<K, V> {}
```

通过继承关系可以发现，LinkedHashMap 类是 HashMap 类的子类，并且重复实现了 Map 接口。LinkedHashMap 类的继承结构如图 15-14 所示。

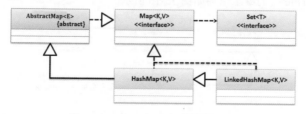

图 15-14　LinkedHashMap 类的继承结构

范例：使用 LinkedHashMap 类存储数据

```java
package com.yootk.demo;
import java.util.LinkedHashMap;
import java.util.Map;
public class JavaCollectDemo {
    public static void main(String[] args) {
        // 创建Map集合
        Map<String, Integer> map = new LinkedHashMap<String, Integer>();
        map.put("one", 1);                    // 保存数据
        map.put("two", 2);                    // 保存数据
        map.put(null, 0);                     // key为null
        map.put("zero", null);                // value为null
        System.out.println(map);
    }
}
```

程序执行结果：
```
{one=1, two=2, null=0, zero=null}
```

本程序使用 LinkedHashMap 类实现数据存储，通过输出结果可以发现，集合的保存顺序与数据的增加顺序相同，同时在 LinkedHashMap 类中允许保存的 key 或 value 的内容为 null。

15.6.3　Hashtable 类

Hashtable 类是从 JDK 1.0 时提供的二元偶对象保存集合，在 JDK 1.2 进行类集框架设计时，为了保存 Hashtable 类，使其多实现了一个 Map 接口。Hashtable 类的定义结构如下。

```java
public class Hashtable<K,V>
extends Dictionary<K,V>
implements Map<K,V>, Cloneable, Serializable {}
```

Hashtable 类最早是 Dictionary 类的子类，从 JDK 1.2 才实现了 Map 接口。Hashtable 类的继承结构如图 15-15 所示。

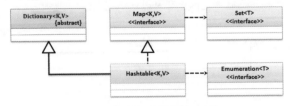

图 15-15　Hashtable 类的继承结构

范例： 使用 Hashtable 类保存数据

```java
package com.yootk.demo;
import java.util.Hashtable;
import java.util.Map;
public class JavaCollectDemo {
    public static void main(String[] args) {
        // 创建Map集合
        Map<String, Integer> map = new Hashtable<String, Integer>();
        map.put("one", 1);                    // 保存数据
        map.put("two", 2);                    // 保存数据
        System.out.println(map);
    }
}
```

程序执行结果：
```
{two=2, one=1}
```

本程序通过 Hashtable 类实例化了 Map 集合对象，可以发现 Hashtable 类中所保存的数据采用散列方式存储。

 注意：HashMap 类与 Hashtable 类的区别

HashMap 类中的方法都属于异步操作（非线程安全），HashMap 类允许保存 null 数据。

Hashtable 类中的方法都属于同步操作（线程安全），Hashtable 类不允许保存 null 数据，否则会出现 NullPointerException 异常。

15.6.4 TreeMap 类

TreeMap 类属于有序的 Map 集合类型，它可以按照 key 进行排序，所以在使用这个类的时候一定要配合 Comparable 接口共同使用。TreeMap 类的定义结构如下。

```java
public class TreeMap<K,V>
extends AbstractMap<K,V>
implements NavigableMap<K,V>, Cloneable, Serializable{}
```

TreeMap 类的继承结构如图 15-16 所示。

15

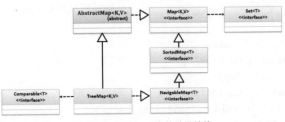

图 15-16　TreeMap 类的继承结构

范例：使用 TreeMap 类进行数据排序

```java
package com.yootk.demo;
import java.util.Map;
import java.util.TreeMap;
public class JavaCollectDemo {
    public static void main(String[] args) {
        // 创建Map集合
        Map<String, Integer> map = new TreeMap<String, Integer>();
        map.put("C", 3);                        // 保存数据
        map.put("B", 2);                        // 保存数据
        map.put("A", 1);                        // 保存数据
        System.out.println(map);
    }
}
```

程序执行结果：
```
{A=1, B=2, C=3}
```

　　本程序将 TreeMap 类中保存的 key 类型设置为 String 类，由于 String 类实现了 Comparable 接口，所以此时可以根据保存字符的编码由低到高进行排序。

15.6.5　Map.Entry 内部接口

　　在 Map 集合中，所有保存的对象都属于二元偶对象，所以针对偶对象的数据操作标准就提供一个 Map.Entry 的内部接口。以 HashMap 类为例可以得到图 15-17 所示的 Map.Entry 内部接口的继承结构。

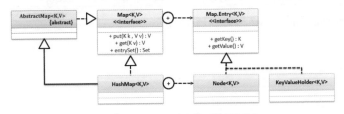

图 15-17　Map.Entry 内部接口的继承结构

为方便开发者使用，从 JDK 1.9 开始可以直接利用 Map 接口中提供的方法创建 Map.Entry 内部接口实例。

范例：创建 Map.Entry 内部接口实例

```
package com.yootk.demo;
import java.util.Map;
public class JavaCollectDemo {
    public static void main(String[] args) {
        // 创建Map.Entry接口实例
        Map.Entry<String, Integer> entry = Map.entry("one", 1);
        System.out.println("获取key: " + entry.getKey());// 获取保存key
        System.out.println("获取value: "+entry.getValue());// 获取保存value
        System.out.println(entry.getClass().getName());// 观察使用的子类
    }
}
```
程序执行结果：
获取key: one
获取value: 1
java.util.KeyValueHolder（**Map.entry()默认子类**）

本程序在进行 Map.Entry 对象构建时，只传入 key 与 value 就会自动利用 KeyValueHolder 类实例化 Map.Entry 接口对象，对于开发者而言只需清楚如何通过每一组 Map.Entry（默认子类）获取对应的 key（getKey()）与 value（getValue()）数据即可。

15.6.6　使用 Iterator 接口输出 Map 集合

集合数据输出的标准形式是基于 Iterator 接口完成的，Collection 接口直接提供 iterator()方法可以获取 Iterator 接口实例。但是由于 Map 接口中保存的数据是多个 Map.Entry 接口封装的二元偶对象（Collection 集合与 Map 集合存储的区别如图 15-18 所示），所以就必须采用以下的步骤实现 Map 集合的迭代输出。

➥ 使用 Map 接口中的 entrySet()方法，将 Map 集合变为 Set 集合。

➥ 取得了 Set 接口实例后就可以利用 iterator()方法取得 Iterator 接口的实例化对象。

➥ 使用 Iterator 迭代找到每一个 Map.Entry 对象，并进行 key 和 value 的分离。

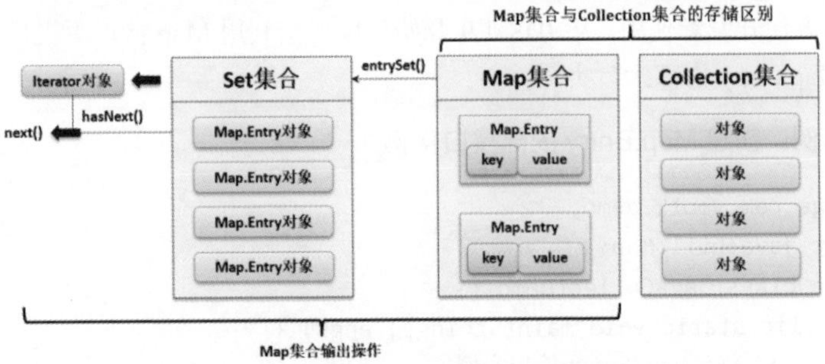

图 15-18　Map 集合与 Collection 集合的存储区别

范例：使用 Iterator 接口输出 Map 集合的实现

```java
package com.yootk.demo;
import java.util.HashMap;
import java.util.Iterator;
import java.util.Map;
import java.util.Set;
public class JavaCollectDemo {
    public static void main(String[] args) {
        // 获取Map接口实例
        Map<String, Integer> map = new HashMap<String, Integer>();
        map.put("one", 1);                          // 保存数据
        map.put("two", 2);                          // 保存数据
        // Map变为Set集合
        Set<Map.Entry<String, Integer>> set = map.entrySet();
        // 获取Iterator
        Iterator<Map.Entry<String, Integer>> iter = set.iterator();
        while (iter.hasNext()) {                     // 迭代输出
            Map.Entry<String, Integer> me = iter.next(); // 获取Map.Entry
            // 输出数据
            System.out.println(me.getKey() + " = " + me.getValue());
        }
    }
}
```

程序执行结果：
```
one = 1
two = 2
```

本程序通过 entrySet()方法将 Map 集合转为了 Set 集合，由于 Set 集合中保存的是多个 Map.Entry 接口实例，所以当使用 Iterator 接口迭代时就必须通过 Map.Entry 接口中提供的方法实现 key 与 value 的分离。

对于 Map 集合的输出操作，除了使用 Iterator 接口外，也可以利用 foreach

循环实现，其基本操作与 Iterator 接口输出类似。

范例：使用 foreach 循环输出 Map 集合

```java
package com.yootk.demo;
import java.util.HashMap;
import java.util.Map;
import java.util.Set;
public class JavaCollectDemo {
    public static void main(String[] args) {
        Map<String, Integer> map = new HashMap<String, Integer>();
        // 获取Map接口实例
        map.put("one", 1);                          // 保存数据
        map.put("two", 2);                          // 保存数据
        Set<Map.Entry<String, Integer>> set = map.entrySet();
        // Map变为Set
        for (Map.Entry<String, Integer> entry : set) { // foreach迭代
            System.out.println(entry.getKey() + " = " + entry.getValue());
        // 分离key、value
        }
    }
}
```
程序执行结果：
```
one = 1
two = 2
```

foreach 循环在进行迭代时是无法直接通过 Map 接口完成的，必须将 Map 集合转为 Set 集合存储结构，才可以在每次迭代后获取 Map.Entry 接口实例。

15.6.7 自定义 key 的数据类型

在使用 Map 接口进行数据保存时，里面所存储的 key 与 value 的数据类型可以全部由开发者自己设置，除了使用系统类作为 key 的数据类型外也可以采用自定义类的形式实现，但是作为 key 的数据类型的类由于存在数据查找需求，所以必须在类中覆写 hashCode()和 equals()方法。

范例：使用自定义类型作为 Map 集合中的 key 的数据类型

```java
package com.yootk.demo;
import java.util.HashMap;
import java.util.Map;
class Member {                                      // 比较器
    private String name ;
```

15

```
        private int age ;
        // setter、getter、构造方法、hashCode()、equals()、toString()方法与之前
        // 相同，略...
}
public class JavaCollectDemo {
    public static void main(String[] args) {
        // 实例化Map接口对象
        Map<Member, String> map = new HashMap<Member, String>();
        // 使用自定义类作为key
        map.put(new Member("小李老师", 18), "Yootk-李兴华");
        // 通过key找到value
        System.out.println(map.get(new Member("小李老师", 18)));
    }
}
```

程序执行结果：

Yootk-李兴华

　　本程序使用自定义的类进行 Map 集合中 key 的数据类型的指定，由于 Member 类已经正确覆写了 hashCode()和 equals()方法，所以可以直接根据属性内容来实现内容的查找。

提示：关于 Hash 冲突的解决

　　Map 集合是根据 key 实现的 value 数据查询，所以在整体实现中必须保证 key 的唯一性，但是在开发中依然会出现 key 重复的问题，此种情况就被称为 Hash 冲突。在实际开发中，Hash 冲突的解决有 4 种：开放地址法、链地址法、再哈希法、建立公共溢出区。在 Java 中采用链地址法解决 Hash 冲突，即将相同 key 的内容保存在一个链表中，如图 15-19 所示。

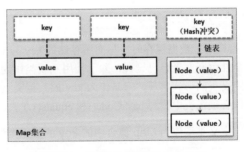

图 15-19　采用链地址法解决 Hash 冲突

15.7 本 章 概 要

1．类集的目的是用来创建动态的对象数组操作，由于 JDK 1.5 之后泛型技术的应用，所以在使用类集时利用泛型可以避免程序中出现 ClassCastException 转换异常。

2．Collection 接口是类集中的最大单值操作的父接口，但是一般开发中不会直接使用此接口，而常使用 List 或 Set 接口。

3．List 接口扩展了 Collection 接口，里面的内容是允许重复的，List 接口的常用子类是 ArrayList、LinkedList、Vector。ArrayList 类采用数组实现集合，在进行定长数据的操作时非常方便；而 LinkedList 类使用链表实现，使用 get() 方法根据索引查询数据时的时间复杂度为 $O(n)$；Vector 类属于早期集合类，里面的所有操作方法都使用 synchronized 同步处理。

4．Set 接口与 Collection 接口的定义一致，里面的内容是不允许重复的，依靠 Object 类中的 equals() 和 hashCode() 方法来区分是否是同一个对象。Set 接口的常用子类是 HashSet 和 TreeSet，前者是散列存放，没有顺序；后者是顺序存放，使用 Comparable 接口进行排序操作。

5．在进行集合输出时最为常用的迭代接口为 Iterator，通过 Iterable 接口可以获取 Iterator 接口实例。

6．JDK 1.5 之后集合也可以使用 foreach 循环的方式输出集合，如果自定义类要使用 foreach 循环输出，则类必须实现 Iterable 接口。

7．Enumeration 接口属于最早的迭代输出接口，在类集中 Vector 类可以使用 Enumeration 接口进行内容的输出。

8．List 集合的操作可以使用 ListIterator 接口进行双向的输出操作，双向迭代操作中应该先执行由前向后的迭代，而后才可以执行由后向前的迭代。

9．Map 接口中的常用子类是 HashMap、Hashtable。HashMap 类属于异步处理，性能较高；Hashtable 类属于同步处理，性能较低。HashMap 类采用散列存储，如果希望数据的保存顺序可控，则可以使用 LinkedHashMap 类。

第 16 章　数据库编程

通过本章的学习可以达到以下目标

- 理解 JDBC 的核心设计思想以及 4 种数据库访问机制。
- 理解数据库的连接处理流程，并且可以使用 JDBC 进行 Oracle 数据库的连接。
- 理解工厂设计模式在 JDBC 中的应用，清楚地理解 DriverManager 类的作用。
- 掌握 Connection、PreparedStatement、ResultSet 等核心接口的使用，并可以实现数据的增、删、改、查操作。
- 掌握 JDBC 提供的数据批处理操作的实现。
- 掌握数据库事务的作用并可以利用 JDBC 实现数据库事务控制。

在现代的程序开发中，大量的开发都是基于数据库的，使用数据库可以方便地实现数据的存储及查找。本章将就 Java 的数据库操作技术——JDBC 进行讲解。

16.1　JDBC 简介

JDBC（Java Database Connectivity，Java 数据库连接）提供了一种与平台无关的，用于执行 SQL 语句的标准 Java API，可以方便地实现多种关系型数据库的统一操作，它由一组用 Java 语言编写的类和接口组成。不同的数据库如果要想使用 Java 开发，就必须实现这些接口的标准。严格来讲，JDBC 不属于技术，而是一种服务，即所有的操作步骤完全固定。

提示：JDBC 开发需要 SQL 支持

学习本章之前，首先要具备基本的 SQL 语法知识。本书使用的是 Oracle 数据库，读者可以参考《Oracle 开发实战经典》一书学习其完整语法。

JDBC 本身提供的是一套数据库操作标准，而这些标准又需要各个数据库厂商实现，所以针对每一个数据库厂商都会提供一个 JDBC 的驱动程序。目前比较常见的 JDBC 驱动程序可分为以下 4 类。

1. JDBC-ODBC 桥驱动

JDBC-ODBC 是 SUN 提供的一个标准 JDBC 操作，直接利用微软的 ODBC

进行数据库的连接操作。其桥接模式如图 16-1 所示。但是，由于此种模式需要通过 JDBC 访问 ODBC，再通过 SQL 数据库访问 SQL 数据库，所以当数据量较大时，这种操作方式的性能较低，所以通常情况下不推荐使用这种方式。

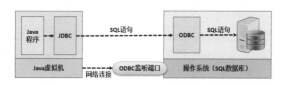

图 16-1　JDBC-ODBC 桥接模式

提示：关于 ODBC

ODBC（Open Database Connectivity，开放数据库连接）是微软公司提供的一套数据库操作的编程接口，SUN 公司的 JDBC 实现实际上也是模仿了 ODBC 的设计。

2. JDBC 本地驱动

直接使用各个数据库生产商提供的程序库操作，但是因为其只能应用在特定的数据库上，会丧失程序的可移植性。与 JDBC-ODBC 桥接模式相比较，此类操作模式的性能较高，但其最大的缺点在于无法进行网络分布式存储。JDBC 连接模式如图 16-2 所示。

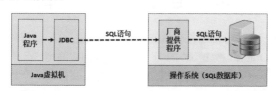

图 16-2　JDBC 连接模式

3. JDBC 网络驱动

这种驱动程序将 JDBC 转换为与 DBMS 无关的网络协议，之后这种协议又被某台服务器转换为一种 DBMS 协议。这种网络服务器中间件能够将它的纯 Java 客户机连接到多种不同的数据库上，所用的具体协议取决于提供者，如图 16-3 所示。JDBC 网络驱动是最为灵活的 JDBC 驱动程序。

图 16-3　JDBC 网络驱动

4．本地协议纯 JDBC 驱动

这种类型的驱动程序将 JDBC 调用直接转换为 DBMS 所使用的网络协议。这将允许从客户机上直接调用 DBMS 服务器，是 Intranet 访问的一个很实用的解决方法。

JDBC 中的核心组成在 java.sql 包中定义，该包中的核心类结构为 DriverManager 类、Connection 接口、Statement 接口、PreparedStatement 接口、ResultSet 接口。JDBC 核心类的结构关系如图 16-4 所示。

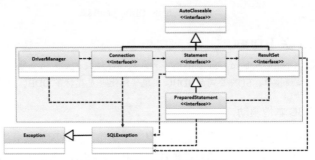

图 16-4　JDBC 核心类的结构关系

16.2　连接 Oracle 数据库

JDBC 可以通过标准连接任意支持 JDBC 的 SQL 数据库，本节将利用 JDBC 实现 Oracle 数据库的连接。数据库的连接操作主要使用 DriverManager.getConnection()方法完成，此类可以获取多个数据库连接，每一个数据库连接都使用 Connection 接口描述。Connection 接口的常用方法如表 16-1 所示。

表 16-1　Connection 接口的常用方法

No.	方　　法	类　型	描　　述
1	public Statement createStatement() throws SQLException	普通	获取 Statement 接口实例
2	public PreparedStatement prepareStatement(String sql) throws SQLException	普通	获取 PreparedStatement 接口实例
3	public void close() throws SQLException	普通	关闭数据库连接
4	public void setAutoCommit(boolean autoCommit) throws SQLException	普通	事务控制，设置是否自动提交更新
5	public void commit() throws SQLException	普通	事务控制，提交事务
6	public void rollback() throws SQLException	普通	事务控制，事务回滚

提示：JDBC 连接准备

在通过 JDBC 连接 SQL 数据库前首先必须保证要连接的 SQL 数据库的服务已经开启，例如，本次连接的是 Oracle 数据库，所以必须开启监听与数据库实例服务，如图 16-5 所示。

| OracleOraDb11g_home1TNSListener | 已启动 | 手动 | 本地系统 |
| OracleServiceMLDN | 已启动 | 手动 | 本地系统 |

图 16-5 启动数据库服务进程

JDBC 属于 Java 提供的服务标准，对于所有的服务都有着固定的操作步骤。JDBC 操作步骤如下。

（1）加载数据库驱动程序。各个数据库都会提供 JDBC 的驱动程序开发包，直接把 JDBC 操作所需要的开发包（一般为*.jar 或*.zip）配置到 CLASSPATH 路径即可。

提示：Oracle 驱动程序路径

一般像 Oracle 或 DB2 这样的大型数据库，在安装后在安装程序目录中都会提供数据库厂商提供的相应数据库驱动程序，开发者需要将驱动程序设置到 CLASSPATH 中（如果是 Eclipse，则需要通过 Java Builder Path 配置扩展*.jar 文件）。

Oracle 驱动程序路径：app\mldn\product\11.2.0\dbhome_1\jdbc\lib\ojdbc6.jar。

（2）连接数据库。根据不同数据库提供的连接信息、用户名与密码建立数据库连接通道。

- Oracle 连接地址结构：jdbc:oracle:thin:@主机名称:端口号:SID。例如，连接本机的 MLDN 数据库：jdbc:oracle:thin:@localhost:1521:mldn。
- 用户名：scott。
- 密码：tiger。

（3）使用语句进行数据库操作。数据库操作分为更新和查询两种操作，除了可以使用标准的 SQL 语句外，各个数据库也可以使用其自己提供的各种命令。

（4）关闭数据库连接。数据库操作完毕后需要关闭连接以释放资源。

范例：连接 Oracle 数据库

```java
package com.yootk.demo;
import java.sql.Connection;
import java.sql.DriverManager;
public class JDBCDemo {
    private static final String DATABASE_DRVIER =
"oracle.jdbc.driver.OracleDriver";
```

```java
    private static final String DATABASE_URL =
"jdbc:oracle:thin:@localhost:1521:mldn";
    private static final String DATABASE_USER = "scott";
    private static final String DATABASE_PASSWORD = "tiger";
    public static void main(String[] args) throws Exception {
        Connection conn = null;                    // 保存数据库连接
        Class.forName(DATABASE_DRVIER);            // 加载数据库驱动程序
        conn = DriverManager.getConnection(DATABASE_URL,
                DATABASE_USER, DATABASE_PASSWORD);  // 连接数据库
        System.out.println(conn);                   // 输出对象信息
        conn.close();                               // 关闭数据库连接
    }
}
```

程序执行结果：

```
oracle.jdbc.driver.T4CConnection@2401f4c3
```

本程序将数据库连接的相关信息定义为常量，随后进行数据库驱动程序加载，加载成功后会根据连接地址、用户名、密码获取连接。由于本程序已经连接成功，所以输出的 conn 对象不为 null。数据库连接会占用系统资源，所以在代码执行完毕后必须使用 close()方法进行关闭。

提示：JDBC 使用了工厂设计模式

在 JDBC 开发中 Connection 是一个数据库连接的标准接口，而程序要想获取 Connection 接口实例，则必须通过 DriverManager 类获取，于是就形成了图 16-6 所示的程序结构。

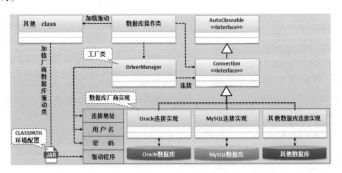

图 16-6　JDBC 访问连接的程序结构

通过图 16-6 所示的结构可以发现，程序通过 DriverManager 类可以在不清楚子类具体实现的情况下获取任意数据库的 Connection 接口实例，所以 DriverManager 类的作用就相当于工厂类。

16.3 Statement 数据操作接口

Statement 是 JDBC 中提供的数据库的操作接口，利用其可以实现数据的更新与查询的处理操作。该接口定义如下。

```
public interface Statement extends Wrapper, AutoCloseable {}
```

开发者可以通过 Connection 接口提供的 createStatement() 方法创建 Statement 接口实例，随后可以直接利用表 16-2 所示的 Statement 接口的常用方法进行 SQL 数据操作。

表 16-2　Statement 接口的常用方法

No.	方　　法	类　　型	描　　述
1	public int executeUpdate(String sql) throws SQLException	普通	执行 SQL 更新操作（增加、修改、删除），执行后返回更新行数
2	public ResultSet executeQuery(String sql) throws SQLException	普通	执行 SQL 查询操作
3	public void addBatch(String sql) throws SQLException	普通	追加 SQL 批处理更新语句
4	public void clearBatch() throws SQLException	普通	清除 SQL 批处理语句
5	public int[] executeBatch() throws SQLException	普通	执行 SQL 批处理，返回批处理更新影响行数

下面将利用 Statement 接口实现数据表的数据的增加、修改、删除、查询等常见操作，本次使用的数据表的创建脚本如下。

范例： 数据表的创建脚本

```
DROP TABLE news PURGE ;
DROP SEQUENCE news_seq ;
CREATE SEQUENCE news_seq ;
CREATE TABLE news(
    nid             NUMBER ,
    title           VARCHAR2(30) ,
    read            NUMBER ,
    price           NUMBER ,
    content         CLOB ,
    pubdate         DATE ,
    CONSTRAINT pk_nid PRIMARY KEY(nid)
) ;
```

16

在给定的数据库脚本中包括数据库开发中常见数据类型（NUMBER、VARCHAR2、DATE、CLOB），并且使用序列（SEQUENCE）进行了 news_seq 列的数据生成。

16.3.1 数据更新操作

在 SQL 语句中数据的更新操作一共分为三种：增加（INSERT）、修改（UPDATE）、删除（DELETE）。Statement 接口的最大特点是可以直接执行一个标准的 SQL 语句。

范例：实现数据的增加

SQL语法：INSERT INTO 表名称 (字段,字段,...) VALUES (值,值,...)

```java
package com.yootk.demo;
import java.sql.Connection;
import java.sql.DriverManager;
import java.sql.Statement;
public class JDBCDemo {
    private static final String DATABASE_DRVIER =
"oracle.jdbc.driver.OracleDriver";
    private static final String DATABASE_URL =
"jdbc:oracle:thin:@localhost:1521:mldn";
    private static final String DATABASE_USER = "scott";
    private static final String DATABASE_PASSWORD = "tiger";
    public static void main(String[] args) throws Exception {
        String sql = " INSERT INTO news(nid,title,read,price,content,
                      pubdate) VALUES "
                + " (news_seq.nextval,'MLDN-News',10,9.15, "
                + " '极限IT训练营成立了', "
                + " TO_DATE('2016-02-17','yyyy-mm-dd'))" ; // SQL语句
        Connection conn = null;                        // 保存数据库连接
        Class.forName(DATABASE_DRVIER);                // 加载数据库驱动程序
        conn = DriverManager.getConnection(DATABASE_URL,
                DATABASE_USER, DATABASE_PASSWORD); // 连接数据库
        Statement stmt = conn.createStatement() ; // 数据库操作对象
        int count = stmt.executeUpdate(sql) ;      // 返回更新数据行数
        // 输出数据行数
        System.out.println("更新操作影响的数据行数：" + count);
        conn.close();                                  // 关闭数据库连接
    }
}
```

程序执行结果：
更新操作影响的数据行数：1

本程序通过 Connection 连接对象创建了 Statement 接口实例，这样就可以利用 executeUpdate()方法直接执行 SQL 更新语句。当执行完成后会返回更新的数据行数，由于只增加一行数据，所以最终取得的更新行数为 1。

范例： 实现数据的修改

```
SQL语法： UPDATE 表名称 SET 字段=值,..., WHERE 更新条件 ;
public class JDBCDemo {
    // 重复代码，略...
    public static void main(String[] args) throws Exception {
        String sql = "UPDATE news SET title='极限IT架构师',
                    content='www.jixianit.com', "+ " read=99998 WHERE
                    nid=5 " ;        // 编写修改SQL语句
        // 重复代码，略...
    }
}
程序执行结果：
更新操作影响的数据行数：1
```

本程序实现了一个数据修改操作，在进行修改时由于会根据指定 nid 进行更新，所以更新时只会影响到一行数据。

范例： 实现数据的删除

```
SQL语法：DELETE FROM 表名称 WHERE 删除条件(s)
public class JDBCDemo {
    // 重复代码，略...
    public static void main(String[] args) throws Exception {
        // 编写删除SQL语句
        String sql = "DELETE FROM news WHERE nid IN (11,13,15) " ;
        // 重复代码，略...
    }
}
程序执行结果：
更新操作影响的数据行数：3
```

本程序执行了数据删除操作，在数据删除时使用 IN 设置了 3 个要删除的 nid 数据，当成功删除后返回的更新行数为 3。如果重复执行此代码，由于数据已经被成功删除，所以更新行数为 0。

16.3.2 数据查询操作

数据查询是利用 SQL 语句向数据库发出 SELECT 查询指令，而查询的结果如果要返回给程序进行处理，就必须通过 ResultSet 接口来进行封装。ResultSet 接口是一种可以保存任意查询结果的集合结构，所有查询结果会通过 ResultSet

接口在内存中形成一张虚拟表，而后开发者可以根据数据行的索引，依照数据类型获取列数据内容。ResultSet 接口查询处理的操作流程如图 16-7 所示。

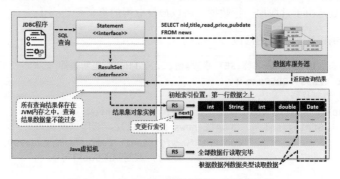

图 16-7　ResultSet 接口数据查询处理的操作流程

当所有的记录返回到 ResultSet 接口的时候，所有的内容都是按照表结构的形式存放的，所以用户只需按照数据类型从每行取出所需要的数据即可。表 16-3 所示为 ResultSet 接口的常用方法。

表 16-3　ResultSet 接口的常用方法

No.	方　　法	类　　型	描　　述
1	public boolean next() throws SQLException	普通	移动指针并判断是否有数据
2	public 数据 getXxx(列的标记) throws SQLException	普通	取得指定类型的数据
3	public void close() throws SQLException	普通	关闭结果集

范例：实现数据的查询

```
public class JDBCDemo {
    // 重复代码，略...
    public static void main(String[] args) throws Exception {
        // 此处编写的SQL语句，明确写明了要查询的列名称，这样查询结果就可以
        // 根据列索引顺序获取内容
        String sql = "SELECT nid,title,read,price,content,pubdate FROM
                    news" ;
        Connection conn = null;                     // 保存数据库连接
        Class.forName(DATABASE_DRVIER);             // 加载数据库驱动程序
        conn = DriverManager.getConnection(DATABASE_URL,
                DATABASE_USER, DATABASE_PASSWORD); // 连接数据库
        Statement stmt = conn.createStatement() ;// 数据库操作对象
        ResultSet rs = stmt.executeQuery(sql);     // 执行查询
        while (rs.next()) {                         // 循环获取结果集数据
```

```
            int nid = rs.getInt(1);                    // 获取第1个查询列数据
            String title = rs.getString(2);            // 获取第2个查询列数据
            int read = rs.getInt(3);                   // 获取第3个查询列数据
            double price = rs.getDouble(4);            // 获取第4个查询列数据
            String content = rs.getString(5);          // 获取第5个查询列数据
            Date pubdate = rs.getDate(6);              // 获取第6个查询列数据
            System.out.println(nid + "、" + title + "、" + read +
                "、" + price + "、" + content + "、" + pubdate);
        }
        conn.close();                                  // 关闭数据库连接
    }
}
```
程序执行结果：
```
2、MLDN-News、10、9.15、极限IT训练营成立了、2016-02-17
3、MLDN-News、10、9.15、极限IT训练营成立了、2016-02-17
... 其他输出，略 ...
```

    本程序通过 ResultSet 集合保存了 JDBC 查询结果，由于 ResultSet 集合是以表的形式返回，所以可以利用 next()方法修改数据行索引（同时也可以判断数据行是否全部读取完毕），随后利用 getXxx()方法根据数据列类型读取数据内容。

提问：SQL 语句中使用 "*" 查询不是更加方便吗？

    在本程序中编写的 SQL 查询语句，使用 "*" 不是更加方便吗？

```
String sql = "SELECT * FROM news" ;
```

    为什么在本程序中不使用 "*" 通配符，而写上具体列的名称呢？

回答：使用具体列名称的查询更加适合程序维护。

    在本程序中，如果在查询语句上使用了 "*"，那么在使用 ResultSet 集合依据列索引获取数据内容时就必须根据查询列的默认顺序进行定义，这样势必会造成代码的开发困难与维护困难。在此种情况下为了可以清晰地读取数据，就需要明确地使用列名称进行数据读取。操作代码如下。

```
String sql = "SELECT * FROM news" ;
while (rs.next()) {
    int nid = rs.getInt("nid");
    String title = rs.getString("title");
    int read = rs.getInt("read");
    double price = rs.getDouble("price");
    String content = rs.getString("content");
    Date pubdate = rs.getDate("pubdate");
}
```

虽然以上的代码可以实现读取，但是也需要注意内存占用的问题：数据查询时如果返回了过多的无用数据，会造成内存占用，导致程序性能下降，所以在使用 JDBC 进行数据查询时最好只查询需要的数据内容。

综合以上分析，在实际程序开发中，使用"*"既不方便代码维护，又有可能因为查询结果过多而产生性能问题，所以在开发中必须避免使用"*"通配符。

16.4 PreparedStatement 数据操作接口

PreparedStatement 是 Statement 的子接口，属于 SQL 预处理操作。与直接使用 Statement 接口不同的是，PreparedStatement 接口在操作时，是先在数据表中准备好一条待执行的 SQL 语句，随后再设置具体内容。这样的处理模型会使得数据库操作更加安全。为了解释 PreparedStatement 接口的作用，下面首先通过使用 Statement 接口模拟一个数据增加操作。

范例：观察 Statement 接口的使用问题

```java
public class JDBCDemo {
    // 重复代码，略...
    public static void main(String[] args) throws Exception {
        String title = "MLDN新闻'极限IT架构师" ;   // 存在 "'"
        int read = 99 ;
        double price = 99.8 ;
        String content = "www.jixianit.com" ;
        String pubdate = "2017-09-15" ;              // 日期通过String表示
        // 拼凑执行SQL
        String sql = " INSERT INTO news(nid,title,read,price,content,
                pubdate) VALUES "
                + " (news seq.nextval,'" + title
                + "'," + read + "," + price + ", " + " '" + content
                + "', TO DATE('" + pubdate + "','yyyy-mm-dd'))";
        System.out.println(sql);                     // 输出拼凑后的SQL
        Connection conn = null;                      // 保存数据库连接
        Class.forName(DATABASE_DRVIER);              // 加载数据库驱动程序
        conn = DriverManager.getConnection(DATABASE_URL,
                DATABASE_USER, DATABASE_PASSWORD);   // 连接数据库
        Statement stmt = conn.createStatement() ;    // 数据库操作对象
        int count = stmt.executeUpdate(sql) ;        // 返回更新数据行数
        // 输出数据行数
        System.out.println("更新操作影响的数据行数：" + count);
        conn.close();                                // 关闭数据库连接
    }
```

```
}
```
程序执行结果：

```
INSERT INTO news(nid,title,read,price,content,pubdate) VALUES
(news_seq.nextval,'MLDN新闻'极限IT架构师',99,99.8, 'www.jixianit.com',
TO_DATE('2017-09-15','yyyy-mm-dd'))
Exception in thread "main" java.sql.SQLSyntaxErrorException: ORA-00917:
缺失逗号
```

本程序通过变量的形式定义了 SQL 语句要插入的数据内容，而通过本程序的执行可以发现 Statement 接口有以下 3 个问题。

- Statement 接口在数据库操作中需要一个完整的 SQL 命令，一旦需要通过变量进行内容接收，则需要进行 SQL 语句的拼凑，而这样的代码既不方便阅读也不方便维护。

- 执行的 SQL 语句中如果出现一些限定符号，则执行 SQL 语句时就会引起 SQL 标记异常。

- 进行日期类数据定义时只能够使用 String 类型，而后再通过数据库函数转换。

综合以上的几个问题，就可以得出结论，Statement 接口只适用于执行简单的 SQL 语句的情况，而要想更加安全可靠地进行数据库操作，就必须通过 PreparedStatement 接口完成。

16.4.1 使用 PreparedStatement 接口实现数据的更新

在 PreparedStatement 接口进行数据库操作时，可以在编写 SQL 语句时通过"？"进行占位符的设计，Connection 接口会依据此 SQL 语句通过 prepareStatement()方法实例化 PreparedStatement 接口实例（此时并不知道具体数据内容），在进行更新或查询操作前利用 setXxx()方法依据设置的占位符的索引顺序（索引编号从 1 开始）进行内容设置。PreparedStatement 接口的常用方法如表 16-4 所示。

表 16-4 PreparedStatement 接口的常用方法

No.	方 法	类 型	描 述
1	public int executeUpdate() throws SQLException	普通	执行设置的预处理 SQL 语句
2	public ResultSet executeQuery() throws SQLException	普通	执行数据库查询操作，返回 ResultSet 集合数据
3	public void setXxx(int parameterIndex, 数据类型 x) throws SQLException	普通	指定要设置的索引编号，并设置数据

范例：使用 PreparedStatement 接口实现数据的增加

```java
public class JDBCDemo {
    // 重复代码，略...
    public static void main(String[] args) throws Exception {
        String title = "MLDN新闻'极限IT架构师" ;        // 存在 "'"
        int read = 99 ;
        double price = 99.8 ;
        String content = "www.jixianit.com" ;
        java.util.Date pubdate = new java.util.Date() ; // 定义日期对象
        // 需要先定义SQL语句后才可以创建PreparedStatement接口实例，定义
        // 时可以使用 "?" 作为占位符
        String sql = " INSERT INTO news(nid,title,read,price,content,
                pubdate) VALUES " + " (news_seq.nextval,?,?,?,?,?)" ;
        Connection conn = null;                    // 保存数据库连接
        Class.forName(DATABASE_DRVIER);            // 加载数据库驱动程序
        conn = DriverManager.getConnection(DATABASE_URL,
                DATABASE_USER, DATABASE_PASSWORD);// 连接数据库
        // 数据库的操作对象
        PreparedStatement pstmt = conn.prepareStatement(sql) ;
        pstmt.setString(1, title);                 // 设置索引内容
        pstmt.setInt(2, read);                     // 设置索引内容
        pstmt.setDouble(3, price);                 // 设置索引内容
        pstmt.setString(4, content);               // 设置索引内容
        // 设置索引内容
        pstmt.setDate(5, new java.sql.Date(pubdate.getTime()));
        int count = pstmt.executeUpdate() ;        // 返回影响的行数
        // 输出数据行数
        System.out.println("更新操作影响的数据行数：" + count);
        conn.close();                              // 关闭数据库连接
    }
}
```

程序执行结果：

更新操作影响的数据行数：1

　　本程序在定义 SQL 语句的时候使用若干个 "?" 进行要操作数据的占位符定义，这样在执行更新前就必须利用 setXxx() 方法依据索引和列类型进行数据内容的设置，由于此类方式没有采用拼凑式的 SQL 定义，所以程序编写简洁，数据的处理更加安全，程序开发也更加灵活。

16

提示：关于日期时间型数据在 JDBC 中的描述

在本程序中使用 setDate() 方法设置日期数据时执行了以下代码。

```
pstmt.setDate(5, new java.sql.Date(pubdate.getTime())) ;
```

此代码的核心意义在于将 java.util.Date 类的实例转为 java.sql.Date 类的实例。之所以进行这样转换是因为在 JDBC 中 PreparedStatement 接口、ResultSet 接口操作的日期类型为 java.sql.Date。下面通过图 16-8 所示的 JDBC 实现日期时间操作的类结构进行说明。

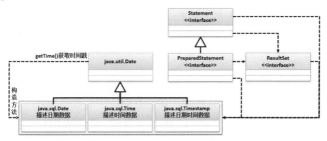

图 16-8　JDBC 实现日期时间操作的类结构

由于 JDBC 并没有与 java.util.Date 类产生任何直接关联，所以在使用 PreparedStatement 接口进行内容设置时就需要将 java.util.Date 类的时间戳数据取出，并使用 java.sql.Date、java.sql.Time、java.sql.Timestamp 类的构造方法将时间戳变为各自的子类实例才可以通过 setXxx() 方法设置。而在使用 ResultSet 接口获取数据时，所有的日期时间类实例都可以自动向上转型为 java.util.Date 类实例。

16.4.2　使用 PreparedStatement 接口实现数据的查询

查询是在实际开发中最复杂也是项目中使用最多的数据库操作，利用 PreparedStatement 接口的占位符操作也可以实现数据查询操作。下面通过几个常用案例进行说明。

范例：查询表中全部数据

```
public class JDBCDemo {
    // 重复代码，略...
    public static void main(String[] args) throws Exception {
        String sql = "SELECT nid,title,read,price,content,pubdate FROM news" ;
        Connection conn = null;                      // 保存数据库连接
        Class.forName(DATABASE_DRVIER);              // 加载数据库驱动程序
        conn = DriverManager.getConnection(DATABASE_URL,
                DATABASE_USER, DATABASE_PASSWORD);// 连接数据库
        // 数据库的操作对象
        PreparedStatement pstmt = conn.prepareStatement(sql) ;
        ResultSet rs = pstmt.executeQuery();          // 执行查询
```

```
        while (rs.next()) {                        // 循环获取结果集数据
            int nid = rs.getInt(1);                // 获取第1个查询列数据
            String title = rs.getString(2);        // 获取第2个查询列数据
            int read = rs.getInt(3);               // 获取第3个查询列数据
            double price = rs.getDouble(4);        // 获取第4个查询列数据
            String content = rs.getString(5);      // 获取第5个查询列数据
            Date pubdate = rs.getDate(6);          // 获取第6个查询列数据
            System.out.println(nid + "、" + title + "、" + read +
                "、" + price + "、" + content + "、" + pubdate);
        }
        conn.close();                              // 关闭数据库连接
    }
}
```

本程序对 news 数据表数据实现了简单查询，由于查询 SQL 语句中并没有使用 "?" 进行占位符设计，所以可以直接使用 executeQuery() 方法执行查询。

范例：根据 id 进行查询

```
public class JDBCDemo {
    // 重复代码，略...
    public static void main(String[] args) throws Exception {
        String sql = "SELECT nid,title,read,price,content,pubdate "
            + " FROM news WHERE nid=?" ; // 使用占位符设置id内容
        // 重复代码，略...
        // 数据库的操作对象
        PreparedStatement pstmt = conn.prepareStatement(sql) ;
        pstmt.setInt(1, 5);                        // 设置nid的数据
        ResultSet rs = pstmt.executeQuery();// 执行查询
        if (rs.next()) {                           // 是否有查询结果返回
            // 重复代码，略...
        }
        conn.close();                              // 关闭数据库连接
    }
}
```

程序执行结果：
5、极限IT架构师、99998、9.15、www.jixianit.com、2016-02-16

本程序查询了指定编号的新闻数据，在定义 SQL 查询语句时使用了限定符进行查询条件的数据设置。由于此类查询最多只会返回 1 行数据，所以在使用 ResultSet 接口获取数据时需要利用 if 语句对查询结果进行判断，如果查询结果存在，则进行输出。

范例：实现数据模糊查询和分页控制

```java
public class JDBCDemo {
    // 重复代码，略...
    public static void main(String[] args) throws Exception {
        int currentPage = 2 ;                    // 当前页
        int lineSize = 5 ;                       // 每页显示的数据行
        String column = "title" ;                // 模糊查询列
        String keyWord = "MLDN" ;                // 查询关键字
        // 分页查询
        String sql = "SELECT * FROM ( "
                + " SELECT nid,title,read,price,content,pubdate, ROWNUM rn "
                + " FROM news WHERE " + column + " LIKE ? AND ROWNUM<=?"
                ORDER BY nid) temp " + " WHERE temp.rn>?" ;
        // 重复代码，略...
        // 数据库的操作对象
        PreparedStatement pstmt = conn.prepareStatement(sql) ;
        pstmt.setString(1, "%" + keyWord + "%"); // 设置占位符数据
        pstmt.setInt(2, currentPage * lineSize); // 设置占位符数据
        pstmt.setInt(3, (currentPage - 1) * lineSize); // 设置占位符数据
        ResultSet rs = pstmt.executeQuery();     // 执行查询
        while (rs.next()) {                       // 是否有查询结果返回
            // 重复代码，略...
        }
        conn.close();                            // 关闭数据库连接
    }
}
```

本程序实现了一个开发中最为重要的操作：数据分页和模糊查询，即利用 Oracle 数据库提供的分页语法实现指定数据列上的数据模糊匹配。由于匹配的数据可能出现在数据的任意位置上，所以在设置查询关键字时使用 "%%" 匹配符。

 注意：不要在列名称上使用占位符

在使用 PreparedStatement 接口进行占位符定义时只允许在列内容上使用，而不允许在列名称上使用。以本程序为例。

...略..." FROM news WHERE ? LIKE ? AND ROWNUM<=? ORDER BY nid) temp "...略...

在 SQL 语句中限定查询的语法需要通过列名称匹配内容，如果此时将列名称也设置为 "?"，则代码执行时将出现错误。

范例：数据统计查询

```
public class JDBCDemo {
    // 重复代码，略...
    public static void main(String[] args) throws Exception {
        String column = "title" ;              // 模糊查询列
        String keyWord = "MLDN" ;              // 查询关键字
        String sql = "SELECT COUNT(*) FROM news WHERE " + column + "
                    LIKE ?" ;
        // 重复代码，略...
        // 数据库的操作对象
        PreparedStatement pstmt = conn.prepareStatement(sql) ;
        pstmt.setString(1, "%" + keyWord + "%");   // 设置占位符数据
        ResultSet rs = pstmt.executeQuery();  // 执行查询
        if (rs.next()) {                      // COUNT()一定会返回结果
            long count = rs.getLong(1) ;
            System.out.println("符合条件的数据量： " + count);
        }
        conn.close();                         // 关闭数据库连接
    }
}
```

程序执行结果：
符合条件的数据量：18

在 SQL 查询中使用 COUNT(*)方法可以实现指定数据表中的数据统计，并且不管表中是否有数据行都一定会返回 COUNT()函数的统计查询结果，即 rs.next()方法判断的结果一定为 true。在进行数据统计时，由于表中数据行较多，往往会通过 getLong()方法接收统计结果。

16.5　数据批处理

随着 JDK 版本的不断更新 JDBC 也在不断地完善。从 JDBC 2.0 开始，为了方便开发者进行数据库的开发，JDBC 提供了许多更加方便的操作，包括可滚动的结果集、使用结果集更新数据、批处理，其中批处理操作在开发中使用较多。

 提示：JDBC 版本与 JDK 版本的对应关系

为了方便读者理解 JDBC 版本与 JDK 版本的对应关系，下面通过表 16-5 进行说明。

表 16-5　JDBC 版本与 JDK 版本的对应关系

No.	JDBC 版本	JDK 版本
1	JDBC 1.0	JDK 1.1
2	JDBC 2.0	JDK 1.2
3	JDBC 3.0	JDK 1.4

No.	JDBC 版本	JDK 版本
4	JDBC 4.0	JDK 1.6
5	JDBC 4.1	JDK 1.7
6	JDBC 4.2	JDK 1.8

尽管 JDBC 的版本在不断更新，但是从实际的开发角度来讲，JDBC 1.0 开始提供的操作模式是现在 JDBC 操作的主要形式，并且随着版本的不断完善，JDBC 的使用限制也越来越少。

范例：使用 Statement 接口实现批处理

```java
public class JDBCDemo {
    // 重复代码，略...
    public static void main(String[] args) throws Exception {
        // 重复代码，略...
        Statement stmt = conn.createStatement() ; // 创建数据库的操作对象
        stmt.addBatch("INSERT INTO news (nid,title) VALUES
                    (news_seq.nextval,'MLDN-A')");
        stmt.addBatch("INSERT INTO news (nid,title) VALUES
                    (news_seq.nextval,'MLDN-B')");
        stmt.addBatch("INSERT INTO news (nid,title) VALUES
                    (news_seq.nextval,'MLDN-C')");
        stmt.addBatch("INSERT INTO news (nid,title) VALUES
                    (news_seq.nextval,'MLDN-D')");
        stmt.addBatch("INSERT INTO news (nid,title) VALUES
                    (news_seq.nextval,'MLDN-E')");
        int result [] = stmt.executeBatch() ;      // 执行批处理
        System.out.println("批量更新结果: " + Arrays.toString(result));
        conn.close();                              // 关闭数据库连接
    }
}
```
程序执行结果：
批量更新结果: [1, 1, 1, 1, 1]

本程序通过 Statement 接口提供的 addBatch()方法加入了 5 条数据更新语句，这样当执行 executeBatch()方法时会一次性提交多条更新指令，并且将更新语句影响的所有数据行数通过数组返回给调用处。此类操作在进行大规模数据更新时会提高处理性能。

范例：使用 PreparedStatement 接口实现批处理

```java
public class JDBCDemo {
    // 重复代码，略...
```

```
public static void main(String[] args) throws Exception {
    // 重复代码，略...
    String sql = "INSERT INTO news (nid,title) VALUES
                (news_seq.nextval,?)" ;
    String titles [] = new String [] {"MLDN-A","MLDN-B","MLDN-C",
                "MLDN-D","MLDN-E"} ;
    // 创建数据库的操作对象
    PreparedStatement pstmt = conn.prepareStatement(sql) ;
    for (String title : titles) {                    // 循环获取数据
        pstmt.setString(1, title);                   // 设置占位符数据
        pstmt.addBatch();                            // 追加批处理
    }
    int result [] = pstmt.executeBatch() ;   // 执行批处理
    System.out.println("批量更新结果: " + Arrays.toString(result));
    conn.close();                                    // 关闭数据库连接
}
}
```

程序执行结果：

批量更新结果: [-2, -2, -2, -2, -2]

本程序通过 PreparedStatement 接口实现了批量数据增加，由于 PreparedStatement 接口在进行对象实例化时就需要定义 SQL 语句，所以在追加批处理时只需设置占位符数据即可。

提示：关于 PreparedStatement 接口实现批处理操作后的返回值

在使用 executeBatch()方法实现批处理操作时会返回 3 类数据结构。

➥ 大于 0 的数字：每条 SQL 更新语句执行后所影响的数据行数。

➥ Statement.SUCCESS_NO_INFO（内容为-2）：SQL 语句执行成功不返回更新行数。

➥ Statement.EXECUTE_FAILED（内容为-3）：SQL 语句执行失败。

16.6 事 务 控 制

事务处理在数据库开发中有着非常重要的作用，所谓的事务，就是所有的操作要么一起成功，要么一起失败。事务本身具有原子性（Atomicity）、一致性（Consistency）、隔离性或独立性（Isolation）、持久性（Durabilily）4 个特征，又称 ACID 特征。

➥ 原子性：原子性是事务最小的单元，是不可再分割的单元，相当于一个个小的数据库操作，这些操作必须同时完成，如果有一个失败，则一切的操作将全部失败。如图 16-9 所示，用户 A 转账和用户 B 接账分别是两个不可再分的操作，但是如果用户 A 的转账失败，则用户 B 的接账操作也肯定无法成功。

- 一致性：是指数据库操作的前后是完全一致的，保证数据的有效性，如果事务正常操作则系统会维持有效性，如果事务出现了错误，则回到最原始状态，也要维持其有效性，这样可以保证事务开始时和结束时系统处于一致状态。如图 16-9 所示，如果用户 A 和用户 B 转账成功，则保持其一致性；如果现在用户 A 和用户 B 的转账失败，则保持操作之前的一致性，即用户 A 的钱不会减少，用户 B 的钱不会增加。
- 隔离性：多个事务可以同时进行且彼此之间无法访问，只有当事务完成最终操作的时候，才可以看见结果。
- 持久性：当一个系统崩溃时，一个事务依然可以坚持提交，当一个事务完成后，操作的结果保存在磁盘中，永远不会被回滚。如图 16-9 所示，所有的资金数都是保存在磁盘中，所以，即使系统发生了错误，用户的资金也不会减少。

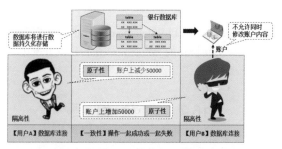

图 16-9　ACID 特征与转账处理

在 JDBC 中事务控制需要通过 Connection 接口中提供的方法来实现，由于在 JDBC 中已经默认开启了事务的自动提交模式，所以为了保证事务处理的一致性，必须调用 setAutoCommit()方法取消事务自动提交，随后再根据 SQL 语句的执行结果来决定事务是否需要提交（commit()）或回滚（rollback()）。

范例：使用 JDBC 实现事务控制

```
public class JDBCDemo {
    // 重复代码，略...
    public static void main(String[] args) throws Exception {
        Connection conn = null;                    // 保存数据库连接
        Class.forName(DATABASE_DRVIER);            // 加载数据库驱动程序
        conn = DriverManager.getConnection(DATABASE_URL,
                DATABASE_USER, DATABASE_PASSWORD);// 连接数据库
        conn.setAutoCommit(false);                 // 取消事务自动提交
        Statement stmt = conn.createStatement() ; // 创建数据库的操作对象
        try {
            stmt.addBatch("INSERT INTO news (nid,title) VALUES
```

```
                          (news_seq.nextval,'MLDN-A')");
        // 此时定义了一条错误的SQL语句，由于事务提供的支持，此时所有
        // 的更新操作都不会执行
        stmt.addBatch("INSERT INTO news (nid,title) VALUES
                          (news_seq.nextval,'MLDN-'B')");
        stmt.addBatch("INSERT INTO news (nid,title) VALUES
                          (news_seq.nextval,'MLDN-C')");
        int result [] = stmt.executeBatch() ; // 执行批处理
        conn.commit();                          // 事务提交
        System.out.println("批量更新结果: " + Arrays.toString(result));
    } catch (SQLException e) {
        conn.rollback();                        // 事务回滚
    }
    conn.close();                               // 关闭数据库连接
    }
}
```

本程序利用 Connection 接口和 Statement 接口的方法实现了 JDBC 事务控制，这样可以保证所有更新操作的一致性，即在日后的开发中，对于数据库的更新操作必须进行事务控制。

16.7　本 章 概 要

1．JDBC 提供了一套与平台无关的标准数据库操作接口和类，支持 Java 的数据库厂商所提供的数据库只要依据此标准提供实现方法库就可以使用 Java 语言进行数据库操作。

2．JDBC 属于服务，其标准操作步骤如下。

➥ 加载驱动程序：驱动程序由各个数据库生产商提供。

➥ 连接数据库：连接时要提供连接路径、用户名、密码。

➥ 实例化操作：通过连接对象实例化 Statement 接口或 PreparedStatement 接口对象。

➥ 操作数据库：使用 Statement 接口或 PreparedStatement 接口操作，如果是查询，则全部的查询结果使用 ResultSet 接口进行接收。

3．在开发中不要去使用 Statement 接口操作，而是要使用 PreparedStatement 接口，后者不但性能高，安全性也强。

4．JDBC 2.0 中提供的最重要特性就是批处理操作，此操作可以让多条 SQL 语句一次性执行完毕。

5．事务控制可以在数据库更新时保证数据的一致性，主要的方法由 Connection 接口提供。